JN303292

現代物理学[基礎シリーズ]
倉本義夫・江澤潤一 編集

5

量子場の理論

素粒子物理から凝縮系物理まで

江澤潤一

[著]

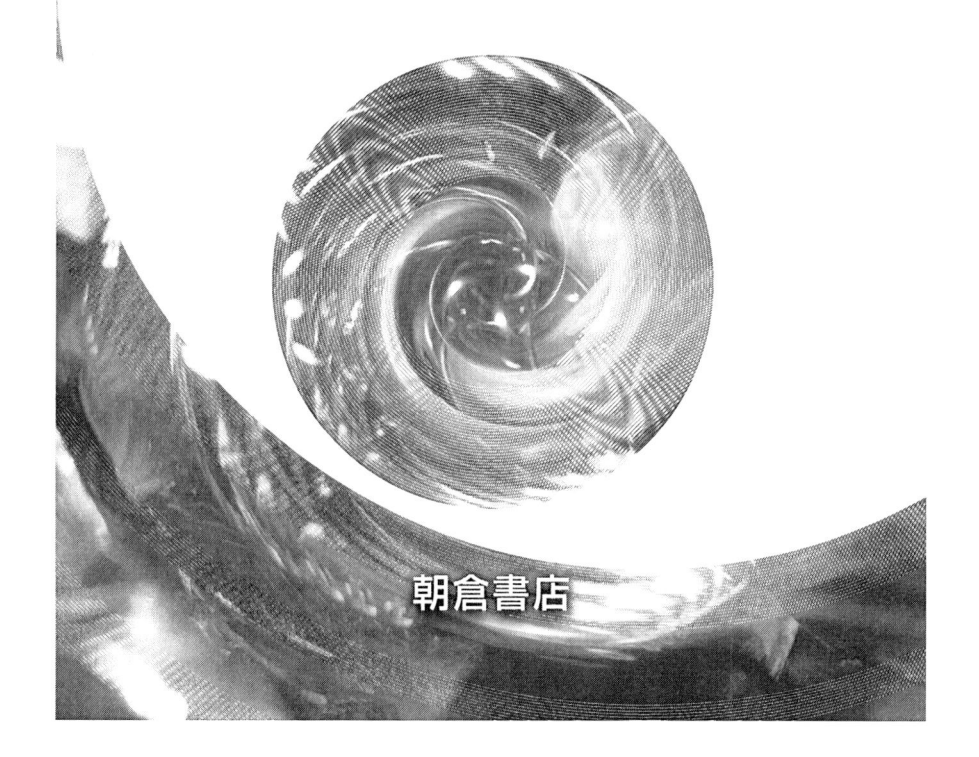

朝倉書店

編 集 委 員

倉本義夫(くらもとよしお)　東北大学大学院理学研究科・教授

江澤潤一(えざわじゅんいち)　東北大学名誉教授

まえがき

　素粒子物理学はもとより物性物理学の深い理解のためにも量子場の理論の知識は必須である．本書は，著者が東北大学大学院で行った量子場の理論の講義録をもとに書き改めたものである．講義を聴講した学生の関心は素粒子物理，原子核物理，量子光学，統計物理，凝縮系物理と多岐にわたっていた．

　場の量子論はしばしば相対論的場の量子論と同一視される．解説書や教科書には素粒子論研究者が書いたものが多く，そこでは，場の量子論と相対論の密接な関連が強調されている．相対論的場の量子論はその自然さと完全さ，特に，量子電磁気学の目覚ましい成功に支えられて発展してきた．1970年代に入ってからは，素粒子物理学分野では非可換ゲージ理論の全盛期を迎え，凝縮系物理学分野でもその有用性が明白になり多体物理として発展してきた．

　著者は素粒子論を専攻し，長らく，量子色力学や超弦理論を研究してきた．1990年以来は，量子ホール効果を中心として，凝縮系物理学との境界領域の研究を行っている．凝縮系物理学分野の教科書などに接するにつれ，「場の量子論」と「多体物理」は本質的に同じものであるにもかかわらず，用語の違いもあり，両者の間には深い溝があるように思われた．世の中にはすでに多くの「場の量子論」や「多体物理」の教科書がある．これに加えてあえて本書を上梓するのは，物理を学ぶ学生が，素粒子論から凝縮系物理まで広く関心を抱き，その垣根を越えて学問の発展を願うとき，両者の橋渡しになるような教科書があってもよい，と考えるからである．

　場の量子論の特徴はラグランジアンから出発する論理の整合性とその形式的な美しさにある．しかし，相対論的場に特有の発散量の繰り込み処方は量子場の本質を見失わせかねない．一方，多体物理はハミルトニアンから出発し，多少，アドホック的にも見える．しかし，凝縮系は具体的に見たり感じたりすることができるものなので，感覚的な把握が容易である．さらに，その応用範囲

も圧倒的に大きい．よくいわれることではあるが，素粒子物理には宇宙は1つしかないが，物性物理では物質ごとにそれぞれの宇宙がある．

　本書の目的は，両者の長所を生かし，両者を同じ土俵で扱うところにある．すなわち，凝縮系物理の直感的わかりやすさを用いながら，正統的場の量子論の形式的美しさと論理的透明さを兼ね備えた解説を心がけた．

　本書の構成は次のとおりである．1章と2章では，量子力学の復習を行い，続いて，量子状態に粒子を生成消滅させる演算子を導入する．量子場の理論への入り方としては，これが最も分かりやすいと考える．量子場の重要な応用の1つはボソン（ボース粒子）の凝縮状態における量子現象であり，その準備としてコヒーレント状態を導入する．コヒーレント状態は後の章で解説する汎関数積分にも必要であり，フェルミ粒子系を扱うためにグラスマン数の解説も行う．

　3章では，主として相対論的スカラー場（クライン–ゴルドン場）の量子化を議論する．スカラー場の満たすクライン–ゴルドン方程式は，5章で扱う電磁場や6章で議論するディラック場の基本的要素でもある．しかし，相対論的場の理論には，負エネルギー問題がある．この問題を回避するために，正準量子化を前面に出す．これはラグランジアンから出発する正統的量子化法であり，無矛盾な理論を構成する手法であることが確立している．なお，非相対論的物理系においても，正準量子化を実行し，場の量子論と多体量子力学とは完全に同じものである点を強調している．

　4章では対称性の自発的破れおよびヒッグス機構を解説する．多くの教科書ではこれらの話題は摂動論や汎関数積分法の説明の後に出てくるが，これらの概念はボース凝縮がわかっていれば容易に理解できる．直感的に明白な強磁性模型から始めて，ヒッグス模型，シグマ模型の紹介や超流動現象の解説も行う．

　3, 5, 6章で扱っているのは自由粒子を記述する自由場である．自由場は次の2つの観点から重要である．まず，自由場の状態は平面波で完全に記述できるから，量子状態に粒子を生成消滅させる演算子としての場の演算子を直感的に理解できる．次に，自由場は相互作用をしている系においても本質的である．素粒子物理で散乱を解析するとき，反応の前後で漸近場という概念を用いる．物性物理では相互作用の衣を着た準粒子という概念が有用である．これらの概念の助けを借りて，複雑な相互作用をしている系でも，自由場の生成消滅演算子を用い，うまく理論を定式化するのである．

7章では，正準量子化に基づき摂動論を解説する．接触相互作用するスカラー場模型を例にとり，グリーン関数の生成汎関数を導入し，ファインマン図形とその計算法を導く．摂動の各項は，自由粒子の伝播関数の積をループを走るエネルギーと運動量に関して積分したものからなる．しかし，相対論的場には問題がある．無限に高いエネルギーの振動モードを扱うのでループ積分は発散しているのである．8章で，このループ発散の正則化と繰り込みを行う．真空中で観測される物理的粒子（たとえば電子）は，仮想的な"裸の粒子"に相対論的相互作用の衣を着せたものと解釈できる．繰り込み点との関連で，不安定粒子の自己エネルギーと寿命の関係も議論する．

9章では量子電磁気学の摂動論と繰り込みを紹介する．最近の場の量子論の入門書には量子電磁気学の説明を省いているのも多々見受けられるが，場の量子論の最大の成功例である量子電磁気学の理解は重要と考えた．さらに，ここで導いた光子の伝播関数は金属中の光子にもそのまま応用できる．

10章では場の量子論を固体物性へ応用している．電子に対しては非相対論的場の量子論を用いる．具体的な表式は異なるが，ファインマン図形やループ計算の手法は相対論的場の理論と全く同じである．ただし，固体中の振動モードには上限があるのでループ積分は発散しない．例として，金属中でのトーマス–フェルミの遮蔽効果を議論する．また，電子とイオン化した原子の間に働くクーロン相互作用はフォノンとの相互作用として定式化できる．電子とフォノンの相互作用はスピン対称性を考慮して簡単に書き下すことができる．相対論的場の量子論との最大の違いは，真空中で観測される物理的粒子（たとえば電子）が物質中では多体量子効果の衣を着て準粒子として観測される点である．

11章と付録A.2では，経路積分量子化を正準量子化から導出している．この際，有限温度の場の理論（松原形式）を経由すると，導出が明白になるばかりでなく計算も簡単になる．この関連において有限温度の場の理論も解説する．有限温度での公式と絶対温度ゼロでの公式の間には単純な対応がある．通常の場の理論は絶対温度ゼロの極限として得られる．経路積分の具体例として，自由ボース場と自由フェルミ場の分配関数を導く．この結果は12章で用いる．

12章では，経路積分を用いて有効作用を導出する．有効作用とは量子効果を含んだ作用である．特に，有効ポテンシャルの極小点は系の基底状態を決定するから，量子補正による相転移の研究に必須である．応用例として，ダイナミ

カルな対称性の破れの模型や有限温度で自発的に破れた対称性が回復する現象を解説し，フォノン媒介 BCS 超伝導の有効理論を微視的に導出する．

　本書で採用した単位系と物理量の次元について述べておく．本書では原則的に SI 単位系を使い，また，光速 c とプランク定数 $\hbar$ を残している．式は煩雑になるが，多くの学生はこの単位系で教育を受けているからである．慣習に従い，他の単位系を用いている箇所もあるが，SI 単位系との換算に関しては注と研究課題でかなり詳しく述べてある．

　本書には，いわゆる練習問題はついていないが，読者の能動的理解を助けるために随所に「研究課題」を配してある．また，さらに詳しく勉強したい人のためには参考書を注で紹介している．量子力学の基礎的知識を習得していれば本書を読み進めることは可能である．たとえば，水素原子のスペクトルを計算できなくても，場の量子論的計算を遂行するのに何の問題もない．さらに，相対論的量子力学の知識は不必要である．したがって，学部上級から大学院初級コースの教材として最適である．本書が，場の量子論や多体物理の理解の助けになれば幸いである．

　2008 年 6 月

　　　　　　　　　　　　　　　　　　　　　　　　　　　　江澤潤一

目　　次

1. 生成消滅演算子 ··· 1
　1.1　量 子 力 学 ··· 1
　1.2　ボソン (ボース粒子) ··· 4
　1.3　フェルミオン (フェルミ粒子) ······································· 6
　1.4　コヒーレント状態 ·· 7
　1.5　粒子数と位相 ·· 8
　1.6　グラスマン数 ··· 11

2. 場の演算子 ··· 15
　2.1　多体量子力学ハミルトニアン ·· 15
　2.2　ボース場の演算子 ··· 18
　2.3　フェルミ場の演算子 ··· 20
　2.4　量子場の理論 ··· 21
　2.5　電子と電磁場の相互作用 ·· 23

3. 正準量子化 ··· 25
　3.1　振動, 波動と相対論的粒子 ·· 25
　3.2　実スカラー場 ··· 27
　3.3　複素スカラー場 ··· 34
　3.4　非相対論的場 ··· 36
　3.5　相 関 関 数 ··· 39
　3.6　ネーター・カレント ··· 42

4. 対称性の自発的破れ　45
- 4.1 強磁性　45
- 4.2 ヒッグス・ポテンシャル　48
- 4.3 シグマ模型　53
- 4.4 非相対論的場　55
- 4.5 超流動　59
- 4.6 ゴールドストーン定理　61

5. 電磁場の量子化　64
- 5.1 マックスウェル方程式　64
- 5.2 正準量子化　66
- 5.3 物質場との相互作用　74
- 5.4 アンダーソン–ヒッグス機構　76
- 5.5 質量のあるベクトル場 (プロカ場)　78
- 5.6 超伝導　80

6. ディラック場　85
- 6.1 ディラック方程式　85
- 6.2 平面波解　88
- 6.3 正準量子化　91
- 6.4 電磁場との相互作用　96
- 6.5 ワイル場 (質量ゼロのディラック場)　99
- 6.6 磁場中のディラック電子　102

7. 場の相互作用　106
- 7.1 ダイソン方程式　106
- 7.2 相互作用描像　108
- 7.3 生成汎関数　110
- 7.4 摂動論　112
- 7.5 有効作用　116
- 7.6 散乱振幅　119

8. 量子補正 ······ 124
- 8.1 正則化 ······ 124
- 8.2 繰り込み ······ 128
- 8.3 不安定粒子 ······ 133

9. 量子電磁気学 ······ 136
- 9.1 ファインマン則 ······ 136
- 9.2 電子の自己エネルギー ······ 139
- 9.3 光子の自己エネルギー ······ 140
- 9.4 頂点関数 ······ 143
- 9.5 正則化と繰り込み ······ 144

10. 非相対論的電子の場の理論 ······ 150
- 10.1 物質の中の電子 ······ 150
- 10.2 電子と光子の相互作用 ······ 153
- 10.3 電子とフォノンの相互作用 ······ 161
- 10.4 有限温度での量子場の理論 ······ 165

11. 汎関数積分量子化 ······ 168
- 11.1 虚数時間形式 ······ 168
- 11.2 温度グリーン関数 ······ 169
- 11.3 ボース場の汎関数積分 ······ 172
- 11.4 フェルミ場の汎関数積分 ······ 177

12. 有効作用と古典場 ······ 182
- 12.1 有効ラグランジアン ······ 182
- 12.2 半古典近似 ······ 184
- 12.3 コールマン–ワインバーグ模型 ······ 187
- 12.4 有限温度での対称性の回復 ······ 189
- 12.5 BCS超伝導 ······ 191

- **A. 付　　録** ……………………………………………… 198
  - A.1 時間発展演算子 ……………………………………… 198
  - A.2 経路積分公式 ………………………………………… 199
  - A.3 ローレンツ変換とディラック方程式 ……………… 201

- **索　引** ………………………………………………………… 207

1 生成消滅演算子

　量子力学の復習を行い，続いて，量子状態に粒子を生成消滅させる演算子を導入する．粒子にはボソンとフェルミオンの2種類がある．1つの量子状態に1つしか入れないのがフェルミオンであり，いくらでも入れるのがボソンである．消滅演算子の固有状態としてコヒーレント状態が定義される．フェルミオンに対してはグラスマン数が必要になる．

1.1 量 子 力 学

　ラグランジアン L を与えると力学系は決まる．ラグランジアンは"座標"$q \equiv \{q_1, q_2, \cdots, q_N\}$ と"速度"$\dot{q} \equiv \{\dot{q}_1, \dot{q}_2, \cdots, \dot{q}_N\}$ の関数である．正準運動量を

$$p_i = \frac{\partial L(q, \dot{q})}{\partial \dot{q}_i} \tag{1.1}$$

で定義する．系のエネルギーを表すハミルトニアンはラグランジアンからルジャンドル変換により求まる．

$$H(p, q) = \sum_i p_i \dot{q}_i - L\left[q, \dot{q}(p, q)\right]. \tag{1.2}$$

ハミルトニアンは座標と運動量の関数である．

　座標と運動量の間に正準交換関係

$$[q_i, p_j] = i\hbar \delta_{ij} \tag{1.3}$$

を要請することにより量子化は実行され，物理量はエルミート演算子になる．こうして得られるダイナミカル系が量子力学である．

　演算子の作用する状態を $|𝔊\rangle$ と書く．時間に依存しないシュレーディンガー

方程式の解

$$H|\mathfrak{S}_i\rangle = \varepsilon_i|\mathfrak{S}_i\rangle \tag{1.4}$$

の全体を考える．状態は正規直交条件

$$\langle \mathfrak{S}_j|\mathfrak{S}_k\rangle = \delta_{jk} \tag{1.5}$$

と完全性条件

$$\sum_j |\mathfrak{S}_j\rangle\langle\mathfrak{S}_j| = 1 \tag{1.6}$$

を満たすように選ぶことができる．このような状態 $|\mathfrak{S}_j\rangle$ の全体はヒルベルト空間 $\mathbb{H}$ の基底をなす．すなわち，任意の状態 $|\mathfrak{S}\rangle$ は次のように展開できる．

$$|\mathfrak{S}\rangle = \sum_j |\mathfrak{S}_j\rangle\langle\mathfrak{S}_j|\mathfrak{S}\rangle = \sum_j \lambda_j|\mathfrak{S}_j\rangle. \tag{1.7}$$

ここに展開係数 $\lambda_j = \langle\mathfrak{S}_j|\mathfrak{S}\rangle$ は状態 $|\mathfrak{S}\rangle$ の中に状態 $|\mathfrak{S}_j\rangle$ を見いだす確率振幅を与える．

時間に依存するシュレーディンガー方程式は

$$i\hbar\frac{d}{dt}|\mathfrak{S}(t)\rangle = H|\mathfrak{S}(t)\rangle \tag{1.8}$$

である．初期条件を $|\mathfrak{S}(0)\rangle = |\mathfrak{S}\rangle$ とする．ハミルトニアンが時間に依存しないなら，この方程式は簡単に解けて

$$|\mathfrak{S}(t)\rangle = e^{-iHt/\hbar}|\mathfrak{S}\rangle \tag{1.9}$$

となる．このように，状態は時間とともに変化し，演算子は時間に依存しない．このような量子力学系の表し方をシュレーディンガー描像という．

量子力学ではシュレーディンガー描像を用いるが，場の理論では多粒子系を扱うのでハイゼンベルグ描像を用いる．これら両描像は次のように関係している．まず，ハイゼンベルグ描像における演算子 $A_\mathrm{H}(t)$ と状態 $|\mathfrak{S}_\mathrm{H}\rangle$ をシュレーディンガー描像における演算子 A と状態 $|\mathfrak{S}(t)\rangle$ から次式で定義する．

$$A_\mathrm{H}(t) \equiv e^{iHt/\hbar}Ae^{-iHt/\hbar}, \qquad |\mathfrak{S}_\mathrm{H}\rangle \equiv e^{iHt/\hbar}|\mathfrak{S}(t)\rangle = |\mathfrak{S}\rangle. \tag{1.10}$$

ハイゼンベルグ状態 $|\mathfrak{S}_\mathrm{H}\rangle$ は時間に依存しない．一方，ハイゼンベルグ演算子 $A_\mathrm{H}(t)$ は時間に依存し，下記のハイゼンベルグ運動方程式を満たす．

$$i\hbar\frac{d}{dt}A_\mathrm{H}(t) = e^{iHt/\hbar}[A, H(\mathcal{O})]e^{-iHt/\hbar} = [A_\mathrm{H}(t), H(\mathcal{O}_\mathrm{H}(t))]. \tag{1.11}$$

ここに，$\mathcal{O}$ は運動量などのハミルトニアンの構成要素演算子を一般的に表しており，$H(\mathcal{O}_\mathrm{H}(t)) = e^{iHt/\hbar}H(\mathcal{O})e^{-iHt/\hbar}$ を用いた．なぜなら，ハミルトニアン

が $\mathcal{O}$ の多項式で展開できるとして,

$$e^{iHt/\hbar}H(\mathcal{O})e^{-iHt/\hbar} = e^{iHt/\hbar}(b_0 + b_1\mathcal{O} + b_2\mathcal{O}^2 + \cdots)e^{-iHt/\hbar}$$
$$= b_0 + b_1\mathcal{O}_H + b_2\mathcal{O}_H^2 + \cdots = H(\mathcal{O}_H) \quad (1.12)$$

となるからである.すなわち,$H(\mathcal{O}_H)$ はハミルトニアン $H(\mathcal{O})$ で構成要素 $\mathcal{O}$ をハイゼンベルク演算子 $\mathcal{O}_H(t) = e^{iHt/\hbar}\mathcal{O}e^{-iHt/\hbar}$ で単に置き換えて得られる.

7章で摂動論を議論する際に必要になる相互作用描像(相互作用表示ともいう)を導入しておく.ハミルトニアンが2つの部分(自由項と相互作用項)に分けられるとする.

$$H(\mathcal{O}) = H_{\text{free}}(\mathcal{O}) + H_{\text{int}}(\mathcal{O}). \quad (1.13)$$

相互作用描像における演算子 $A_I(t)$ と状態 $|\mathfrak{S}_I(t)\rangle$ をシュレーディンガー描像における演算子 A と状態 $|\mathfrak{S}(t)\rangle$ から次式で定義する.

$$A_I(t) \equiv e^{iH_{\text{free}}(\mathcal{O})t/\hbar}Ae^{-iH_{\text{free}}(\mathcal{O})t/\hbar}, \quad (1.14\text{a})$$

$$|\mathfrak{S}_I(t)\rangle \equiv e^{iH_{\text{free}}(\mathcal{O})t/\hbar}|\mathfrak{S}(t)\rangle. \quad (1.14\text{b})$$

これらはハイゼンベルク描像における演算子 A_H と状態 $|\mathfrak{S}\rangle$ と次のように関係している.

$$A_I(t) = U(t)A_H U^\dagger(t), \qquad |\mathfrak{S}_I(t)\rangle = U(t)|\mathfrak{S}\rangle. \quad (1.15)$$

ここに,時間発展演算子

$$U(t) = e^{iH_{\text{free}}(\mathcal{O})t/\hbar}e^{-iH(\mathcal{O})t/\hbar} \quad (1.16)$$

を導入した.時間発展演算子はユニタリーである[*1)].演算子 $A_I(t)$ は,(1.14a) を微分して,

$$i\hbar\frac{d}{dt}A_I(t) = [A_I(t), H_{\text{free}}(\mathcal{O}_I(t))] \quad (1.17)$$

を満たす.したがって,演算子 $A_I(t)$ は $H_{\text{free}}(\mathcal{O}_I)$ をハミルトニアンとするハイゼンベルク演算子のごとく時間発展する.すなわち自由粒子演算子のごとく振る舞う.この性質に立脚して摂動論はつくられる.

時間発展演算子 $U(t)$ の満たす方程式を求める.

$$i\hbar\frac{d}{dt}U(t) = e^{iH_{\text{free}}(\mathcal{O})t/\hbar}H_{\text{int}}(\mathcal{O})e^{-iH(\mathcal{O})t/\hbar} = H_{\text{int}}(\mathcal{O}_I)U(t). \quad (1.18)$$

ここで,(1.14a) と (1.12) に同様な関係式を用いた.演算子 $H_{\text{int}}(\mathcal{O}_I)$ が時間に

[*1)] エルミート共役が逆演算子となり,$U^\dagger = U^{-1}$,関係式 $UU^\dagger = U^\dagger U = 1$ を満たすときユニタリー演算子という.

依存しているから，方程式 (1.18) の解は単純な指数関数にならない．付録 A.6 で導くように，時間順序積演算子 $\mathcal{T}$ を用いて，

$$U(t) = \mathcal{T}\left[\exp\left(-\frac{i}{\hbar}\int_0^t dt' H_{\text{int}}(\mathcal{O}_{\text{I}}(t'))\right)\right] \quad (1.19)$$

と表される．時間順序積演算子 $\mathcal{T}$ は演算子を時間の順序に並び替える．たとえば，演算子 $\mathcal{O}_i(t)$ の積に対して

$$\mathcal{T}[\mathcal{O}_1(t)\mathcal{O}_2(t')] = \begin{cases} \mathcal{O}_1(t)\mathcal{O}_2(t') & \text{for} \quad t > t' \\ \mathcal{O}_2(t')\mathcal{O}_1(t) & \text{for} \quad t' > t \end{cases} \quad (1.20)$$

である．明らかに，$\mathcal{T}[\mathcal{O}_1(t)\mathcal{O}_2(t')] = \mathcal{T}[\mathcal{O}_2(t')\mathcal{O}_1(t)]$ であり，時間順序積記号 $\mathcal{T}$ の中では時間の順序を無視して並び替えてもよい．

以下，6 章までは，ハイゼンベルク描像を用いるので，この描像を示すインデックス "H" を省略する．すなわち，$A_{\text{H}}(t)$ を $A(t)$ と表記する．

1.2 ボソン (ボース粒子)

前節で粒子の量子状態 $|\mathfrak{S}\rangle$ を考察した．本節では量子状態 $|\mathfrak{S}\rangle$ に粒子を生成する演算子とそこにある粒子を消滅する演算子を導入する．3 次元空間において，粒子はボース統計かフェルミ統計に従う．**1 つの量子状態に 1 つしか入れないのがフェルミオンであり，いくらでも入れるのがボソンである**．本節ではボソンを扱う．光子，中間子，フォノンやマグノンがその例である．フォノンやマグノンは物質中の励起モードであるが，エネルギー，運動量，その他の量子数で指定でき，量子場の理論では粒子として扱う．準粒子とよぶこともある．

ボソンは次の交換関係を満たす演算子 a とそのエルミート共役演算子 $a^\dagger$ によって記述される[*1)]．

$$[a, a^\dagger] = 1. \quad (1.21)$$

これらの演算子の作用するヒルベルト空間 $\mathbb{H}$ を構成する．まず，粒子数演算子 N と真空 $|0\rangle$ を

$$N = a^\dagger a, \qquad a|0\rangle = 0 \quad (1.22)$$

[*1)] 演算子 a と $a^\dagger$ は量子力学でお馴染みである．(1.23) で導入するフォック状態 $|n\rangle$ は調和振動子の励起状態に対応している．数学的構造は全く同じである．たとえば，本シリーズの 1 巻『量子力学』7 章に詳しく解説している．

によって定義する．この粒子を N 個含む状態は

$$|n\rangle = \frac{1}{\sqrt{n!}}(a^\dagger)^n|0\rangle \tag{1.23}$$

で与えられる．事実，$N|n\rangle = n|n\rangle$ を満たす．これらの状態をすべて集めた空間，$\mathbb{H} = \{|n\rangle; n = 0, 1, 2, 3, \cdots\}$，がヒルベルト空間 $\mathbb{H}$ である．空間 $\mathbb{H}$ をフォック空間，状態 $|n\rangle$ をフォック状態，真空 $|0\rangle$ をフォック真空とよぶ．フォック状態は正規直交完全系条件

$$\langle n|m\rangle = \delta_{mn}, \qquad \sum_n |n\rangle\langle n| = 1 \tag{1.24}$$

を満たす．交換関係 (1.21) と状態 $|n\rangle$ の定義 (1.23) から関係式

$$a^\dagger|n\rangle = \sqrt{n+1}|n+1\rangle, \qquad a|n\rangle = \sqrt{n}|n-1\rangle \tag{1.25}$$

が直ちに導かれる．したがって，演算子 $a^\dagger$ は粒子を1つ生成し，演算子 a は粒子を1つ消滅する．

いくつかの粒子状態 $|\mathfrak{S}_j\rangle$ にボソンを生成消滅する演算子 $a_j^\dagger$ と a_j を導入する．交換関係は

$$[a_j, a_k^\dagger] = \delta_{jk}, \qquad [a_j, a_k] = 0 \tag{1.26}$$

である．粒子数演算子は $N_j = a_j^\dagger a_j$ である．これらの粒子を n_j 個含む状態は

$$|n_1, n_2, \cdots\rangle = \prod_j \frac{1}{\sqrt{n_j!}}(a_j^\dagger)^{n_j}|0\rangle \tag{1.27}$$

となる．各々の粒子のエネルギーを ε_j とするなら，ハミルトニアンは

$$H = \sum_j \varepsilon_j a_j^\dagger a_j \tag{1.28}$$

である．事実，$E = \sum_j \varepsilon_j n_j$ として，$H|n_1, n_2, \cdots\rangle = E|n_1, n_2, \cdots\rangle$ が成り立つ．

後で使うので，ボソン演算子の正規順序積 (normal ordering) を定義しておく．これはすべての生成演算子を消滅演算子の左側におく順序付けのことである．演算子の積 A を正規順序付けした演算子をコロンで挟んで $:A:$ と表す．たとえば，

$$:a_1 a_2 a_3^\dagger a_1^\dagger: = :a_1^\dagger a_1 a_2 a_3^\dagger: = a_1^\dagger a_3^\dagger a_1 a_2 \tag{1.29}$$

である．すなわち，正規順序積記号の中では，演算子は自由に交換してもよい．

> 研究課題：相互作用していないボース粒子系を考える．ハイゼンベルグ運動方程式を書き下し，これを解け．

解説：状態 $|\mathfrak{G}_j\rangle$ のエネルギーを ε_j とするなら，この多体量子力学系のハミルトニアンは (1.28) で与えられる．したがって，ハイゼンベルグ運動方程式は

$$i\hbar \frac{d}{dt} a_j = [a_j, H] = \varepsilon_j a_j \tag{1.30}$$

である．その解は，$\omega_j = \varepsilon_j/\hbar$ とおいて

$$a_j(t) = e^{-i\varepsilon_j t/\hbar} a_j(0) = e^{-i\omega_j t} a_j(0) \tag{1.31}$$

となる．

1.3 フェルミオン (フェルミ粒子)

フェルミオンの特徴は，1つの量子状態に1つの粒子しか入れないことである．これをパウリの排他律という．

フェルミオンは次の関係式を満たす演算子 c とそのエルミート共役演算子 $c^\dagger$ によって記述される．

$$\{c, c^\dagger\} = 1, \qquad \{c, c\} = \{c^\dagger, c^\dagger\} = 0. \tag{1.32}$$

ここに，$\{A, B\} \equiv AB + BA$ であり，これを反交換関係という．これらの演算子の作用するヒルベルト空間 $\mathbb{H}$ を構成する．まず，粒子数演算子 N とフォック真空 $|0\rangle$ を

$$N = c^\dagger c, \qquad c|0\rangle = 0 \tag{1.33}$$

によって定義する．次の関係式

$$N^2 = c^\dagger c c^\dagger c = c^\dagger (1 - c^\dagger c) c = c^\dagger c = N \tag{1.34}$$

が成り立つので，粒子数演算子 N の固有値は 0 か 1 であり，パウリの排他律を満たしている．1粒子状態は $|1\rangle = c^\dagger |0\rangle$ で与えられる．2粒子状態は，$c^\dagger |1\rangle = c^\dagger c^\dagger |0\rangle = 0$ となり存在しない．ヒルベルト空間 $\mathbb{H}$ は，フォック真空 $|0\rangle$ と1粒子状態 $|1\rangle$ の2つの元からなる．

いくつかの量子状態 $|\mathfrak{G}_j\rangle$ が存在するなら，各々に生成演算子 $c_j^\dagger$ と消滅演算子 c_j を導入する．これらは反交換関係

$$\{c_j, c_k^\dagger\} = \delta_{jk}, \qquad \{c_j, c_k\} = 0 \tag{1.35}$$

を満たす．一般の状態は

$$|n_1, n_2, \cdots\rangle = (c_1^\dagger)^{n_1}(c_2^\dagger)^{n_2}\cdots|0\rangle \qquad (1.36)$$

で与えられるが，ここに $n_j = 0$ か $n_j = 1$ である．エルミート共役に対して

$$(c_j^\dagger c_k)^\dagger = c_k^\dagger c_j, \qquad (c_j c_k)^\dagger = c_k^\dagger c_j^\dagger \qquad (1.37)$$

などが成り立つ．この規則で粒子数演算子 $N_j = c_j^\dagger c_j$ はエルミートになる．

　フェルミオン演算子の正規順序積も，すべての生成演算子を消滅演算子の左側におく順序付けとして定義される．ただし，反交換関係との整合性を保つために，隣り合う演算子間で入れ替えを行うとき，マイナスの符号をつける必要がある．たとえば，

$$:c_1 c_2 c_3^\dagger c_1^\dagger : \, = \, - :c_1 c_2 c_1^\dagger c_3^\dagger : \, = -c_1^\dagger c_3^\dagger c_1 c_2 \qquad (1.38)$$

である．すなわち，正規順序積記号の中では，演算子は自由に反交換してもよい．

1.4　コヒーレント状態

　ボソンの状態で特別な状態がある．消滅演算子は粒子数を1つ減少させるが，1つ減少させても変化しない状態が存在する．消滅演算子 a の固有状態である．

$$a|v\rangle = v|v\rangle, \qquad \langle v|a^\dagger = \langle v|v^* . \qquad (1.39)$$

演算子 a はエルミートでないから，固有値 v は複素数である．消滅演算子の固有状態をコヒーレント状態という．任意の複素数 v に対して，コヒーレント状態 $|v\rangle$ が存在する．物理量の測定値は状態による期待値で与えられる．演算子 a はそれ自身が物理量とはいえない．しかし，一般に期待値 $v = \langle v|a|v\rangle$ は古典的力学量に関係している．次の節でみるように，この期待値 $\langle v|a|v\rangle$ は粒子数と位相に関係している．

　規格化されたコヒーレント状態は

$$|v\rangle = e^{-|v|^2/2} e^{v a^\dagger}|0\rangle = e^{-|v|^2/2} \sum_{n=0}^{\infty} \frac{v^n}{\sqrt{n!}}|n\rangle \qquad (1.40)$$

によって具体的に与えられる (直後の研究課題参照)．この状態に粒子数が n である状態 $|n\rangle$ が含まれる確率密度は，直交条件 $\langle n|m\rangle = \delta_{nm}$ を用いて

$$\langle n|v\rangle = e^{-|v|^2/2} \frac{v^n}{\sqrt{n!}} \qquad (1.41)$$

となる．確率は，粒子数の平均値が $\bar{n} \equiv \langle v|N|v\rangle = |v|^2$ だから，

$$P_n \equiv |\langle n|v\rangle|^2 = \frac{\bar{n}^n}{n!}e^{-\bar{n}} \tag{1.42}$$

となる．コヒーレント状態では粒子数はポアソン分布に従って分布している．

コヒーレント状態の全体は完全系を張る (直後の研究課題参照).

$$\frac{1}{\pi}\int d^2v \, |v\rangle\langle v| = 1. \tag{1.43}$$

一方，任意の 2 つのコヒーレント状態の内積は

$$\langle u|v\rangle = \exp\left(-\frac{1}{2}|u|^2 - \frac{1}{2}|v|^2 + u^*v\right) \tag{1.44}$$

となり，直交条件を満たさない．コヒーレント状態は正規直交完全性条件を満たさない．コヒーレント状態はエルミート演算子の固有状態ではないのだから不思議ではない．

> **研究課題**：状態 **(1.40)** が演算子 a の固有状態であることを示せ．

解説： 交換関係 $[a, a^\dagger] = 1$ より，

$$a = \frac{\partial}{\partial a^\dagger} \tag{1.45}$$

と表現できる．ゆえに，

$$a|v\rangle = e^{-|v|^2/2}\frac{\partial}{\partial a^\dagger}e^{va^\dagger}|0\rangle = v|v\rangle \tag{1.46}$$

が導かれる．

> **研究課題**：完全性条件 **(1.43)** を証明せよ．

解説： この証明には，(1.43) の左辺を任意の 2 つの粒子数確定状態で挟む．複素数を $v = re^{i\theta}$ と極座標表示して，変数変換し，

$$\frac{1}{\pi}\int d^2v \, \langle n|v\rangle\langle v|m\rangle = \frac{1}{\sqrt{n!}\sqrt{m!}}\int_0^\infty dr^2 \, r^{n+m}e^{-r^2}\int_0^{2\pi}\frac{d\theta}{2\pi}\,e^{i(m-n)\theta}$$
$$= \delta_{nm} = \langle n|m\rangle \tag{1.47}$$

となる．ここで $\int_0^\infty s^n e^{-s}ds = n!$ を用いた．任意の 2 つの状態 $|m\rangle$ と $|n\rangle$ に対して，(1.43) が成立するから，(1.43) は演算子として成立する．

1.5　粒 子 数 と 位 相

ボソン系を考える．演算子 a から粒子数演算子は $N = a^\dagger a$ と構成されるので，次のようにおくのは自然である．

1.5 粒子数と位相

$$a^\dagger \equiv \sqrt{N}e^{-i\Theta}, \qquad a \equiv e^{i\Theta}\sqrt{N}. \tag{1.48}$$

この式で導入された演算子 Θ を位相演算子という．交換関係 (1.21) に (1.48) を代入し，少し変形すると，

$$[e^{i\Theta}, N] = e^{i\Theta} \tag{1.49}$$

が得られる．この式は，粒子数の定まった状態に作用して

$$N|n\rangle = n|n\rangle, \qquad e^{i\Theta}|n\rangle = |n-1\rangle \tag{1.50}$$

が成り立つことを意味する．したがって，

$$\langle n|e^{i\Theta}|n\rangle = 0 \tag{1.51}$$

となり，粒子数の定まった状態で位相は求まらない．

交換関係 (1.49) は

$$[N, \Theta] = i \tag{1.52}$$

と同値である (直後の研究課題参照)．したがって，粒子数と位相は互いに共役である．量子力学でよく知られているように，座標 x と運動量 p の交換関係 $[x, p] = i\hbar$ から，不確定性関係 $\Delta x \Delta p \geq \hbar/2$ が導かれる．同様に，交換関係 (1.52) より

$$\Delta n \Delta \theta \geq \frac{1}{2} \tag{1.53}$$

が導かれる．ここに $\Delta n = \sqrt{\langle (\Delta N)^2 \rangle}$, $\Delta \theta = \sqrt{\langle (\Delta \Theta)^2 \rangle}$ である．したがって，粒子数と位相は同時に測定できない．位相 Θ のこの不確定性のため，その指数 $e^{i\Theta}$ がゼロになる，と (1.51) は解釈できる．

以上の議論では，位相演算子はエルミート演算子と仮定しているが，厳密には正しくない．定義式 (1.48) より，$e^{i\Theta} = aN^{-1/2}$ と $e^{-i\Theta} = N^{-1/2}a^\dagger$ なので，任意の状態 $|n\rangle$ に対して

$$e^{i\Theta}e^{-i\Theta}|n\rangle = aN^{-1}a^\dagger|n\rangle = \sqrt{n+1}aN^{-1}|n+1\rangle = |n\rangle \tag{1.54}$$

を得る．ところが，

$$e^{-i\Theta}e^{i\Theta}|n\rangle = N^{-1/2}a^\dagger aN^{-1/2}|n\rangle = \frac{1}{\sqrt{n}}N^{-1/2}a^\dagger a|n\rangle = |n\rangle \tag{1.55}$$

であるが，この式が成り立つのは $|0\rangle$ 以外の状態 $|n\rangle$ に対してである．一方，真空に対しては，(1.50) を用いて，

$$e^{-i\Theta}e^{i\Theta}|0\rangle = 0 \tag{1.56}$$

となる.ゆえに,
$$e^{i\Theta}e^{-i\Theta} = 1, \qquad e^{-i\Theta}e^{i\Theta} = 1 - |0\rangle\langle 0| \tag{1.57}$$
である.よって,位相演算子 Θ は厳密にはエルミート演算子でない.しかし,位相演算子が重要になるのは,平均粒子数 $\bar{n} \equiv \langle v|N|v\rangle$ が大きなコヒーレント系である.コヒーレント状態に真空 $|0\rangle$ が含まれる確率は $e^{-\bar{n}}$ であるから,$\bar{n} \gg 1$ なら位相演算子 Θ をエルミート演算子と考えても問題は起こらない.

実際,コヒーレント状態に対して
$$a|v\rangle = v|v\rangle, \qquad \langle v|N|v\rangle = \langle v|a^\dagger a|v\rangle = |v|^2 \equiv n \tag{1.58}$$
が成り立つから,$v = e^{i\theta}\sqrt{n}$ と書かれる.すなわち,
$$a|v\rangle = e^{i\theta}\sqrt{n}|v\rangle \tag{1.59}$$
である.したがって,(1.48) と比較して
$$\langle v|e^{i\Theta}|v\rangle = e^{i\theta} \tag{1.60}$$
と期待する.これは粒子数 n が十分に大きい系では近似的に成立する (研究課題参照).位相演算子はコヒーレント状態で物理的意味がある.

研究課題:交換関係 **(1.49)** と **(1.52)** が同値であることを導け.

解説: 交換関係 (1.49) は
$$e^{i\Theta}Ne^{-i\Theta} = N + 1 \tag{1.61}$$
のように変形できる.より一般的な関係式
$$e^{i\alpha\Theta}Ne^{-i\alpha\Theta} = N + \alpha \tag{1.62}$$
を考察する.左辺をテーラー展開して,両辺を比較して,交換関係 (1.52) が導かれる.次に,交換関係 (1.52) を仮定し,
$$F(\alpha) = e^{i\alpha\Theta}Ne^{-i\alpha\Theta} \tag{1.63}$$
とおく.微分して,(1.52) を用い,$F'(\alpha) = 1$ を得る.積分し,初期条件 $F(0) = N$ を用い,$F(\alpha) = N + \alpha$ を得る.ゆえに,交換関係 (1.52) と (1.62) は同値である.(1.62) において,$\alpha = 1$ とおいたものが (1.49) である.

研究課題:近似式 **(1.60)** を導け.

解説: 消滅演算子 a を $a = v + \eta$ とおく.明らかに,$[\eta, \eta^\dagger] = 1$ と $\eta|v\rangle = 0$

が成り立つから，$|v\rangle$ は消滅演算子 η のフォック真空である．さて，関係式

$$e^{i\Theta} = aN^{-1/2} = \frac{v}{\sqrt{n}}\left(1 + \frac{\eta}{v}\right)\left(1 + \frac{\eta^\dagger}{v^*}\right)^{-1/2}\left(1 + \frac{\eta}{v}\right)^{-1/2} \quad (1.64)$$

が成り立つ．ここで，$\eta^\dagger$ に関してテーラー展開し，任意の自然数 k に対して，$\langle v|(\eta^\dagger)^k|v\rangle = 0$ が成り立つことを用いると，

$$\langle v|e^{i\Theta}|v\rangle = e^{i\theta}\langle v|\left(1 - \frac{\eta\eta^\dagger}{2n}\right)|v\rangle = e^{i\theta}\left(1 - \frac{1}{2n}\right) \simeq e^{i\theta} \quad (1.65)$$

が示される．粒子数 n が十分に大きいなら (1.60) が近似的に成り立つことがわかった．

> 研究課題：位相演算子 Θ の固有状態 $|\theta\rangle$ は粒子固定状態の重ね合わせとして
> $$|\theta\rangle = \sum_n e^{i\theta n}|n\rangle \quad (1.66)$$
> のように構成できることを証明せよ．次に，状態 $|\theta\rangle$ の規格化条件を導け．

解説：粒子数 N を対角化する表示で，交換関係 (1.52) は $\Theta = -i\partial/\partial n$ と表現できる．したがって，

$$\Theta|\theta\rangle = -i\sum_n \frac{\partial}{\partial n}e^{i\theta n}|n\rangle = \theta|\theta\rangle \quad (1.67)$$

である．この状態は次のように規格化されている．

$$\langle\theta'|\theta\rangle = \sum_{n,m} e^{i\theta n - i\theta' m}\langle m|n\rangle = \sum_n e^{in(\theta - \theta')} = 2\pi\delta(\theta' - \theta). \quad (1.68)$$

逆に粒子数固定状態は $|\theta\rangle$ を重ね合わせて

$$|n\rangle = \int_0^{2\pi} \frac{d\theta}{2\pi} e^{-i\theta n}|\theta\rangle \quad (1.69)$$

となる．状態 $|\theta\rangle$ は (1.66) から周期性 $|\theta + 2\pi\rangle = |\theta\rangle$ を満たすことがわかる．

1.6 グラスマン数

ボソンのコヒーレント状態を (1.39) で定義したが，同様に，フェルミオンのコヒーレント状態を

$$c|\lambda\rangle = \lambda|\lambda\rangle, \quad \langle\lambda|c^\dagger = \langle\lambda|\lambda^* \quad (1.70)$$

によって定義できる．ただし，ここに現れる固有値 λ は普通の数ではない．もしそうなら，フェルミ演算子 c を再び作用させて

$$cc|\lambda\rangle = c\lambda|\lambda\rangle = \lambda c|\lambda\rangle = \lambda^2|\lambda\rangle \tag{1.71}$$

となる．しかし，反交換関係 (1.32) より，$cc = 0$ だから，$\lambda^2 = 0$ となる．$\lambda \neq 0$ かつ $\lambda^2 = 0$ であるような数は普通の数ではありえない．**グラスマン数**という．グラスマン数は電子場の汎関数積分に必要になるので，ここで紹介しておく．

グラスマン数は反交換する数である．任意の 2 つのグラスマン数に対して

$$\{\lambda_i, \lambda_j\} = \{\lambda_i, \lambda_j^*\} = 0 \tag{1.72}$$

である．自乗するとゼロになるから，グラスマン数に大きさという概念はない．さらに，グラスマン数とフェルミ演算子は反交換する．

$$\{\lambda, c\} = \{\lambda, c^\dagger\} = 0. \tag{1.73}$$

したがって，関係式 (1.71) の正しい形は

$$cc|\lambda\rangle = c\lambda|\lambda\rangle = -\lambda c|\lambda\rangle = -\lambda^2|\lambda\rangle = 0 \tag{1.74}$$

である．複素共役はエルミート共役 (1.37) と調和して，たとえば，

$$(\lambda cc^\dagger)^\dagger = cc^\dagger \lambda^* \tag{1.75}$$

である．2 つのグラスマン数の積はボース的である．たとえば，

$$(\lambda_1\lambda_2)(\lambda_3\lambda_4) = -\lambda_2\lambda_3\lambda_4\lambda_1 = (\lambda_3\lambda_4)(\lambda_1\lambda_2) \tag{1.76}$$

である．

すでに示したように，ヒルベルト空間は真空 $|0\rangle$ と 1 粒子状態 $|1\rangle = c^\dagger|0\rangle$ だけからなる．コヒーレント状態は

$$|\lambda\rangle \equiv \exp(c^\dagger \lambda)|0\rangle = \left(1 + c^\dagger \lambda\right)|0\rangle = |0\rangle - \lambda|1\rangle \tag{1.77}$$

のように定義され，これら 2 つの状態の線形結合である．上の式の導出には $\exp\left(c^\dagger \lambda\right)$ を展開して $\lambda^2 = 0$ を使う．コヒーレント状態であることは

$$c|\lambda\rangle = cc^\dagger \lambda|0\rangle = \lambda cc^\dagger|0\rangle = \lambda|0\rangle = \lambda\left(1 - \lambda c^\dagger\right)|0\rangle = \lambda|\lambda\rangle \tag{1.78}$$

からわかる．このエルミート共役は

$$\langle\lambda| = \langle 0|\exp(\lambda^* c) = \langle 0|(1 + \lambda^* c) = \langle 0| - \langle 1|\lambda^* \tag{1.79}$$

である．これらの状態の内積は，(1.77) と (1.79) から

$$\langle\lambda_i|\lambda_j\rangle = \langle 0|0\rangle + \langle 1|\lambda_i^*\lambda_j|1\rangle = (1 + \lambda_i^*\lambda_j) = \exp(\lambda_i^*\lambda_j) \tag{1.80}$$

である．すなわち，$\langle\lambda|\lambda\rangle = \exp(\lambda^*\lambda)$ となり，状態 $|\lambda\rangle$ は規格化されていない．

粒子数の固有状態との内積 $\langle n|\lambda\rangle$ 関する重要な関係式として

1.6 グラスマン数

$$\langle n|\lambda\rangle\langle\xi|n\rangle = \langle -\xi|n\rangle\langle n|\lambda\rangle = \langle\xi|n\rangle\langle n|-\lambda\rangle \tag{1.81}$$

を挙げておく(直後の研究課題参照). この関係式は, 11.4節で, フェルミ場に対する汎関数積分を行う際に反周期的境界条件を課す理由として用いられる.

グラスマン数での微分は, α を普通の数として,

$$\frac{\partial}{\partial \lambda_i}\lambda_j = \delta_{ij}, \qquad \frac{\partial}{\partial \lambda}\alpha = 0 \tag{1.82}$$

と定義するのが自然である. 積分はこの逆操作であるから,

$$\int d\lambda_i\,\lambda_j = \delta_{ij}, \quad \int d\lambda_i^*\,\lambda_j^* = \delta_{ij}, \quad \int d\lambda\,\alpha = 0, \quad \int d\lambda^*\,\alpha = 0 \tag{1.83}$$

と定義する. 積分 $\int d\lambda_i$ は微分 $\partial/\partial\lambda_i$ と同じ操作である. コヒーレント状態の完全性条件は

$$\int d\lambda^* d\lambda\, e^{-\lambda^*\lambda}|\lambda\rangle\langle\lambda| = |0\rangle\langle 0| + |1\rangle\langle 1| = 1 \tag{1.84}$$

である. 状態 $|\lambda\rangle$ は規格化されていないので積分測度 $e^{-\lambda^*\lambda}$ が必要である.

> 研究課題：公式 **(1.81)** を導け.

解説：状態 $|n\rangle$ として可能なのは $|0\rangle$, $|1\rangle$ だけだから具体的にすべての場合を計算する. (1.77) と (1.79) を用い, $\langle 0|\lambda|0\rangle = \lambda$, $\langle 1|\lambda|1\rangle = -\lambda$ であるから,

$$\langle 0|\lambda\rangle\langle\xi|0\rangle = 1 = \langle -\xi|0\rangle\langle 0|\lambda\rangle = \langle\xi|0\rangle\langle 0|-\lambda\rangle, \tag{1.85a}$$

$$\langle 1|\lambda\rangle\langle\xi|1\rangle = \langle 1|\lambda|1\rangle\langle 1|\xi^*|1\rangle = \lambda\xi^*$$
$$= -\xi^*\lambda = \langle -\xi|1\rangle\langle 1|\lambda\rangle = \langle\xi|1\rangle\langle 1|-\lambda\rangle \tag{1.85b}$$

が成り立つ.

> 研究課題：公式 **(1.84)** を証明せよ.

解説：(1.77) と (1.79) をこの式の左辺に代入して,

$$\int d\lambda^* d\lambda\, e^{-\lambda^*\lambda}|\lambda\rangle\langle\lambda|$$
$$= \int d\lambda^* d\lambda\, (1+\lambda\lambda^*)(|0\rangle - \lambda|1\rangle)(\langle 0| - \langle 1|\lambda^*)$$
$$= \int d\lambda^* d\lambda\, [(1+\lambda\lambda^*)|0\rangle\langle 0| + \lambda|1\rangle\langle 1|\lambda^* - (1+\lambda\lambda^*)|0\rangle\langle 1|\lambda^* - \lambda|1\rangle\langle 0|]$$
$$= \int d\lambda^* d\lambda\, (\lambda\lambda^*|0\rangle\langle 0| + \lambda\lambda^*|1\rangle\langle 1|)$$
$$= |0\rangle\langle 0| + |1\rangle\langle 1| \tag{1.86}$$

となるから証明された.

> 研究課題：グラスマン数でのガウス積分
> $$I = \int \prod_i d\lambda_i^* d\lambda_i \, e^{-\sum \lambda_i^* A_{ij} \lambda_j} \tag{1.87}$$
> を計算せよ．A_{ij} は普通の数である．

解説：行列 A_{ij} をユニタリー行列 U を用いて対角化する．

$$U^\dagger A U = \begin{pmatrix} B_1 & 0 & 0 & \cdots \\ 0 & B_2 & 0 & \cdots \\ 0 & 0 & B_3 & \cdots \\ \vdots & \vdots & \vdots & \ddots \end{pmatrix}. \tag{1.88}$$

積分変数を

$$\lambda_j = \sum_k U_{jk} \mu_k \tag{1.89}$$

と変換すれば，

$$\prod_i d\lambda_i^* d\lambda_i = \prod_i d\mu_i^* d\mu_i, \qquad \sum_{ij} \lambda_i^* A_{ij} \lambda_j = \sum_i \mu_i^* \mu_i B_i \tag{1.90}$$

である．ゆえに，指数を展開し

$$I = \prod_i \int d\mu_i^* d\mu_i \left(1 - \mu_i^* \mu_i B_i\right) = \prod_i B_i = \det U^\dagger A U = \det A \tag{1.90}$$

を得る．フェルミオン場による汎関数積分はこの公式に基づき実行される．

2 場の演算子

非相対論的場の量子論は多体量子力学系を書き換えることで得られる.場の演算子 $\phi(t,\bm{x})$ は時刻 t に場所 $\bm{x}$ にいる粒子を消滅させ,そのエルミート共役演算子 $\phi^\dagger(t,\bm{x})$ は時刻 t に場所 $\bm{x}$ に粒子を生成する.場の演算子は場の理論的ハミルトニアンおよび同時刻での交換関係で規定される.

2.1 多体量子力学ハミルトニアン

まず,ポテンシャル $V(\bm{x})$ 中の質量 m の粒子の一体運動を考える.ラグランジアンは

$$L = \frac{m}{2}\dot{\bm{x}}^2 - V(\bm{x}) \tag{2.1}$$

であり,ハミルトニアンは

$$H = \bm{p}\cdot\dot{\bm{x}} - L = \frac{1}{2m}\bm{p}^2 + V(\bm{x}) \tag{2.2}$$

である.状態の座標表示を波動関数という.

$$\mathfrak{S}(t,\bm{x}) = \langle \bm{x}|\mathfrak{S}(t)\rangle. \tag{2.3}$$

座標の状態 $|\bm{x}\rangle$ は正規直交完全系をなす.

$$\int d^3x\, |\bm{x}\rangle\langle\bm{x}| = 1, \qquad \langle\bm{x}|\bm{x}'\rangle = \delta(\bm{x}-\bm{x}'). \tag{2.4}$$

運動量演算子は座標表示で

$$\bm{p} = -i\hbar\bm{\nabla} \tag{2.5}$$

となるから,ハミルトニアン (2.2) は

$$H = -\frac{\hbar^2}{2m}\bm{\nabla}^2 + V(\bm{x}) \tag{2.6}$$

である.シュレーディンガー方程式は

$$\left(-\frac{\hbar^2}{2m}\boldsymbol{\nabla}^2 + V(\boldsymbol{x})\right)\mathfrak{S}(\boldsymbol{x}) = \varepsilon\mathfrak{S}(\boldsymbol{x}) \tag{2.7}$$

である.

続いて,相互作用をしていない N 個の粒子からなる量子力学系を考える.ハミルトニアンは

$$H = \sum_{i=1}^{N}\left(-\frac{\hbar^2}{2m}\boldsymbol{\nabla}_i^2 + V(\boldsymbol{x}_i)\right) \tag{2.8}$$

である.シュレーディンガー方程式

$$\sum_{i=1}^{N}\left(-\frac{\hbar^2}{2m}\boldsymbol{\nabla}_i^2 + V(\boldsymbol{x}_i)\right)\mathfrak{S}(\boldsymbol{x}_1,\cdots,\boldsymbol{x}_N) = E\mathfrak{S}(\boldsymbol{x}_1,\cdots,\boldsymbol{x}_N) \tag{2.9}$$

は変数分離法で解くことができる.一体のシュレーディンガー方程式 (2.7) の解を $\mathfrak{S}_j(\boldsymbol{x})$ とおけば,解は

$$\mathfrak{S}(\boldsymbol{x}_1,\cdots,\boldsymbol{x}_N) = \mathfrak{S}_{q(1)}(\boldsymbol{x}_1)\cdots\mathfrak{S}_{q(N)}(\boldsymbol{x}_N) \tag{2.10}$$

で与えられる.ここに,i 番目の粒子の座標を $\boldsymbol{x}_i$ とおき,その粒子は量子状態 $|\mathfrak{S}_{q(i)}\rangle$ に存在するとした.この状態のエネルギー固有値を $\varepsilon_{q(i)}$ とすれば,全エネルギーは $E = \sum_{i=1}^{N}\varepsilon_{q(i)}$ である.量子状態 $|\mathfrak{S}_j\rangle$ に n_j 個の粒子が存在しているとするなら,これは

$$E = \sum_{j=1}^{\infty}n_j\varepsilon_j \tag{2.11}$$

と書き直せる.この状態にいる粒子を数える演算子は $N_j = a_j^\dagger a_j$ であるので,多体量子力学ハミルトニアン (2.8) は

$$H = \sum_{j=1}^{\infty}N_j\varepsilon_j \tag{2.12}$$

と等しいことになる.

しかし,シュレーディンガー方程式の解 (2.10) はそのままでは量子力学系の解として適切でない.量子力学では同種粒子は識別不可能という性質が考慮されていないからである (図 2.1 参照).本節でボース系を,2.3 節でフェルミ系を考察する.まず,2 粒子系を考察する.2 粒子が異なる状態 $|\mathfrak{S}_1\rangle$ と $|\mathfrak{S}_2\rangle$ に存在するなら,波動関数は粒子の位置に関して対称化して,

$$\mathfrak{S}(\boldsymbol{x}_1,\boldsymbol{x}_2) = \frac{1}{\sqrt{2!}}\left(\mathfrak{S}_1(\boldsymbol{x}_1)\mathfrak{S}_2(\boldsymbol{x}_2) + \mathfrak{S}_1(\boldsymbol{x}_2)\mathfrak{S}_2(\boldsymbol{x}_1)\right) \tag{2.13}$$

とおくべきである.規格化のために係数 $1/\sqrt{2!}$ を入れた.2 粒子が同じ状態 $|\mathfrak{S}\rangle$

2.1 多体量子力学ハミルトニアン

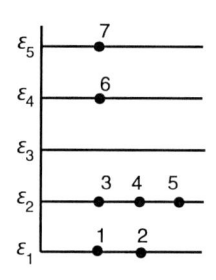

図 2.1 ボース粒子のエネルギー準位と各準位の粒子数
この例では系は 7 個の粒子を含む．粒子は識別不可能である．我々にわかるのは，どのエネルギー順位に何個の粒子が存在しているか，だけである．規格化定数は別として状態は $(a_1^\dagger)^2 (a_2^\dagger)^3 a_4^\dagger a_5^\dagger |0\rangle$ であり，全エネルギーは $E = 2\varepsilon_1 + 3\varepsilon_2 + \varepsilon_4 + \varepsilon_5$ である．

に存在しているなら，波動関数は

$$\mathfrak{S}(\boldsymbol{x}_1, \boldsymbol{x}_2) = \mathfrak{S}(\boldsymbol{x}_1)\mathfrak{S}(\boldsymbol{x}_2) \tag{2.14}$$

である．

N 粒子系に関しては，粒子がすべてが違う状態 $|\mathfrak{S}_1\rangle, |\mathfrak{S}_2\rangle, \cdots, |\mathfrak{S}_N\rangle$ にいるのなら，粒子の位置のすべての置換を行う．その数は $N!$ であり，波動関数は

$$\mathfrak{S}(\boldsymbol{x}_1, \cdots, \boldsymbol{x}_N) = \frac{1}{\sqrt{N!}} \sum_\sigma^{N!} \mathfrak{S}_1(\boldsymbol{x}_{\sigma_1}) \cdots \mathfrak{S}_N(\boldsymbol{x}_{\sigma_N}) \tag{2.15}$$

となる．ここに，$\sigma(i)$ は置換関数

$$\sigma = \begin{pmatrix} 1, & 2, & \cdots, & N \\ \sigma_1, & \sigma_2, & \cdots, & \sigma_N \end{pmatrix} \tag{2.16}$$

である．n_i 個の粒子が同一の状態 $|\mathfrak{S}_i\rangle$ にいるのなら，このような多体状態は

$$|n_1, n_2, \cdots, n_N\rangle = \frac{1}{\sqrt{n_1! n_2! \cdots n_N!}} (a_1^\dagger)^{n_1} (a_2^\dagger)^{n_2} \cdots (a_N^\dagger)^{n_N} |0\rangle \tag{2.17}$$

で与えられ，波動関数の規格化定数は $\sqrt{n_1! n_2! \cdots n_N!}/\sqrt{N!}$ となる (19 ページの研究課題を参照).

多体量子力学系のハミルトニアンは

$$H = \sum_{j=1}^\infty \varepsilon_j a_j^\dagger a_j \tag{2.18}$$

であり，エネルギーは

$$H|n_1, n_2, \cdots\rangle = \sum n_j \varepsilon_j |n_1, n_2, \cdots\rangle \tag{2.19}$$

となる．量子力学では，同種粒子は識別不可能であり，2つのハミルトニアン (2.8) と (2.18) は同値である．

2.2　ボース場の演算子

場の演算子を，一体ハミルトニアンの固有関数 $\mathfrak{S}_j(\boldsymbol{x})$ を用い，次式で定義する．

$$\phi(t,\boldsymbol{x}) = \sum_j a_j(t)\mathfrak{S}_j(\boldsymbol{x}) = \sum_j a_j(0)\mathfrak{S}_j(\boldsymbol{x})e^{-i\varepsilon_j t/\hbar}. \tag{2.20}$$

状態は正規直交条件 (1.5) および完全性条件 (1.6) を満たすから，波動関数も同様な条件

$$\int d^3x\, \langle \mathfrak{S}_j|\boldsymbol{x}\rangle\langle\boldsymbol{x}|\mathfrak{S}_k\rangle = \int d^3x\, \mathfrak{S}_j^*(\boldsymbol{x})\mathfrak{S}_k(\boldsymbol{x}) = \delta_{jk}, \tag{2.21}$$

$$\sum_j \langle \boldsymbol{x}|\mathfrak{S}_j\rangle\langle\mathfrak{S}_j|\boldsymbol{y}\rangle = \sum_j \mathfrak{S}_j(\boldsymbol{x})\mathfrak{S}_j^*(\boldsymbol{y}) = \delta(\boldsymbol{x}-\boldsymbol{y}) \tag{2.22}$$

を満たす．これらの関係式により，場の演算子は交換関係

$$[\phi(t,\boldsymbol{x}),\phi(t,\boldsymbol{y})] = [\phi^\dagger(t,\boldsymbol{x}),\phi^\dagger(t,\boldsymbol{y})] = 0,$$
$$[\phi(t,\boldsymbol{x}),\phi^\dagger(t,\boldsymbol{y})] = \delta(\boldsymbol{x}-\boldsymbol{y}) \tag{2.23}$$

を満たす．場の演算子 (2.20) は一般に第二量子化された演算子といわれる．

密度演算子を次式で定義する．

$$\rho(t,\boldsymbol{x}) = \phi^\dagger(t,\boldsymbol{x})\phi(t,\boldsymbol{x}). \tag{2.24}$$

密度演算子の空間積分は粒子数演算子である．

$$\int d^3x\,\rho(t,\boldsymbol{x}) = \sum_{i,j} a_i^\dagger(t)a_j(t)\int d^3x\, \mathfrak{S}_i^*(\boldsymbol{x})\mathfrak{S}_j(\boldsymbol{x}) = \sum_i a_i^\dagger a_i = N. \tag{2.25}$$

これは多体量子力学における粒子数演算子 (1.22) に等しい．

次に，多体量子力学ハミルトニアン (2.18) が，場のハミルトニアン

$$H = \int d^3x\, \left\{\frac{\hbar^2}{2m}\boldsymbol{\nabla}\phi^\dagger(t,\boldsymbol{x})\boldsymbol{\nabla}\phi(t,\boldsymbol{x}) + V(\boldsymbol{x})\phi^\dagger(t,\boldsymbol{x})\phi(t,\boldsymbol{x})\right\} \tag{2.26}$$

に等価であることを示す．場の演算子 (2.20) をこのハミルトニアンに代入し，部分積分して，一体シュレーディンガー方程式と正規直交条件 (2.21) を用い，

$$H = \sum_{jk} \int d^3x \, \mathfrak{S}_j^\dagger(\boldsymbol{x}) \left(-\frac{\hbar^2}{2m} \boldsymbol{\nabla}^2 \mathfrak{S}_k(\boldsymbol{x}) + V(\boldsymbol{x}) \mathfrak{S}_k(\boldsymbol{x}) \right) a_j^\dagger a_k$$

$$= \sum_{jk} \varepsilon_k a_j^\dagger a_k \int d^3x \, \mathfrak{S}_j^\dagger(\boldsymbol{x}) \mathfrak{S}_k(\boldsymbol{x}) = \sum_j \varepsilon_j a_j^\dagger a_j \qquad (2.27)$$

を得る．これは多体量子力学ハミルトニアン (2.18) に他ならない．

> 研究課題：場の演算子 $\phi^\dagger(t, \boldsymbol{y})$ は点 $\boldsymbol{y}$ に粒子を生成し，$\phi(t, \boldsymbol{y})$ は点 $\boldsymbol{y}$ に居る粒子を消滅することを論証せよ．

解説：簡単な計算でわかるように，密度演算子と場の演算子とは次の関係式を満たす．

$$\rho(t, \boldsymbol{x})\phi^\dagger(t, \boldsymbol{y}) = \phi^\dagger(t, \boldsymbol{y})[\rho(t, \boldsymbol{x}) + \delta(\boldsymbol{x} - \boldsymbol{y})], \qquad (2.28\mathrm{a})$$

$$\rho(t, \boldsymbol{x})\phi(t, \boldsymbol{y}) = \phi(t, \boldsymbol{y})[\rho(t, \boldsymbol{x}) - \delta(\boldsymbol{x} - \boldsymbol{y})]. \qquad (2.28\mathrm{b})$$

密度演算子 $\rho(t, \boldsymbol{x})$ の固有値を $\rho_{\mathrm{cl}}(t, \boldsymbol{x})$，固有状態を $|\rho_{\mathrm{cl}}(t, \boldsymbol{x})\rangle$ と記せば，上記の関係式より

$$\rho(t, \boldsymbol{x})\phi^\dagger(t, \boldsymbol{y})|\rho_{\mathrm{cl}}(t, \boldsymbol{x})\rangle = [\rho_{\mathrm{cl}}(t, \boldsymbol{x}) + \delta(\boldsymbol{x} - \boldsymbol{y})]\phi^\dagger(t, \boldsymbol{y})|\rho_{\mathrm{cl}}(t, \boldsymbol{x})\rangle \quad (2.29)$$

となる．ゆえに，$\phi^\dagger(t, \boldsymbol{y})|\rho_{\mathrm{cl}}(t, \boldsymbol{x})\rangle$ は密度演算子の固有状態であり，点 $\boldsymbol{y}$ で粒子密度は 1 粒子だけ増加している．同様に，$\phi(t, \boldsymbol{y})|\rho_{\mathrm{cl}}(t, \boldsymbol{x})\rangle$ は密度演算子の固有状態であり，点 $\boldsymbol{y}$ で粒子密度は 1 粒子だけ減少している．

> 研究課題：N 粒子状態 **(2.17)** の波動関数は
> $$\mathfrak{S}(\boldsymbol{x}_1, \cdots, \boldsymbol{x}_N) = \frac{1}{\sqrt{N!}} \langle 0|\phi(\boldsymbol{x}_1)\phi(\boldsymbol{x}_2)\cdots\phi(\boldsymbol{x}_N)|n_1, n_2, \cdots, n_N\rangle$$
> $$(2.30)$$
> で与えられることを論証せよ (時刻 t は共通であり無視している)．

解説：N 体波動関数を具体的に計算して検証する．すべての粒子が異なる状態に存在するなら

$$\mathfrak{S}(\boldsymbol{x}_1, \cdots, \boldsymbol{x}_N) = \frac{1}{\sqrt{N!}} \langle 0|\phi(\boldsymbol{x}_1)\cdots\phi(\boldsymbol{x}_N) a_1^\dagger \cdots a_N^\dagger |0\rangle \qquad (2.31)$$

である．演算子 $\phi(\boldsymbol{x}_i)$ は (2.20) で与えられる．1 つの粒子状態 $a_j^\dagger|0\rangle$ を消滅させるすべての仕方を勘定して，波動関数 (2.15) が得られる．一方，すべての粒子が同じ状態に存在するなら，たとえば，

$$\mathfrak{S}(\boldsymbol{x}_1,\cdots,\boldsymbol{x}_N) = \frac{1}{\sqrt{N!}}\langle 0|\phi(\boldsymbol{x}_1)\cdots\phi(\boldsymbol{x}_N)\frac{(a_1^\dagger)^N}{\sqrt{N!}}|0\rangle \tag{2.32}$$

である．これに寄与する演算子 (2.20) の成分は，$a_1\mathfrak{S}_1(\boldsymbol{x})$ のみであるから，

$$\mathfrak{S}(\boldsymbol{x}_1,\cdots,\boldsymbol{x}_N) = \mathfrak{S}_1(\boldsymbol{x}_1)\cdots\mathfrak{S}_1(\boldsymbol{x}_N)\langle 0|\frac{(a_1)^N}{\sqrt{N!}}\frac{(a_1^\dagger)^N}{\sqrt{N!}}|0\rangle$$

$$= \mathfrak{S}_1(\boldsymbol{x}_1)\cdots\mathfrak{S}_1(\boldsymbol{x}_N) \tag{2.33}$$

である．$N=2$ の場合が (2.14) である．上記の議論を拡張して，一般の場合に，規格化定数が $\sqrt{n_1!n_2!\cdots n_N!}/\sqrt{N!}$ で与えられるのは明らかであろう．ここに，$1/\sqrt{N!}$ は定義式 (2.30) に存在する因子であり，$\sqrt{n_1!n_2!\cdots n_N!}$ が現れるのは，これが n_i 粒子状態の定義 (2.17) に必要な係数因子だからである．波動関数は複雑であり，使うこともないので，書き下さない．

2.3 フェルミ場の演算子

フェルミオンに対する場の演算子を導入する．N 体シュレーディンガー方程式 (2.9) はフェルミオンに対してもボソンに対しても全く同じである．異なるのは波動関数がフェルミ統計に従うかボース統計に従うかの違いのみである．状態 $|\mathfrak{S}_j\rangle$ にフェルミオンを生成する演算子を $c_j^\dagger$ とするなら，場の演算子は

$$\psi(t,\boldsymbol{x}) = \sum_j c_j(t)\mathfrak{S}_j(\boldsymbol{x}) = \sum_j c_j(0)\mathfrak{S}_j(\boldsymbol{x})e^{-i\varepsilon_j t/\hbar} \tag{2.34}$$

で定義される．これはボース場の演算子 (2.20) に対応する．反交換関係 (1.35) より，場の演算子に対する反交換関係

$$\{\psi(t,\boldsymbol{x}),\psi(t,\boldsymbol{y})\} = \{\psi^\dagger(t,\boldsymbol{x}),\psi^\dagger(t,\boldsymbol{y})\} = 0,$$
$$\{\psi(t,\boldsymbol{x}),\psi^\dagger(t,\boldsymbol{y})\} = \delta(\boldsymbol{x}-\boldsymbol{y}) \tag{2.35}$$

が得られる．場の理論的ハミルトニアンは，すでに導いた (2.26) において，ボース場演算子 $\phi(x)$ をフェルミ場演算子 $\psi(x)$ に置き換えたものである．

多体状態は (1.36) で与えられる．すなわち，$n_j = 0,1$ として，

$$|n_1, n_2, \cdots\rangle = (c_1^\dagger)^{n_1}(c_2^\dagger)^{n_2}\cdots|0\rangle \tag{2.36}$$

である．2体波動関数は

$$\mathfrak{S}(\boldsymbol{x}_1,\boldsymbol{x}_2) = \frac{1}{\sqrt{2!}}[\mathfrak{S}_1(\boldsymbol{x}_1)\mathfrak{S}_2(\boldsymbol{x}_2) - \mathfrak{S}_1(\boldsymbol{x}_2)\mathfrak{S}_2(\boldsymbol{x}_1)] \tag{2.37}$$

である．これはボソンの 2 体波動関数 (2.13) に対応する．N 体波動関数は，すべてのフェルミオンが異なる状態に存在するから，$N!$ の置換を行い

$$\mathfrak{S}(\boldsymbol{x}_1,\cdots,\boldsymbol{x}_N) = \frac{1}{\sqrt{N!}} \sum_{\sigma} \mathrm{sgn}(\sigma) \mathfrak{S}_1(\boldsymbol{x}_{\sigma_1})\cdots\mathfrak{S}_N(\boldsymbol{x}_{\sigma_N}) \tag{2.38}$$

を得る．ここに，$\mathrm{sgn}(\sigma)$ は，置換 σ が偶置換か奇置換かに応じて $\mathrm{sgn}(\sigma) = \pm$ となる関数である．行列式の定義により

$$\mathfrak{S}(\boldsymbol{x}_1,\cdots,\boldsymbol{x}_N) = \frac{1}{\sqrt{N!}} \begin{vmatrix} \mathfrak{S}_1(\boldsymbol{x}_1) & \mathfrak{S}_1(\boldsymbol{x}_2) & \cdots & \mathfrak{S}_1(\boldsymbol{x}_N) \\ \mathfrak{S}_2(\boldsymbol{x}_1) & \mathfrak{S}_2(\boldsymbol{x}_2) & \cdots & \mathfrak{S}_2(\boldsymbol{x}_N) \\ \vdots & \vdots & \ddots & \vdots \\ \mathfrak{S}_N(\boldsymbol{x}_1) & \mathfrak{S}_N(\boldsymbol{x}_2) & \cdots & \mathfrak{S}_N(\boldsymbol{x}_N) \end{vmatrix} \tag{2.39}$$

と表される．これはスレーター (Slater) 行列式とよばれる．

2.4 量子場の理論

多体量子力学ハミルトニアンは場の理論的ハミルトニアン

$$H = \int d^3x\, \phi^\dagger(t,\boldsymbol{x}) \left[\frac{1}{2m}\boldsymbol{p}^2 + V(\boldsymbol{x}) \right] \phi(t,\boldsymbol{x}) \tag{2.40}$$

に等価であることを示した．場の演算子 $\phi(t,\boldsymbol{x})$ はボソンまたはフェルミオンを記述する．場の演算子を (2.20) または (2.34) で導入したが，これは演算子 $\phi(t,\boldsymbol{x})$ を 1 つの正規直交完全系を張る固有関数 $\mathfrak{S}_j$ で展開したものと見なせる．量子場の理論はハミルトニアンと交換関係で定義されている，と考えてよい．交換関係はボソンに対しては (2.23)，フェルミオンに対しては (2.35) である．

さて，(2.40) によれば，第二量子化ハミルトニアン H^{2nd} は量子力学的ハミルトニアン H^{1st} を場の演算子 $\phi(x)$ と $\phi^\dagger(x)$ で挟むことにより得られる．

$$H^{\mathrm{2nd}} = \int d^3x\, \phi^\dagger(t,\boldsymbol{x}) H^{\mathrm{1st}}(\boldsymbol{x}) \phi(t,\boldsymbol{x}). \tag{2.41}$$

ここに，$H^{\mathrm{1st}}(\boldsymbol{x})$ は (2.6) で与えられる．同様に，第二量子化運動量 $\boldsymbol{p}^{\mathrm{2nd}}$ は量子力学的運動量 $\boldsymbol{p}^{\mathrm{1st}} = -i\hbar\boldsymbol{\nabla}$ から

$$\boldsymbol{p}^{\mathrm{2nd}} = \int d^3x\, \phi^\dagger(t,\boldsymbol{x}) \boldsymbol{p}^{\mathrm{1st}}(\boldsymbol{x}) \phi(t,\boldsymbol{x}) \tag{2.42}$$

と構成される．

ハイゼンベルグ運動方程式は，交換関係 (2.23) を用いて，

$$i\hbar\partial_t\phi(t,\boldsymbol{x}) = [\phi(t,\boldsymbol{x}), H^{\mathrm{2nd}}]_\pm = H^{\mathrm{1st}}(\boldsymbol{x})\phi(t,\boldsymbol{x})$$
$$= \left(-\frac{\hbar^2}{2m}\boldsymbol{\nabla}^2 + V(\boldsymbol{x})\right)\phi(t,\boldsymbol{x}) \tag{2.43}$$

と導かれる．ここに，$[A,B]_\pm \equiv AB \pm BA$ であり，ボソンに対しては $[A,B]_- \equiv [A,B]$ を，フェルミオンに対しては $[A,B]_+ \equiv \{A,B\}$ を意味する記号である．ハイゼンベルグ運動方程式 (2.43) は一体のシュレーディンガー方程式 (2.7) と同じ形をしている．このことから，「量子力学における波動関数 $\mathfrak{S}(t,\boldsymbol{x})$ を場の演算子 $\phi(t,\boldsymbol{x})$ と見なす」という移行操作で量子場の理論が得られる，と解説している文献も存在する．この操作を第二量子化ということもあるが，正しい解釈ではない．量子化とは古典力学から新しい力学系への移行操作であり，量子力学は第一量子化形式，量子場の理論は第二量子化形式というべきであろう．

粒子間に相互作用を導入する．簡単のため，2 粒子間の距離にのみ依存する相互作用を考察する．実際の応用では，電荷をもつ粒子間に働くクーロン相互作用や，接触相互作用を考える．全系のハミルトニアンは次のように書かれる．

$$H^{\mathrm{QM}} = \sum_{i=1}^N \left(-\frac{\hbar^2}{2m}\boldsymbol{\nabla}_i^2 + V(\boldsymbol{x}_i)\right) + \frac{1}{2}\sum_{ij} U(|\boldsymbol{x}_i - \boldsymbol{x}_j|). \tag{2.44}$$

クーロン相互作用は，SI 単位系で

$$U(|\boldsymbol{x}_i - \boldsymbol{x}_j|) = \frac{e^2}{4\pi\varepsilon_0}\frac{1}{|\boldsymbol{x}_i - \boldsymbol{x}_j|} \tag{2.45}$$

であり，接触相互作用は相互作用の大きさを g として

$$U(|\boldsymbol{x}_i - \boldsymbol{x}_j|) = g\delta(\boldsymbol{x}_i - \boldsymbol{x}_j) \tag{2.46}$$

と書かれる．

この多体量子力学系が次の場の理論に等価であることを示す．

$$H^{\mathrm{FT}} = \int d^3x \left\{\frac{\hbar^2}{2m}\boldsymbol{\nabla}\phi^\dagger(t,\boldsymbol{x})\boldsymbol{\nabla}\phi(t,\boldsymbol{x}) + V(\boldsymbol{x})\phi^\dagger(t,\boldsymbol{x})\phi(t,\boldsymbol{x})\right\}$$
$$+ \frac{1}{2}\int d^3x \int d^3y\, \phi^\dagger(t,\boldsymbol{x})\phi^\dagger(t,\boldsymbol{y})U(|\boldsymbol{x}-\boldsymbol{y}|)\phi(t,\boldsymbol{y})\phi(t,\boldsymbol{x}). \tag{2.47}$$

特に，接触相互作用[*1)]では，ボース場のハミルトニアン密度は

$$\mathcal{H}^{\mathrm{FT}} = \frac{\hbar^2}{2m}\boldsymbol{\nabla}\phi^\dagger(t,\boldsymbol{x})\boldsymbol{\nabla}\phi(t,\boldsymbol{x}) + V(\boldsymbol{x})\phi^\dagger(t,\boldsymbol{x})\phi(t,\boldsymbol{x}) + \frac{g}{2}\phi^{\dagger 2}(t,\boldsymbol{x})\phi^2(t,\boldsymbol{x})$$

となることを注意しておく．

[*1)] 同種のフェルミオンは同じ点に 2 個存在できないから，電子間の接触相互作用を議論するには，スピンの自由度を考慮する必要がある．具体的には，たとえば，(5.108) をみよ．

N 体波動関数は

$$\mathfrak{S}(t, \boldsymbol{x}_1, \cdots, \boldsymbol{x}_N) = \frac{1}{\sqrt{N!}} \langle 0 | \phi(x_1) \phi(x_2) \cdots \phi(x_N) | \mathfrak{S} \rangle \quad (2.48)$$

で与えられる (19 ページの研究課題参照)．簡単のため，$x_j = (t, \boldsymbol{x}_j)$ と省略記号を用いた．波動関数を時間で微分して

$$i\hbar \frac{\partial}{\partial t} \mathfrak{S}(t, \boldsymbol{x}_1, \cdots, \boldsymbol{x}_N) = \frac{i\hbar}{\sqrt{N!}} \sum_j \langle 0 | \phi(x_1) \cdots \dot{\phi}(x_j) \cdots \phi(x_N) | \mathfrak{S} \rangle \quad (2.49)$$

となる．ここで，ハイゼンベルグ運動方程式

$$i\hbar \frac{\partial}{\partial t} \phi(x) = [\phi(x), H^{\mathrm{FT}}]_\pm \quad (2.50)$$

を用いる．具体的にハミルトニアン (2.47) を用いると

$$[\phi(x), H^{\mathrm{FT}}] = \left(-\frac{\hbar^2}{2m} \boldsymbol{\nabla}^2 + V(\boldsymbol{x}) \right) \phi(x) + \int d^3 y \, \phi^\dagger(y) U(|\boldsymbol{x} - \boldsymbol{y}|) \phi(y) \phi(x) \quad (2.51)$$

である．したがって

$$\begin{aligned}
&i\hbar \langle 0 | \phi(x_1) \cdots \dot{\phi}(x_j) \cdots \phi(x_N) | \mathfrak{S} \rangle \\
&= \left(-\frac{\hbar^2}{2m} \boldsymbol{\nabla}_j^2 + V(\boldsymbol{x}_j) \right) \langle 0 | \phi(x_1) \phi(x_2) \cdots \phi(x_N) | \mathfrak{S} \rangle \\
&\quad + \int d^3 y \, U(|\boldsymbol{x}_j - \boldsymbol{y}|) \langle 0 | \phi(x_1) \cdots \phi^\dagger(y) \phi(y) \phi(x_j) \cdots \phi(x_N) | \mathfrak{S} \rangle
\end{aligned} \quad (2.52)$$

である．最後の項において，関係式 $[\phi(x), \phi^\dagger(y) \phi(y)] = \delta(\boldsymbol{x} - \boldsymbol{y}) \phi(y)$ を用い，$\phi^\dagger(y)$ を左に移動し，$\langle 0 | \phi^\dagger(y) = 0$ を使う．このようにして，量子力学的ハミルトニアン (2.44) に対するシュレーディンガー方程式

$$i\hbar \frac{\partial}{\partial t} \mathfrak{S}(t, \boldsymbol{x}_1, \cdots, \boldsymbol{x}_N) = H^{\mathrm{QM}} \mathfrak{S}(t, \boldsymbol{x}_1, \cdots, \boldsymbol{x}_N) \quad (2.53)$$

が導かれる．ゆえに同値であることが示された．

2.5 電子と電磁場の相互作用

電磁場と相互作用している電子を考察する．電子の電荷を $-e$ ($e > 0$) とする．古典的方程式は

$$m \ddot{\boldsymbol{x}} = -e \left(\boldsymbol{E} + \dot{\boldsymbol{x}} \times \boldsymbol{B} \right) \quad (2.54)$$

である．最後の項はローレンツ (Lorentz) 力を表す．

この方程式を導くラグランジアンは，$\boldsymbol{A}(t,\boldsymbol{x})$ と $\varphi(t,\boldsymbol{x})$ をベクトルおよびスカラーポテンシャルとして，

$$L = \frac{m}{2}\dot{\boldsymbol{x}}^2 - e\boldsymbol{A}(t,\boldsymbol{x})\cdot\dot{\boldsymbol{x}} + e\varphi(t,\boldsymbol{x}) \tag{2.55}$$

で与えられる．電場と磁場は

$$E_k = -\partial_t A_k - \partial_k \varphi, \qquad B_k = \epsilon_{kij}\partial_i A_j \tag{2.56}$$

である．ここに ϵ_{ijk} は，$\epsilon_{123} = 1$ とする完全反対称テンソルである．実際，ラグランジアン (2.55) からオイラー–ラグランジュ(Euler–Lagrange) 方程式

$$\frac{d}{dt}\frac{\partial L}{\partial \dot{x}_j} - \frac{\partial L}{\partial x_j} = 0 \tag{2.57}$$

を計算すると，

$$m\ddot{x}_j = -eE_j - e\epsilon_{jki}\dot{x}_k B_i \tag{2.58}$$

を得るが，これは方程式 (2.54) に他ならない．

電磁場の量子化は 5 章で扱う．ここでは電磁場は古典場として，電子を量子化する．正準運動量は定義により

$$p_j = \frac{\partial L}{\partial \dot{x}_j} = m\dot{x}_j - eA_j \tag{2.59}$$

である．正準交換関係

$$[x_i, p_j] = i\hbar\delta_{ij} \tag{2.60}$$

を課すことにより量子化が実行される．座標表示で，正準運動量は

$$\boldsymbol{p} = -i\hbar\boldsymbol{\nabla} \tag{2.61}$$

と書かれる．量子力学的ハミルトニアンは

$$H^{\mathrm{QM}} = p_j\dot{x}_j - L = \frac{m}{2}\dot{\boldsymbol{x}}^2 - e\varphi \equiv \frac{1}{2m}\boldsymbol{P}^2 - e\varphi \tag{2.62}$$

であるが，ここに

$$\boldsymbol{P} = m\dot{\boldsymbol{x}}_j = \boldsymbol{p} + e\boldsymbol{A} = -i\hbar\boldsymbol{\nabla} + e\boldsymbol{A} \tag{2.63}$$

である．これは機械的運動量に他ならないが，共変運動量とよばれる．

場の理論的ハミルトニアンは，量子力学的ハミルトニアンから (2.41) に従って構成される．すなわち，電子を記述する場の演算子 ψ を導入して

$$H^{\mathrm{FT}} = \int d^3x\,\psi^\dagger(t,\boldsymbol{x})\left[\frac{1}{2m}\left(-i\hbar\boldsymbol{\nabla} + e\boldsymbol{A}\right)^2 - e\varphi(t,\boldsymbol{x})\right]\psi(t,\boldsymbol{x}) \tag{2.64}$$

である．

3 正準量子化

ラグランジアンが与えられれば量子場の理論は正準量子化法に従って構築できる．本章では非相対論的自由場と相対論的 (クライン–ゴルドン) 自由場の量子化を行う．保存カレントの存在を保証するネーターの定理を学び，粒子と反粒子を識別する保存カレントを議論する．

3.1 振動，波動と相対論的粒子

前章で示したようにシュレーディンガー方程式で記述される非相対論的粒子に関しては多体量子力学と場の理論は同値である．しかし，振動や波動はこの方法では量子化できない．さらに，相対論的粒子を扱えない．本章ではこれらの励起や粒子の量子化を行う．

振動や波動と相対論的場はきわめて類似している．古典的波動方程式は，v を速度として

$$\frac{\partial^2}{\partial t^2}\phi(t,\bm{x}) - v^2 \bm{\nabla}^2 \phi(t,\bm{x}) = 0 \tag{3.1}$$

で与えられる．場 ϕ はたとえば音波を記述する．また，電磁場の各成分は，速度 v を光速にとることにより $(v=c)$，この方程式を満たす．さて，減衰する波動は減衰項 (質量項) を加えて記述できる．

$$\frac{\partial^2}{\partial t^2}\phi(t,\bm{x}) - v^2 \bm{\nabla}^2 \phi(t,\bm{x}) + \frac{m^2 v^4}{\hbar^2}\phi(t,\bm{x}) = 0. \tag{3.2}$$

振動も同じ方程式を満たす．たとえば，結晶中の原子がその平衡点からわずかにずれたとき，そのズレの大きさを $\phi(t,\bm{x})$ とすれば，方程式 (3.2) を満たす．減衰項の起源はフック (Hooke) の法則に従う復元力である．ただし，すべての原子が同位相で同一の方向にずれるモードは波動方程式 (3.1) を満たし物質中を

伝播する．さらに，光子は波動方程式 (3.1) で記述され質量をもたないが，超伝導の中では質量を獲得し方程式 (3.2) で記述される．電磁場の量子を光子 (フォトン)，振動の量子をフォノンという．

方程式 (3.2) は，$v = c$ の場合，クライン–ゴルドン (Klein–Gordon) 方程式とよばれ，質量 m をもつ相対論的粒子の演算子場を記述する．相対論的粒子を扱うには，ミンコフスキー (Minkowski) 計量といわれる計量テンソルを導入すると表式が簡略化される．本書では計量テンソルとして

$$g_{\mu\nu} = \begin{pmatrix} -1 & 0 & 0 & 0 \\ 0 & 1 & 0 & 0 \\ 0 & 0 & 1 & 0 \\ 0 & 0 & 0 & 1 \end{pmatrix} \tag{3.3}$$

を採用する．

時空座標は 4 成分ベクトルであり

$$x^\mu = (ct, \boldsymbol{x}), \qquad x_\mu = g_{\mu\nu} x^\nu = (-ct, \boldsymbol{x}) \tag{3.4}$$

とまとめられ，それぞれ，反変ベクトルと共変ベクトルとよばれる．スカラー積を

$$x^\mu x_\mu = \sum_\mu x^\mu x_\mu = \boldsymbol{x}^2 - (ct)^2 \tag{3.5}$$

と表記する．これらの式にみるように，共変と反変に繰り返しているインデックスは足し上げるという約束をする．一方，運動量に関しては次のようになる．

$$p^\mu = (E/c, \boldsymbol{p}), \qquad p_\mu = g_{\mu\nu} p^\nu = (-E/c, \boldsymbol{p}). \tag{3.6}$$

次に，空間座標に関する微分記号として

$$\boldsymbol{\nabla} = \frac{\partial}{\partial \boldsymbol{x}} = \left(\frac{\partial}{\partial x_1}, \frac{\partial}{\partial x_2}, \frac{\partial}{\partial x_3}\right) = (\partial^1, \partial^2, \partial^3) = (\partial_1, \partial_2, \partial_3) \tag{3.7}$$

を採用し，時間に関する微分記号として

$$\partial_t \equiv \frac{\partial}{\partial t} = c \frac{\partial}{\partial x^0} = c \partial_0 = -c \partial^0 \tag{3.8}$$

を採用する．

これらの約束に従えば，クライン–ゴルドン方程式は

$$\frac{\partial^2}{c^2 \partial t^2} \phi(x) - \boldsymbol{\nabla}^2 \phi(x) + \frac{m^2 c^2}{\hbar^2} \phi(x) = \left(-\partial^\mu \partial_\mu + \frac{m^2 c^2}{\hbar^2}\right) \phi(x) = 0 \tag{3.9}$$

となり，相対論的表式[*1)]に直せる．ここで $\phi(t,\boldsymbol{x})$ を $\phi(x)$ と略記している．量子論的関係式

$$E = i\hbar\partial_t, \qquad \boldsymbol{p} = -i\hbar\boldsymbol{\nabla} \tag{3.10}$$

は，4元運動量演算子

$$p_\mu = -i\hbar\partial_\mu \tag{3.11}$$

にまとめられる．一方，クライン–ゴルドン方程式 (3.9) は

$$\left(p^\mu p_\mu + m^2 c^2\right)\phi(x) = 0 \tag{3.12}$$

となる．ここで，

$$p^\mu p_\mu + m^2 c^2 = \boldsymbol{p}^2 - \frac{E^2}{c^2} + m^2 c^2 = 0 \tag{3.13}$$

であるが，これは，質量とエネルギーの間のアインシュタイン公式[*2)]である．したがって，クライン–ゴルドン方程式はアインシュタイン公式そのものといってもよい．後の章で詳述する光子やディラック粒子もアインシュタイン公式を満たすから，その成分演算子はクライン–ゴルドン方程式を満たす．

クライン–ゴルドン方程式 (3.9) はシュレーディンガー方程式 (2.7) と対比できるが，その違いを認識する必要がある．シュレーディンガー方程式は，量子力学系における波動関数を記述することも，場の理論における演算子場を記述することもできる．しかし，クライン–ゴルドン方程式は量子力学系における波動関数を記述することはできない．なぜなら，その状態のエネルギーは，アインシュタイン公式が成り立つから，$E = \pm c\sqrt{\boldsymbol{p}^2 + m^2 c^2}$ となり，負エネルギー状態を含んでしまうからである．これが相対論的粒子に対する負エネルギー問題である．この問題は，量子場の理論には後述するように存在しない．

3.2　実スカラー場

相対論的場の理論の最も簡単な例としてクライン–ゴルドン方程式

$$\left(\frac{1}{c^2}\partial_t^2 - \boldsymbol{\nabla}^2 + \frac{m^2 c^2}{\hbar^2}\right)\phi(x) = 0 \tag{3.14}$$

[*1)] ローレンツ変換に対して不変な表式を相対論的表式ともいう．ローレンツ変換に関しては付録 A.3 を参照されたい．
[*2)] これをアインシュタイン関係式とよぶ文献もあるが，この用語は統計力学で特定の意味をもつので，本書ではアインシュタイン公式とよぶ．

で記述される実数場 $\phi(x)$ を扱う．正準量子化のためにはラグランジアン密度が必要である．ラグランジアン密度は，そのオイラー–ラグランジュ方程式がクライン–ゴルドン方程式になる，と要請して決まる．

$$\mathcal{L} = -\frac{1}{2}(\partial^\mu \phi)(\partial_\mu \phi) - \frac{m^2 c^2}{2\hbar^2}\phi^2 = \frac{1}{2c^2}\dot{\phi}^2 - \frac{1}{2}(\boldsymbol{\nabla}\phi)^2 - \frac{m^2 c^2}{2\hbar^2}\phi^2. \quad (3.15)$$

場 $\phi(x)$ の正準運動量 $\pi(x)$ は

$$\pi(x) = \frac{\partial \mathcal{L}(x)}{\partial \dot{\phi}(x)} = \frac{1}{c^2}\dot{\phi}(x) \quad (3.16)$$

で定義される．これは解析力学での正準運動量の定義 (1.1) に対応する．ハミルトニアン密度はラグランジアン密度からルジャンドル変換により求まる．

$$\mathcal{H} = \pi \dot{\phi} - \mathcal{L} = \frac{c^2}{2}\pi^2 + \frac{1}{2}(\boldsymbol{\nabla}\phi)^2 + \frac{m^2 c^2}{2\hbar^2}\phi^2. \quad (3.17)$$

場とその正準運動量の間に正準交換関係，すなわち，

$$[\phi(t,\boldsymbol{x}), \phi(t,\boldsymbol{y})] = [\dot{\phi}(t,\boldsymbol{x}), \dot{\phi}(t,\boldsymbol{y})] = 0,$$
$$[\phi(t,\boldsymbol{x}), \dot{\phi}(t,\boldsymbol{y})] = ic^2\hbar\delta(\boldsymbol{x}-\boldsymbol{y}) \quad (3.18)$$

を設定することで量子化は実行される．演算子 $\dot{\phi}$ に対するハイゼンベルグ運動方程式は，交換関係 (3.18) を用いて

$$i\hbar\partial_t \dot{\phi} = [\dot{\phi}, H] = i\hbar c^2 \boldsymbol{\nabla}^2 \phi - i\frac{m^2 c^4}{\hbar}\phi \quad (3.19)$$

となるが，これはクライン–ゴルドン方程式 (3.14) に他ならない．運動量演算子は，量子力学的演算子から対応公式 (2.42) により

$$\boldsymbol{p} = -\int d^3x\, \pi(t,\boldsymbol{x})\boldsymbol{\nabla}\phi(t,\boldsymbol{x}) = -\frac{1}{c^2}\int d^3x\, \dot{\phi}(x)\boldsymbol{\nabla}\phi(x) \quad (3.20)$$

と求まる．この運動量演算子の表式は，後で導出するエネルギー運動量テンソル (3.116) からも導かれる．

研究課題：**(3.15)** に現れるスカラー場 $\phi(x)$ の次元は何か．

解説：基本的次元は，質量 M，長さ L，時間 T である．エネルギー E の次元は，$E = mv^2/2$ より，$[E] = ML^2 T^{-2}$ である．ラグランジアン密度 $\mathcal{L}$ はエネルギー密度と等しいから，$[\mathcal{L}] = ML^{-1}T^{-2}$ である．したがって，スカラー場 ϕ の次元は，$[\phi] = M^{1/2}L^{1/2}T^{-1}$ である．これは，$[\hbar] = ML^2 T^{-1}$ なので，$[\phi^2] = [\hbar]L^{-1}T^{-1}$ と表記する方が便利なこともある．

3.2.1 平面波展開

場の演算子は，正規直交完全系を張る任意の関数系で展開できる．特に，平面波展開ができる．

$$\phi(x) = c \int \frac{d^3k}{\sqrt{(2\pi)^3}} \sqrt{\frac{\hbar}{2\omega_k}} \left(a_{\bm{k}}(t) e^{i\bm{k}\bm{x}} + a_{\bm{k}}^\dagger(t) e^{-i\bm{k}\bm{x}} \right). \tag{3.21}$$

これは座標 $\bm{x}$ に関するフーリエ変換に相当する．ここで，運動量 $\hbar\bm{k}$ をもつ粒子のエネルギー $\varepsilon_k = \hbar\omega_k$ はアインシュタイン公式により

$$\hbar\omega_k = c\sqrt{\hbar^2 \bm{k}^2 + m^2 c^2} \tag{3.22}$$

で与えられる．これは相対論的粒子の分散関係[*1)]である．展開式 (3.21) に $a_{\bm{k}}^\dagger$ 項が存在するのは，場 $\phi(x)$ がエルミート条件，$\phi^\dagger(x) = \phi(x)$，を満たす必要があるからである．展開式 (3.21) をクライン–ゴルドン方程式 (3.14) に代入して，$a_{\bm{k}}(t) = a_{\bm{k}}(0) e^{-i\omega_k t}$ となる．したがって，$a_{\bm{k}} = a_{\bm{k}}(0)$ とおき，(3.21) は

$$\phi(x) = c \int \frac{d^3k}{\sqrt{(2\pi)^3}} \sqrt{\frac{\hbar}{2\omega_k}} \left(a_{\bm{k}} e^{ikx} + a_{\bm{k}}^\dagger e^{-ikx} \right), \tag{3.23a}$$

$$\dot{\phi}(x) = -ic \int \frac{d^3k}{\sqrt{(2\pi)^3}} \sqrt{\frac{\hbar\omega_k}{2}} \left(a_{\bm{k}} e^{ikx} - a_{\bm{k}}^\dagger e^{-ikx} \right) \tag{3.23b}$$

と書き直せる．ここに，$k^\mu = (\omega_k/c, \bm{k})$，$kx \equiv k^\mu x_\mu = -\omega_k t + \bm{k}\bm{x}$ である．

場 $\phi(x)$ を正振動数成分 $\phi^{(+)}(x)$ と負振動数成分 $\phi^{(-)}(x)$ に分解する．

$$\phi^{(+)}(x) = c \int \frac{d^3k}{\sqrt{(2\pi)^3}} \sqrt{\frac{\hbar}{2\omega_k}} a_{\bm{k}} e^{ikx}, \tag{3.24a}$$

$$\phi^{(-)}(x) = c \int \frac{d^3k}{\sqrt{(2\pi)^3}} \sqrt{\frac{\hbar}{2\omega_k}} a_{\bm{k}}^\dagger e^{-ikx}. \tag{3.24b}$$

もしも，$\phi(x)$ が波動関数を表すとするなら，エネルギー演算子 $E = i\hbar\partial_t$ を作用させ，$Ee^{-ikx} = -\hbar\omega_k e^{-ikx}$ だから，$\phi^{(-)}(x)$ は負エネルギー状態を表すことになり，負エネルギー問題が発生する．しかし，ここでは $\phi^{(-)}(x)$ は場の演算子であり，負エネルギー状態を記述しているわけではない．

ここで正準交換関係を解析する．まず，(3.23a) と (3.23b) から，フーリエ逆変換の公式

[*1)] 角振動数 ω と波数 $k \equiv |\bm{k}|$ の関係式を分散関係という．量子力学ではエネルギー E と運動量 $\bm{p}$ は，$E = \hbar\omega$ と $\bm{p} = \hbar\bm{k}$ で与えられるから，エネルギーと運動量の間の関係式は分散関係に他ならない．

$$a_{\boldsymbol{k}}(t) = \frac{1}{c}\sqrt{\frac{1}{2\hbar\omega_k}}\int\frac{d^3x}{\sqrt{(2\pi)^3}}e^{-i\boldsymbol{k}\boldsymbol{x}}[\omega_k\phi(x)+i\dot{\phi}(x)], \qquad (3.25\text{a})$$

$$a_{\boldsymbol{k}}^\dagger(t) = \frac{1}{c}\sqrt{\frac{1}{2\hbar\omega_k}}\int\frac{d^3x}{\sqrt{(2\pi)^3}}e^{i\boldsymbol{k}\boldsymbol{x}}[\omega_k\phi(x)-i\dot{\phi}(x)] \qquad (3.25\text{b})$$

を得る．正準交換関係 (3.18) を用いると，簡単な計算で

$$[a_{\boldsymbol{k}},a_{\boldsymbol{l}}]=[a_{\boldsymbol{k}}^\dagger,a_{\boldsymbol{l}}^\dagger]=0,\qquad [a_{\boldsymbol{k}},a_{\boldsymbol{l}}^\dagger]=\delta(\boldsymbol{k}-\boldsymbol{l}) \qquad (3.26)$$

を得る．この交換関係から，$a_{\boldsymbol{k}}$ と $a_{\boldsymbol{k}}^\dagger$ は運動量 $\hbar\boldsymbol{k}$ の粒子の消滅・生成演算子であることが帰結される．

1粒子状態は $|\boldsymbol{k}\rangle = a_{\boldsymbol{k}}^\dagger|0\rangle$ である．その波動関数は平面波を表し，

$$\mathfrak{S}_{\boldsymbol{k}}(x)=\langle 0|\phi(x)|\boldsymbol{k}\rangle=\langle 0|\phi(x)a_{\boldsymbol{k}}^\dagger|0\rangle=\frac{c}{\sqrt{(2\pi)^3}}\sqrt{\frac{\hbar}{2\omega_k}}e^{ikx} \qquad (3.27)$$

となる．エネルギー演算子 $E=i\hbar\partial_t$ を作用させ，$E\mathfrak{S}_{\boldsymbol{k}}(x)=\hbar\omega_k\mathfrak{S}_{\boldsymbol{k}}(x)$，を得るから，エネルギーは正である．多粒子系のエネルギーも正であることが示せる．このように，正振動数部分 $\phi^{(+)}(x)$ と負振動数部分 $\phi^{(-)}(x)$ は消滅・生成演算子である．相対論的粒子の負エネルギー問題は，負振動数部分 $\phi^{(-)}(x)$ を生成演算子と解釈することで量子場の理論においては回避される．

ハミルトニアン (3.17) に場の演算子 (3.23) を代入して，

$$H=\int d^3x\,\mathcal{H}(x)=\frac{1}{2}\int d^3k\,\hbar\omega_k\left(a_{\boldsymbol{k}}^\dagger a_{\boldsymbol{k}}+a_{\boldsymbol{k}}a_{\boldsymbol{k}}^\dagger\right) \qquad (3.28\text{a})$$

$$=\int d^3k\,\hbar\omega_k\left(a_{\boldsymbol{k}}^\dagger a_{\boldsymbol{k}}+\frac{1}{2}\delta(0)\right) \qquad (3.28\text{b})$$

を得る．項 $a_{\boldsymbol{k}}a_{\boldsymbol{l}}$ と $a_{\boldsymbol{k}}^\dagger a_{\boldsymbol{l}}^\dagger$ が現れないのは，その係数が $(\omega_k^2-c^2\boldsymbol{k}^2-m^2c^4/\hbar^2)$ を含み，これがアインシュタイン公式 (3.22) で消えるからである．また，$\delta(0)$ は交換関係 (3.26) で $\boldsymbol{k}=\boldsymbol{l}$ とおいたディラックの δ 関数である．したがって

$$\delta(0)=\lim_{\boldsymbol{k}\to\boldsymbol{l}}\delta(\boldsymbol{k}-\boldsymbol{l})=\lim_{\boldsymbol{k}\to\boldsymbol{l}}\int\frac{d^3x}{(2\pi)^3}e^{-i(\boldsymbol{k}-\boldsymbol{l})\boldsymbol{x}}=\frac{V}{(2\pi)^3} \qquad (3.29)$$

である．全空間の体積を V とおいた．同様に運動量演算子 (3.20) は

$$\boldsymbol{p}=\int d^3k\,\hbar\boldsymbol{k}\,a_{\boldsymbol{k}}^\dagger a_{\boldsymbol{k}} \qquad (3.30)$$

となる．この導出には関係式 $\int d^3k\,\boldsymbol{k}a_{\boldsymbol{k}}a_{-\boldsymbol{k}}=0$ と $\int d^3k\,\boldsymbol{k}\ =0$ を用いている．

フォック真空は $a_{\boldsymbol{k}}|0\rangle=0$ を満たすので，(3.28b) より真空のエネルギーは

$$\langle 0|H|0\rangle=\delta(0)\int d^3k\,\frac{\hbar\omega_k}{2}=V\int\frac{d^3k}{(2\pi)^3}\,\frac{\hbar\omega_k}{2} \qquad (3.31)$$

と計算される．これはゼロ点エネルギーとよばれる．しかし，真空のエネルギー自体は観測可能量ではない．エネルギーの原点の選び方は任意であり，ハミルトニアンをあらためて

$$\widehat{H} = H - \langle 0|H|0\rangle = \int d^3k \, \hbar\omega_{\boldsymbol{k}} a_{\boldsymbol{k}}^\dagger a_{\boldsymbol{k}} \tag{3.32}$$

と定義してもよい．これは自由粒子系のハミルトニアン (1.28) に他ならない．ゼロ点発散項は，演算子 $a_{\boldsymbol{k}}$ を $a_{\boldsymbol{k}}^\dagger$ と交換させて，(3.28b) を (3.28a) を導く過程で発生した．あらかじめ正規順序付けを行っておけば，(1.29) で述べたように，演算子を交換しても発散項は生まれない．したがって，正規順序付けしたハミルトニアンを物理的ハミルトニアンと考えれば，

$$H = \int d^3x \; :\mathcal{H}(x): = \frac{1}{2}\int d^3k \, \hbar\omega_{\boldsymbol{k}} : \left(a_{\boldsymbol{k}}^\dagger a_{\boldsymbol{k}} + a_{\boldsymbol{k}} a_{\boldsymbol{k}}^\dagger\right):$$
$$= \int d^3k \, \hbar\omega_{\boldsymbol{k}} a_{\boldsymbol{k}}^\dagger a_{\boldsymbol{k}} \tag{3.33}$$

となり，(3.32) に一致する．

質量のない粒子に対して，(3.13) より，$E_{\boldsymbol{k}} = \hbar\omega_{\boldsymbol{k}} = c\hbar|\boldsymbol{k}|$ となり，線形エネルギー分散を得る．光速 c を波動速度 v で置き換えれば，波動系 (3.1) を量子化したことになる．波動量子の分散は次式で与えられる．

$$E_{\boldsymbol{k}} = \hbar\omega_{\boldsymbol{k}} = v\hbar|\boldsymbol{k}|. \tag{3.34}$$

すなわち，波動は相対論的分散をもつことになる．

> 研究課題：波動関数 **(3.27)** は相対論的スカラー量でない．相対論的不変な平面波展開を行え．

解説： 平面波展開として (3.23a) の代わりに，

$$\phi(x) = c\int \frac{d^3k}{\sqrt{(2\pi)^3}} \frac{\hbar}{2\omega_{\boldsymbol{k}}} \left(a_{\boldsymbol{k}} e^{ikx} + a_{\boldsymbol{k}}^\dagger e^{-ikx}\right) \tag{3.35}$$

を採用してみる．(3.23a) において，$a_{\boldsymbol{k}} \to \sqrt{\hbar/2\omega_{\boldsymbol{k}}}\, a_{\boldsymbol{k}}$ と置き換えたことになるから，交換関係 (3.26) は

$$[a_{\boldsymbol{k}}, a_{\boldsymbol{l}}] = [a_{\boldsymbol{k}}^\dagger, a_{\boldsymbol{l}}^\dagger] = 0, \qquad [a_{\boldsymbol{k}}, a_{\boldsymbol{l}}^\dagger] = \frac{2\omega_{\boldsymbol{k}}}{\hbar}\delta(\boldsymbol{k}-\boldsymbol{l}) \tag{3.36}$$

と置き換わる．平面波状態は

$$\langle \boldsymbol{k}|\boldsymbol{l}\rangle = \langle 0|a_{\boldsymbol{k}} a_{\boldsymbol{l}}^\dagger|0\rangle = \frac{2\omega_{\boldsymbol{k}}}{\hbar}\delta(\boldsymbol{k}-\boldsymbol{l}) \tag{3.37}$$

と規格化され，波動関数は次のように相対論的スカラー量になる．

$$\mathfrak{S}_{\boldsymbol{k}}(x) = \langle 0|\phi(x)|\boldsymbol{k}\rangle = \frac{c}{\sqrt{(2\pi)^3}}e^{ikx}. \tag{3.38}$$

アインシュタイン公式より

$$\delta(k^\mu k_\mu + m^2c^2/\hbar^2) = \delta(k^0 k^0 - \omega_k^2/c^2)$$
$$= \frac{c}{2\omega_k}[\delta(k^0 - \omega_k/c) + \delta(k^0 + \omega_k/c)] \tag{3.39}$$

が成り立つから，平面波展開式 (3.35) は相対論的不変な形になる[*1)]．

$$\phi(x) = \hbar \int \frac{d^4k}{\sqrt{(2\pi)^3}} \theta(k^0) \delta\left(k^\mu k_\mu + \frac{m^2c^2}{\hbar^2}\right) \left(a_{\boldsymbol{k}} e^{ikx} + a_{\boldsymbol{k}}^\dagger e^{-ikx}\right). \tag{3.40}$$

本書では相対論的および非相対論的場の理論を同等に扱いたいので相対論的規格化は行わない．

3.2.2 伝播関数 (グリーン関数)

場 $\phi(x)$ は粒子を生成・消滅させる．相互作用を議論する際に伝播関数が重要になる．2つの時空点 $x = (\boldsymbol{x}, t)$ と $x' = (\boldsymbol{x}', t')$ を考える．粒子が時刻 t' に真空中に生成され，伝播して，後の時刻 t に消滅されるなら，この過程は $\theta(t-t')\langle 0|\phi(\boldsymbol{x},t)\phi(\boldsymbol{x}',t')|0\rangle$ で記述される．同様に，時刻 t に真空中に生成され，伝播して，後の時刻 t' に消滅されるなら，$\theta(t'-t)\langle 0|\phi(\boldsymbol{x}',t')\phi(\boldsymbol{x},t)|0\rangle$ で記述される．2つの時空点を結ぶ伝播関数を，次元を考慮して，

$$i\hbar\Delta_{\mathrm{F}}^0(x-x') = \langle 0|\mathcal{T}[\phi(\boldsymbol{x},t)\phi(\boldsymbol{x}',t')]|0\rangle \tag{3.41}$$

と定義する．肩付きの 0 はこの伝播関数が自由場に対するものであることを示す．ここに，$\mathcal{T}$ は (1.20) で定義した時間順序積演算子である．クライン–ゴルドン方程式 (3.14) を用いて (3.41) から，

$$\left(\frac{1}{c^2}\partial_t^2 - \boldsymbol{\nabla}^2 + \frac{m^2c^2}{\hbar^2}\right)\Delta_{\mathrm{F}}^0(x-x') = -\delta(t-t')\delta(\boldsymbol{x}-\boldsymbol{x}') \tag{3.42}$$

を得る．伝播関数はグリーン関数である．$\Delta_{\mathrm{F}}^0(x-x') = \Delta_{\mathrm{F}}^0(x'-x)$ を満たすから，伝播関数は図形的に点 x' と点 x を結ぶ向きのない線分で表す．伝播関数 $\Delta_{\mathrm{F}}^0(x)$ は因果グリーン関数ともファインマン関数ともよばれる．

伝播関数 $\Delta_{\mathrm{F}}^0(t, \boldsymbol{x}) \equiv \Delta_{\mathrm{F}}^0(x)$ を具体的に計算してみる．平面波展開式 (3.23a) を定義式 (3.41) に代入することにより，位置座標に関するフーリエ変換

$$i\Delta_{\mathrm{F}}^0(t, \boldsymbol{k}) = \theta(t)\frac{c^2}{2\omega_k}e^{-i\omega_k t} + \theta(-t)\frac{c^2}{2\omega_k}e^{i\omega_k t} \tag{3.43}$$

[*1)] ここに，$\theta(k)$ は，$k > 0$ で $\theta(k) = 1$，$k < 0$ で $\theta(k) = 0$ となる関数である．

が導かれる．各項が $\bm{k}$ の偶関数である点に留意せよ．次に，正の無限小数 ϵ を導入して成り立つ公式

$$\theta(t) = -\int_{-\infty}^{\infty} \frac{d\omega}{2\pi i} \frac{e^{-i\omega t}}{\omega + i\epsilon}, \qquad \theta(-t) = \int_{-\infty}^{\infty} \frac{d\omega}{2\pi i} \frac{e^{-i\omega t}}{\omega - i\epsilon} \tag{3.44}$$

を用いる (直後の研究課題を参照)．これを (3.43) に代入し，$\omega \to \omega \mp \omega_k$ と変数変換して，時間座標に関するフーリエ変換

$$\begin{aligned}\Delta_{\mathrm{F}}^0(\omega, \bm{k}) &= \frac{c^2}{2\omega_{\bm{k}}} \frac{1}{\omega - \omega_{\bm{k}} + i\epsilon} - \frac{c^2}{2\omega_{\bm{k}}} \frac{1}{\omega + \omega_{\bm{k}} - i\epsilon} \\ &= \frac{c}{\omega^2/c^2 - \bm{k}^2 - m^2 c^2/\hbar^2 + i\epsilon}\end{aligned} \tag{3.45}$$

が導かれる．$\omega = k_0$ とおいて，

$$\Delta_{\mathrm{F}}^0(k) = \frac{-1}{k^2 + m^2 c^2/\hbar^2 - i\epsilon} \tag{3.46}$$

とまとめられる．これは次式を満足する．

$$\left(k^\mu k_\mu + \frac{m^2 c^2}{\hbar^2}\right) \Delta_{\mathrm{F}}^0(k) = -1. \tag{3.47}$$

確かに，グリーン関数の方程式 (3.42) を満たしている．座標空間で

$$\Delta_{\mathrm{F}}^0(x - x') = \int \frac{d^4 k}{(2\pi)^4} e^{ik(x-x')} \Delta_{\mathrm{F}}(k) \tag{3.48}$$

である．

因果グリーン関数と類似したものに，遅延グリーン関数と先進グリーン関数がある．これらは

$$i\hbar \Delta_{\mathrm{R}}^0(x - x') = \theta(t - t') \langle 0 | [\phi(\bm{x}, t), \phi(\bm{x}', t')] | 0 \rangle, \tag{3.49a}$$

$$i\hbar \Delta_{\mathrm{A}}^0(x - x') = -\theta(t' - t) \langle 0 | [\phi(\bm{x}, t), \phi(\bm{x}', t')] | 0 \rangle \tag{3.49b}$$

で定義される．同様な計算を行い運動量空間で

$$\Delta_{\mathrm{R}}^0(k) = \frac{-1}{k^2 + m^2 c^2/\hbar^2 - ik_0 \epsilon}, \tag{3.50a}$$

$$\Delta_{\mathrm{A}}^0(k) = \frac{-1}{k^2 + m^2 c^2/\hbar^2 + ik_0 \epsilon} \tag{3.50b}$$

を得る．導出に関しては 3.5 節の研究課題を参照せよ．これらの関数も方程式 (3.42) を満たしている．

> 研究課題：公式 **(3.44)** を導け．

解説：留数の定理を用い，公式 (3.44) の第 1 式を導く．まず，$t < 0$ なら，積分路は複素 ω 平面の上半面を囲むように拡張しても値は変わらない．この領域

に特異点がないので，値はゼロになる．次に，$t > 0$ なら，積分路は複素 ω 平面の下半面を囲むように拡張できるが，極 $\omega = -i\epsilon$ を含む．積分値は $e^{-\epsilon t}$ であり，$\lim_{\epsilon \to 0} e^{-\epsilon t} = 1$ となる．公式 (3.44) の第 2 式も同様に導かれる．

3.3 複素スカラー場

複素スカラー場 ϕ の正準量子化を考察する．これは 2 つの実スカラー場 ϕ_1 と ϕ_2 からなる．

$$\phi = \frac{1}{\sqrt{2}}(\phi_1 + i\phi_2), \qquad \phi^\dagger = \frac{1}{\sqrt{2}}(\phi_1 - i\phi_2). \tag{3.51}$$

ラグランジュ密度は

$$\mathcal{L} = -\sum_{j=1}^{2}\left(\frac{1}{2}(\partial^\mu \phi_j)(\partial_\mu \phi_j) + \frac{m^2 c^2}{2\hbar^2}\phi_j^2\right) = -(\partial^\mu \phi^\dagger)(\partial_\mu \phi) - \frac{m^2 c^2}{\hbar^2}\phi^\dagger \phi \tag{3.52}$$

であり，場の方程式は

$$\left(\partial^\mu \partial_\mu - \frac{m^2 c^2}{\hbar^2}\right)\phi(x) = 0 \tag{3.53}$$

である．正準運動量は

$$\pi(x) = \frac{\partial \mathcal{L}(x)}{\partial \dot{\phi}(x)} = \frac{1}{c^2}\dot{\phi}^\dagger(x), \qquad \pi^\dagger(x) = \frac{\partial \mathcal{L}(x)}{\partial \dot{\phi}^\dagger(x)} = \frac{1}{c^2}\dot{\phi}(x) \tag{3.54}$$

である．この系は 2 つの独立な実場の自由度があるが，複素場 ϕ とそのエルミート共役場 $\phi^\dagger$ を 2 つの独立な場としてもよい．ハミルトニアンは，それぞれに関してルジャンドル変換して求まる．

$$\mathcal{H} = \pi\dot{\phi} + \dot{\phi}^\dagger \pi^\dagger - \mathcal{L} = \frac{1}{c^2}\dot{\phi}^\dagger \dot{\phi} + \boldsymbol{\nabla}\phi^\dagger \boldsymbol{\nabla}\phi + \frac{m^2 c^2}{\hbar^2}\phi^\dagger \phi. \tag{3.55}$$

非自明な正準交換関係は

$$[\phi(t, \boldsymbol{x}), \dot{\phi}^\dagger(t, \boldsymbol{y})] = [\phi^\dagger(t, \boldsymbol{x}), \dot{\phi}(t, \boldsymbol{y})] = ic^2 \hbar \delta(\boldsymbol{x} - \boldsymbol{y}) \tag{3.56}$$

を与える．これら 2 つの交換関係は，実場 ϕ_1 と ϕ_2 に対する交換関係 (3.18) に同値である．

3.3.1 平面波展開

複素場を平面波展開して生成消滅演算子を導入する．

3.3 複素スカラー場

$$\phi(x) = c \int \frac{d^3k}{\sqrt{(2\pi)^3}} \sqrt{\frac{\hbar}{2\omega_k}} \left(a_{\boldsymbol{k}} e^{ikx} + b_{\boldsymbol{k}}^\dagger e^{-ikx} \right). \tag{3.57}$$

ここで角振動数 ω_k は (3.22) によって定義される．演算子 $a_{\boldsymbol{k}}$ と $b_{\boldsymbol{k}}$ は，実場 ϕ_1 と ϕ_2 に対する演算子 (3.23a) と

$$a_{\boldsymbol{k}} = \frac{1}{\sqrt{2}}(a_{1\boldsymbol{k}} + ia_{2\boldsymbol{k}}), \qquad b_{\boldsymbol{k}} = \frac{1}{\sqrt{2}}(a_{1\boldsymbol{k}} - ia_{2\boldsymbol{k}}) \tag{3.58}$$

のように関係しており，$a_{\boldsymbol{k}}$ と $b_{\boldsymbol{k}}$ は独立な演算子である．これらの演算子間の非自明な交換関係は

$$[a_{\boldsymbol{k}}, a_{\boldsymbol{l}}^\dagger] = [b_{\boldsymbol{k}}, b_{\boldsymbol{l}}^\dagger] = \delta(\boldsymbol{k} - \boldsymbol{l}) \tag{3.59}$$

である．

平面波展開した演算子 (3.57) をハミルトニアンに代入して，

$$H = \int d^3k \, \hbar\omega_k (a_{\boldsymbol{k}}^\dagger a_{\boldsymbol{k}} + b_{\boldsymbol{k}}^\dagger b_{\boldsymbol{k}}) + \delta(0) \int d^3k \, \hbar\omega_k \tag{3.60}$$

を得る．発散するゼロ点エネルギー $\delta(0) \int d^3k \, \hbar\omega_k$ は，ハミルトニアンを正規順序付けすることで除去できる．運動量演算子は，実場 ϕ_1 と ϕ_2 に対する公式 (3.30) を加えあわせて，

$$\boldsymbol{p} = \int d^3k \, \hbar\boldsymbol{k}(a_{\boldsymbol{k}}^\dagger a_{\boldsymbol{k}} + b_{\boldsymbol{k}}^\dagger b_{\boldsymbol{k}}) \tag{3.61}$$

となる．複素スカラー場は 2 つの独立な自由度，a 粒子と b 粒子からなるが，これらのエネルギーは全く同じであり，縮退している．

縮退した a 粒子と b 粒子は，次の荷電演算子により区別可能である．

$$Q = \int d^3k \, (a_{\boldsymbol{k}}^\dagger a_{\boldsymbol{k}} - b_{\boldsymbol{k}}^\dagger b_{\boldsymbol{k}}). \tag{3.62}$$

すなわち，荷電演算子 Q に対して，a 粒子は正荷電を，b 粒子は負荷電をもつ．重要な概念として，b 粒子は a 粒子の**反粒子**である，という解釈を導入する．複素場演算子 $\phi(x)$ は時空点 $x = (ct, \boldsymbol{x})$ において，粒子を消滅し，反粒子を生成する．電磁的相互作用をする複素スカラー場では，粒子と反粒子の電荷は逆符号をもつことになる．素粒子物理における $\pi^\pm$ 中間子などがその例である．

荷電演算子 Q のハイゼンベルグ運動方程式は，ハミルトニアン (3.60) を用いて

$$i\hbar \frac{dQ}{dt} = [Q, H] = 0 \tag{3.63}$$

となるから，荷電は運動の恒量であり保存する．しかし，このことは自由場理論では自明ともいえる．相互作用が存在しても保存することは 3.6 節で議論する．

3.3.2　伝播関数 (因果グリーン関数)

場 $\phi(x)$ は反粒子を生成し，粒子を消滅させる．一方，場 $\phi^\dagger(x)$ は粒子を生成し，反粒子を消滅させる．2つの時空点 $x=(\boldsymbol{x},t)$ と $x'=(\boldsymbol{x}',t')$ を考える．粒子が時刻 t' に真空中に生成され，伝播して，後の時刻 t に消滅されるなら，この過程は $\theta(t-t')\langle 0|\phi(\boldsymbol{x},t)\phi^\dagger(\boldsymbol{x}',t')|0\rangle$ で記述される．一方，反粒子が時刻 t に真空中に生成され，伝播して，後の時刻 t' に消滅されるなら，$\theta(t'-t)\langle 0|\phi^\dagger(\boldsymbol{x}',t')\phi(\boldsymbol{x},t)|0\rangle$ で記述される．線形結合をつくり，2つの時空を結ぶ伝播関数を

$$i\hbar\Delta_{\mathrm{F}}(x-x') = \langle 0|\mathcal{T}\left[\phi(\boldsymbol{x},t)\phi^\dagger(\boldsymbol{x}',t')\right]|0\rangle \tag{3.64}$$

と定義する．$\Delta_{\mathrm{F}}(x-x') \neq \Delta_{\mathrm{F}}(x'-x)$ である．したがって，荷電粒子の伝播関数 $\Delta_{\mathrm{F}}(x-x')$ は，図形的に点 x' から点 x への向きのある線分 (矢印) で表す．具体的な表式は実スカラー場の伝播関数 (3.48) に一致する．

3.4　非相対論的場

2章で非相対論的粒子の量子場理論を多体量子力学から構成した．正準量子化法に立脚して，再度，非相対論的粒子を議論する．

自由場のラグランジアン密度

$$\mathcal{L} = i\hbar\phi^\dagger(t,\boldsymbol{x})\frac{\partial}{\partial t}\phi(t,\boldsymbol{x}) - \frac{\hbar^2}{2m}\boldsymbol{\nabla}\phi^\dagger(t,\boldsymbol{x})\boldsymbol{\nabla}\phi(t,\boldsymbol{x}) \tag{3.65}$$

から出発する[*1]．場 $\phi(x)$ の正準運動量 $\pi(x)$ は

$$\pi(x) = \frac{\delta\mathcal{L}(x)}{\delta\dot{\phi}(x)} = i\hbar\phi^\dagger(x) \tag{3.66}$$

であり，ハミルトニアン密度は

$$\mathcal{H} = \pi(t,\boldsymbol{x})\dot{\phi}(t,\boldsymbol{x}) - \mathcal{L} = \frac{\hbar^2}{2m}\boldsymbol{\nabla}\phi^\dagger(t,\boldsymbol{x})\boldsymbol{\nabla}\phi(t,\boldsymbol{x}) \tag{3.67}$$

である．

非相対論的場 $\phi(t,\boldsymbol{x})$ はボソンでもフェルミオンでも記述できる．記号の簡略のため，交換関係 $[A,B]$ と反交換関係 $\{A,B\}$ をまとめて，$[A,B]_\pm = AB \pm BA$ と表記する．正準量子化は場 $\phi(t,\boldsymbol{x})$ とその正準運動量 $\pi(x)$ の間に，正準 (反) 交換関係を設定することで実行される．正準運動量 $\pi(x)$ の表式 (3.66) を用いて，

[*1] 非相対論的場 ϕ の次元は，$[\phi]=L^{-3/2}$ である．

$$[\phi(t,\boldsymbol{x}),\phi(t,\boldsymbol{y})]_\pm = [\phi^\dagger(t,\boldsymbol{x}),\phi^\dagger(t,\boldsymbol{y})]_\pm = 0,$$
$$[\phi(t,\boldsymbol{x}),\phi^\dagger(t,\boldsymbol{y})]_\pm = \delta(\boldsymbol{x}-\boldsymbol{y}) \tag{3.68}$$

を得る.これらはすでに導いた (2.23) と (2.35) に一致する.

3.4.1 平面波展開

場 $\phi(t,\boldsymbol{x})$ をフーリエ変換して,平面波展開を行う.
$$\phi(t,\boldsymbol{x}) = \int \frac{d^3k}{\sqrt{(2\pi)^3}} \exp\left[i(-\omega_{\boldsymbol{k}}t + \boldsymbol{k}\boldsymbol{x})\right] a_{\boldsymbol{k}}. \tag{3.69}$$

運動量 $\hbar\boldsymbol{k}$ の自由電子のエネルギーは
$$\varepsilon_{\boldsymbol{k}} = \hbar\omega_{\boldsymbol{k}} = \frac{\hbar^2 \boldsymbol{k}^2}{2m} \tag{3.70}$$

という分散関係で与えられる.

逆変換は
$$a_{\boldsymbol{k}} = \int \frac{d^3x}{\sqrt{(2\pi)^3}} e^{-i\boldsymbol{k}\boldsymbol{x}} \phi(0,\boldsymbol{x}) \tag{3.71}$$

で与えられる.演算子 $a_{\boldsymbol{k}}$ と $a_{\boldsymbol{l}}^\dagger$ の非自明な (反) 交換関係は
$$[a_{\boldsymbol{k}}, a_{\boldsymbol{l}}^\dagger]_\pm = \int \frac{d^3x d^3y}{(2\pi)^3} e^{-i\boldsymbol{k}\boldsymbol{x}+i\boldsymbol{l}\boldsymbol{y}}[\phi(0,\boldsymbol{x}),\phi^\dagger(0,\boldsymbol{y})]_\pm = \delta(\boldsymbol{k}-\boldsymbol{l}) \tag{3.72}$$

である.演算子 $a_{\boldsymbol{k}}$ と $a_{\boldsymbol{k}}^\dagger$ は波数ベクトル $\boldsymbol{k}$ の粒子の消滅・生成演算子である.ハミルトニアンは
$$H = \int d^3k\, \hbar\omega_{\boldsymbol{k}} a_{\boldsymbol{k}}^\dagger a_{\boldsymbol{k}} \tag{3.73}$$

となり,また,全運動量は (2.42) で与えられるから,
$$\boldsymbol{p} = -i\hbar \int d^3x\, \phi^\dagger(t,\boldsymbol{x}) \boldsymbol{\nabla} \phi(t,\boldsymbol{x}) = \int d^3k\, \hbar\boldsymbol{k} a_{\boldsymbol{k}}^\dagger a_{\boldsymbol{k}} \tag{3.74}$$

となる.後で導出するエネルギー運動量テンソル (3.116) からも導かれる.

3.4.2 伝播関数 (真空)

非相対論的量子場理論は物性物理で用いられ,場 $\phi(t,\boldsymbol{x})$ は主として電子を記述する.基底状態が電子を全く含まないとして,伝播関数を求める.半導体や絶縁体の伝導帯の電子が対応する.この場合,基底状態は真空と見なしてよく,$a_{\boldsymbol{k}}|0\rangle = 0$ で特徴づけられる.一方,金属では電子はフェルミ縮退している.この場合の伝播関数は 10.2 節で導く.

伝播関数 $G_\mathrm{F}^0(x-x')$ を，時間順序積の基底状態 $|0\rangle$ による期待値[*1]

$$iG_\mathrm{F}^0(x-x') = \langle 0|\mathcal{T}\left[\phi(t,\boldsymbol{x})\phi^\dagger(t',\boldsymbol{x}')\right]|0\rangle \tag{3.75}$$

で定義する．肩付きの 0 はこの伝播関数が相互作用していない系のものであることを示す．ここに，時間順序積は，ボース場なら +，フェルミ場なら − と約束して

$$\mathcal{T}\left[\phi(\boldsymbol{x},t)\phi^\dagger(\boldsymbol{x}',t')\right] = \begin{cases} \phi(t,\boldsymbol{x})\phi^\dagger(t',\boldsymbol{x}') & \text{for}\quad t>t' \\ \pm\phi^\dagger(t',\boldsymbol{x}')\phi(t,\boldsymbol{x}) & \text{for}\quad t'>t \end{cases} \tag{3.76}$$

で定義される．

さて，基底状態は $\phi(t,\boldsymbol{x})|0\rangle = 0$ を満たすから

$$iG_\mathrm{F}^0(x-x') = \theta(t-t')\langle 0|\phi(t,\boldsymbol{x})\phi^\dagger(t',\boldsymbol{x}')|0\rangle \tag{3.77}$$

に帰着する．伝播関数 $G_\mathrm{F}^0(x-x')$ は時間が $t>t'$ のときのみ値をもつ．平面波展開式 (3.69) を代入して，

$$\langle 0|\phi(t,\boldsymbol{x})\phi^\dagger(t',\boldsymbol{x}')|0\rangle = \int\frac{d^3kd^3k'}{(2\pi)^3}e^{-i(\omega_{\boldsymbol{k}}t-\omega_{\boldsymbol{k}'}t')}e^{i(\boldsymbol{k}\boldsymbol{x}-\boldsymbol{k}'\boldsymbol{x}')}\langle 0|a_{\boldsymbol{k}}a^\dagger_{\boldsymbol{k}'}|0\rangle$$

$$= \int\frac{d^3k}{(2\pi)^3}e^{-i\omega_{\boldsymbol{k}}(t-t')+i\boldsymbol{k}(\boldsymbol{x}-\boldsymbol{x}')} \tag{3.78}$$

である．公式 (3.44) を $\theta(t-t')$ に用いて，(3.77) は

$$iG_\mathrm{F}^0(x-x') = i\int_{-\infty}^{\infty}\frac{d\omega}{2\pi}\frac{d^3k}{(2\pi)^3}\frac{1}{\omega+i\epsilon}e^{-i(\omega+\omega_{\boldsymbol{k}})(t-t')+i\boldsymbol{k}(\boldsymbol{x}-\boldsymbol{x}')} \tag{3.79}$$

となる．ここで，$\omega\to\omega-\omega_{\boldsymbol{k}}$ と積分変数を変換すれば，波数空間で

$$G_\mathrm{F}^0(\omega,\boldsymbol{k}) = \frac{1}{\omega-\omega_{\boldsymbol{k}}+i\epsilon} \tag{3.80}$$

となることがわかる．明らかに，これは

$$(\omega-\omega_{\boldsymbol{k}})G_\mathrm{F}^0(\omega,\boldsymbol{k}) = 1 \tag{3.81}$$

を満たす．座標空間では

$$\left(i\partial_t + \frac{\hbar}{2m}\nabla^2\right)G_\mathrm{F}^0(x-x') = \delta(t-t')\delta(\boldsymbol{x}-\boldsymbol{x}') \tag{3.82}$$

となる．伝播関数 $G_\mathrm{F}^0(x-x')$ はシュレーディンガー方程式のグリーン関数である．

[*1] 多体物理では伝播関数の定義式の左辺に $\hbar$ を入れないことが多いのでその慣習に従う．したがって，$G_\mathrm{F}(x) = \hbar\Delta_\mathrm{F}(x)$ の対応がある．

3.5 相関関数

本章の前半で自由場の伝播関数を導いた．これは相関関数の例である．一般に相互作用する任意の場 $A(x)$ と $B(x)$ の相関関数を次式で定義する．

$$S_{AB}(x,y) = \langle 0|A(x)B(y)|0\rangle. \tag{3.83}$$

これを用いて，

$$\rho_{AB}(x,y) = S_{AB}(x,y) \mp S_{BA}(y,x), \tag{3.84a}$$

$$iG^{\mathrm{R}}_{AB}(x,y) = \theta(t_x - t_y)\rho_{AB}(x,y), \tag{3.84b}$$

$$iG^{\mathrm{A}}_{AB}(x,y) = -\theta(t_y - t_x)\rho_{AB}(x,y), \tag{3.84c}$$

$$iG^{\mathrm{F}}_{AB}(x,y) = \theta(t_x - t_y)S_{AB}(x,y) \pm \theta(t_y - t_x)S_{BA}(y,x) \tag{3.84d}$$

という相関関数を定義する．記号 $\pm$ や $\mp$ がでてきたら，上 (下) はボソン (フェルミオン) 場に対して使用される．$G^{\mathrm{R}}_{AB}(x,y)$, $G^{\mathrm{A}}_{AB}(x,y)$, $G^{\mathrm{F}}_{AB}(x,y)$ はそれぞれ遅延，先進，因果相関関数とよばれる．

4 元運動量演算子 P^μ の固有値が $(\hbar\omega, \hbar\boldsymbol{k})$ であるような完全系 $|\omega, \boldsymbol{k}, \xi\rangle$ を用意する．ここで ξ は状態を一意的に指定するために必要な量子数である．量子数は連続的なものも離散的なものも総称的に ξ と書いた．完全性条件[*1)]

$$\sum_\xi \int_{-\infty}^\infty d\omega \int \frac{d^3k}{(2\pi)^3} |\omega, \boldsymbol{k}, \xi\rangle\langle\omega, \boldsymbol{k}, \xi| = 1 \tag{3.85}$$

を定義式 (3.83) の中で演算子 A と B の間に挿入する．

$$\begin{aligned} S_{AB}(x,y) &= \sum_\xi \int_{-\infty}^\infty d\omega \int \frac{d^3k}{(2\pi)^3} \langle 0|A(x)|\omega, \boldsymbol{k}, \xi\rangle\langle\omega, \boldsymbol{k}, \xi|B(y)|0\rangle, \\ S_{BA}(y,x) &= \sum_\xi \int_{-\infty}^\infty d\omega \int \frac{d^3k}{(2\pi)^3} \langle 0|B(y)|\omega, \boldsymbol{k}, \xi\rangle\langle\omega, \boldsymbol{k}, \xi|A(x)|0\rangle. \end{aligned} \tag{3.86}$$

時間と空間の並進対称性から

$$A(x) = e^{-iPx/\hbar}A(0)e^{iPx/\hbar}, \qquad B(y) = e^{-iPy/\hbar}B(0)e^{iPy/\hbar} \tag{3.87}$$

が成り立つ．これを用いれば，

[*1)] 状態の規格化は $\langle\omega', \boldsymbol{k}', \xi'|\omega, \boldsymbol{k}, \xi\rangle = (2\pi)^3\delta(\omega - \omega')\delta(\boldsymbol{k} - \boldsymbol{k}')\delta_{\xi\xi'}$ である．

$$S_{AB}(x,y) = \int_{-\infty}^{\infty} d\omega \int \frac{d^3k}{(2\pi)^3} e^{i\boldsymbol{k}(\boldsymbol{x}-\boldsymbol{y})-i\omega(t_x-t_y)} S_{AB}(\omega, \boldsymbol{k}),$$

$$S_{BA}(y,x) = \int_{-\infty}^{\infty} d\omega \int \frac{d^3k}{(2\pi)^3} e^{i\boldsymbol{k}(\boldsymbol{x}-\boldsymbol{y})-i\omega(t_x-t_y)} S_{BA}(-\omega, -\boldsymbol{k}) \quad (3.88)$$

と表されることになる．ここに

$$S_{AB}(\omega, \boldsymbol{k}) = \sum_{\xi} \langle 0|A(0)|\omega, \boldsymbol{k}, \xi\rangle \langle \omega, \boldsymbol{k}, \xi|B(0)|0\rangle \quad (3.89)$$

とおいた．また，

$$\rho_{AB}(\omega, \boldsymbol{k}) = S_{AB}(\omega, \boldsymbol{k}) \mp S_{BA}(-\omega, -\boldsymbol{k}) \quad (3.90)$$

である．$S_{AB}(\omega, \boldsymbol{k})$ や $\rho_{AB}(\omega, \boldsymbol{k})$ をスペクトル関数という．

関数 $\theta(t)$ に対する積分公式 (3.44) を用い，簡単な変数変換して，

$$\theta(t_x - t_y) S_{AB}(x,y) = i \int_{-\infty}^{\infty} d\omega \int \frac{d^4k}{(2\pi)^4} \frac{e^{i\boldsymbol{k}(\boldsymbol{x}-\boldsymbol{y})-ik_0(t_x-t_y)}}{k_0 - \omega + i\epsilon} S_{AB}(\omega, \boldsymbol{k}) \quad (3.91)$$

となる．$S_{BA}(y,x)$ に対する同様な式が求まる．ゆえに，フーリエ変換の後に公式

$$G_{AB}^{\mathrm{R}}(\omega, \boldsymbol{k}) = \int_{-\infty}^{\infty} d\omega' \frac{\rho_{AB}(\omega', \boldsymbol{k})}{\omega - \omega' + i\epsilon}, \quad (3.92\mathrm{a})$$

$$G_{AB}^{\mathrm{A}}(\omega, \boldsymbol{k}) = \int_{-\infty}^{\infty} d\omega' \frac{\rho_{AB}(\omega', \boldsymbol{k})}{\omega - \omega' - i\epsilon}, \quad (3.92\mathrm{b})$$

$$G_{AB}^{\mathrm{F}}(\omega, \boldsymbol{k}) = \int_{-\infty}^{\infty} d\omega' \left[\frac{S_{AB}(\omega', \boldsymbol{k})}{\omega - \omega' + i\epsilon} \mp \frac{S_{BA}(-\omega', -\boldsymbol{k})}{\omega - \omega' - i\epsilon} \right] \quad (3.92\mathrm{c})$$

を得る．これらを相関関数のレーマン (Lehmann) 表示という．なお，10.4節で導くように，有限温度の場の理論を用いて，因果相関関数 $G_{AB}^{\mathrm{F}}(\omega, \boldsymbol{k})$ も $\rho_{AB}(\omega, \boldsymbol{k})$ で表されることがわかる．(10.76) を参照されたい．したがって，$\rho_{AB}(\omega, \boldsymbol{k})$ は G_{AB}^{R}, G_{AB}^{A}, $G_{AB}^{\mathrm{F}}(\omega, \boldsymbol{k})$ のすべてを決定している．これゆえに，単にスペクトル関数といった場合，$\rho_{AB}(\omega, \boldsymbol{k})$ を指すことが多い．

これらのレーマン表式から，ω を複素平面に解析接続すると，$G_{AB}^{\mathrm{R}}(\omega, \boldsymbol{k})$ は上半面において解析的であり，$G_{AB}^{\mathrm{A}}(\omega, \boldsymbol{k})$ は下半面において解析的であることがわかる．実数の ω に対して

$$[G_{AB}^{\mathrm{R}}(\omega, \boldsymbol{k})]^* = G_{AB}^{\mathrm{A}}(\omega, \boldsymbol{k}) \quad (3.93)$$

である．$G_{AB}^{\mathrm{F}}(\omega, \boldsymbol{k})$ は ω の複素平面の上半面でも下半面でも解析的でない．

3.5 相関関数

スペクトル関数がわかれば相関関数が求まるが，逆も真であり，

$$\rho_{AB}(\omega, \boldsymbol{k}) = -\frac{1}{\pi} \operatorname{Im} G^{\mathrm{R}}_{AB}(\omega, \boldsymbol{k}) \tag{3.94}$$

が成り立つ．これは，コーシーの主値を表す記号を $\mathcal{P}$ として，公式

$$\frac{1}{x - i\epsilon} = \frac{\mathcal{P}}{x} + i\pi\delta(x) \tag{3.95}$$

を用いて導かれる．相互作用のある系では，後で述べる摂動論を用いて相関関数を求め，(3.94) によりスペクトル関数 $\rho_{AB}(\omega, \boldsymbol{k})$ を計算する．

研究課題：相関関数の公式 **(3.92)** を自由粒子の実スカラー場に応用し，遅延グリーン関数，先進グリーン関数，因果グリーン関数を計算せよ．また，真空中の非相対論的自由場に対する各種グリーン関数を計算せよ．

解説：実スカラー場のグリーン関数は，$A(x) = B(x) = \phi(x)$ とおけば求まる．演算子 $\phi(x)$ は分散関係 $\hbar\omega_{\boldsymbol{k}} = c\sqrt{\hbar^2 \boldsymbol{k}^2 + m^2 c^2}$ を満たす 1 粒子状態のみを生成する．実際，$\phi(x)$ の平面波展開式 (3.21) を (3.89) に代入して，

$$S_{\phi\phi}(\omega, \boldsymbol{k}) = \frac{\hbar c^2}{2\omega_{\boldsymbol{k}}} \delta(\omega - \omega_{\boldsymbol{k}}) \tag{3.96}$$

を得る．これを (3.92a)～(3.92c) に代入すれば，(3.50a), (3.50b), (3.45) で与えられるグリーン関数 $\hbar\Delta^0_{\mathrm{R}}(\omega, \boldsymbol{k})$, $\hbar\Delta^0_{\mathrm{A}}(\omega, \boldsymbol{k})$, $\hbar\Delta^0_{\mathrm{F}}(\omega, \boldsymbol{k})$ が得られる．

一方，真空中の非相対論的自由場の分散関係は $\hbar\omega_{\boldsymbol{k}} = \hbar^2 \boldsymbol{k}^2/2m$ であり，平面波展開式 (3.69) を (3.89) に代入して，

$$S_{\phi\phi^\dagger}(\omega, \boldsymbol{k}) = \delta(\omega - \omega_{\boldsymbol{k}}), \qquad S_{\phi^\dagger\phi}(\omega, \boldsymbol{k}) = 0 \tag{3.97}$$

および

$$\rho_{\phi\phi^\dagger}(\omega, \boldsymbol{k}) = \delta(\omega - \omega_{\boldsymbol{k}}) \tag{3.98}$$

を得る．このスペクトル関数はエネルギーが $\hbar\omega$ で運動量が $\hbar\boldsymbol{k}$ の状態の状態密度を表している．このとき，$G^{\mathrm{F}}_{\phi\phi^\dagger}(\omega, \boldsymbol{k})$ は (3.80) で与えられる $G^0_{\mathrm{F}}(\omega, \boldsymbol{k})$ に帰着する．他のグリーン関数も同様に (3.92a) および (3.92b) から求まる．フェルミ縮退している非相対論的自由場系での伝播関数については 10.2 節を参照せよ．

3.6 ネーター・カレント

粒子と反粒子は保存荷電 (3.62) で区別される．荷電の保存は一般にネーター定理で保証される．ネーター定理によれば，連続的対称性の存在する系では保存量が存在する．よく知られている例として，運動量保存は系の平行移動による不変性から，角運動量保存は回転対称性から導かれる．

複素場 ϕ からなる一般には相互作用している系を考える．ラグランジアンは実数だから，下記の位相変換に対して不変である[*1)]．

$$\phi(x) \to e^{if}\phi(x). \tag{3.99}$$

ここに，f は任意の実数定数である．我々が考察してきた複素クライン–ゴルドン場や非相対論的場のラグランジアン系はその例である．このような系における保存則の存在を証明する．以下，量子場特有の問題を無視して古典論的議論に従い証明する．量子場特有の問題として物理量の発散がある．8章で議論するように，発散を避けるために正則化を行う必要がある．ハミルトニアンの対称性を保つ正則化が不可能なとき，繰り込み後の理論において，ハミルトニアンの対称性に対応する保存則がなくなることがある．この場合，古典的保存則は量子異常により破れる，という．

位相変換 (3.99) は，実数定数 f が連続的な値をとるので，連続的対称性の例になっている．特に，無限小変換が重要である．無限小の実数 δf に対して指数を $e^{i\delta f} = 1 + i\delta f + \cdots$ と展開する．ラグランジアンは

$$\mathcal{L} \to \mathcal{L}_{\delta f} = \mathcal{L}(\phi + \delta\phi, \partial_\mu\phi + \delta\partial_\mu\phi, \cdots) = \mathcal{L} + \delta\mathcal{L} \tag{3.100}$$

と展開される．ここに

$$\delta\phi(x) = i\phi(x)\delta f, \qquad \delta\partial_\mu\phi(x) = i\partial_\mu\phi(x)\delta f \tag{3.101}$$

とおいて，

$$\delta\mathcal{L} = \frac{\partial\mathcal{L}}{\partial\phi}\delta\phi + \frac{\partial\mathcal{L}}{\partial(\partial_\mu\phi)}\delta\partial_\mu\phi + \delta\phi^\dagger\frac{\partial\mathcal{L}}{\partial\phi^\dagger} + \delta\partial_\mu\phi^\dagger\frac{\partial\mathcal{L}}{\partial(\partial_\mu\phi^\dagger)} = 0 \tag{3.102}$$

である．これらの式は δf の 1 次まで正しい．

系の不変性は作用の不変性を意味する．各時空点での位相変換 (3.99) を議論

[*1)] 位相変換 (3.99) はパウリによって第一種ゲージ変換とよばれた．

しているので，ラグランジアンの不変性のみを解析すれば十分である．位相変換に対するラグランジアンの不変性から，$\delta \mathcal{L}/\delta f = 0$ が成立する．すなわち，

$$\frac{\partial \mathcal{L}}{\partial \phi}\phi + \frac{\partial \mathcal{L}}{\partial (\partial_\mu \phi)}\partial_\mu \phi - \phi^\dagger \frac{\partial \mathcal{L}}{\partial \phi^\dagger} - \partial_\mu \phi^\dagger \frac{\partial \mathcal{L}}{\partial (\partial_\mu \phi^\dagger)} = 0 \tag{3.103}$$

である．ここに現れる $\partial \mathcal{L}/\partial \phi$ と $\partial \mathcal{L}/\partial \phi^\dagger$ を，オイラー–ラグランジュ方程式

$$\frac{\partial \mathcal{L}}{\partial \phi} - \partial_\mu \frac{\partial \mathcal{L}}{\partial (\partial_\mu \phi)} = 0 \tag{3.104}$$

と，その複素共役を用いて消去する．その結果，

$$j_\mu \equiv \frac{i}{\hbar}\left(\phi^\dagger \frac{\partial \mathcal{L}}{\partial (\partial^\mu \phi^\dagger)} - \frac{\partial \mathcal{L}}{\partial (\partial^\mu \phi)}\phi\right) \tag{3.105}$$

とおけば，

$$\partial^\mu j_\mu(x) = 0 \tag{3.106}$$

が成立する．これは以下にみるように保存則を表す．

4元場 $j_\mu(x)$ はネーター・カレントといわれる．時間成分は荷電密度を表す．荷電は

$$Q = \frac{1}{c}\int d^3x\, j^0(t, \boldsymbol{x}) \tag{3.107}$$

で定義されるが，これは保存する．実際，(3.106) を用いて，

$$\frac{d}{dt}Q = \int d^3x\, \partial_0 j^0(t, \boldsymbol{x}) = -\int d^3x\, \partial_k j_k(t, \boldsymbol{x}) = 0 \tag{3.108}$$

が成立する．最後の式は，$\int dx_k\, \partial_k j_k = j_k(t, x_k = +\infty) - j_k(t, x_k = -\infty)$ となるが，十分遠方には粒子が存在しないと要請し，$j_k(t, \boldsymbol{x}) = 0$ とおいた．

研究課題：複素クライン–ゴルドン場系および非相対論的場の系に対してネーター・カレントを求めよ．

解説：ラグランジアン (3.52) で定義される複素クライン–ゴルドン場に対しては，ネーター・カレント (3.105) は

$$j_\mu = \frac{1}{i\hbar}\left\{\phi^\dagger (\partial_\mu \phi) - (\partial_\mu \phi^\dagger)\phi\right\} \tag{3.109}$$

となる．実際に，平面波展開 (3.57) を (3.107) に代入して計算すると，導かれる荷電 Q は (3.62) と一致する．また，ラグランジアン (3.65) で定義される非相対論的場に対しては，ネーター・カレント (3.105) は $j^\mu = (c\rho, j^k)$ とおいて，

$$\rho = \phi^\dagger \phi, \qquad j_k = \frac{\hbar}{2mi}\left\{\phi^\dagger (\partial_k \phi) - (\partial_k \phi^\dagger)\phi\right\} \tag{3.110}$$

となる．密度演算子 $\rho(x)$ は (2.24) に等しいから，ネーター定理は粒子数保存

を意味する．後で議論するように，粒子の電荷をネーター・カレントにかけると，粒子の電荷密度と電流になる．(5.82) および (5.83) を参照せよ．

> **研究課題**：実スカラー場模型において，4次元時空での平行移動による系の不変性から，エネルギー運動量テンソルの保存を導け．

解説：座標の平行移動 $(x_\mu \to x'_\mu)$ の前後での作用は

$$S = \int d^4 x \mathcal{L}[\phi(x), \partial_\nu \phi(x)], \qquad S' = \int d^4 x' \mathcal{L}[\phi(x'), \partial'_\nu \phi(x')] \quad (3.111)$$

である．無限小変換 $(x_\mu \to x'_\mu \equiv x_\mu + \delta x_\mu)$ に対して，

$$\mathcal{L}[\phi(x'), \partial_\nu \phi(x')] = \mathcal{L}[\phi(x), \partial_\nu \phi(x)] + \left(\frac{\partial \mathcal{L}}{\partial \phi}\partial^\mu \phi + \frac{\partial \mathcal{L}}{\partial(\partial_\nu \phi)}\partial^\mu \partial_\nu \phi\right)\delta x_\mu \tag{3.112}$$

と変化する．一方，積分変数の変化からヤコビアン因子[*1)]が現れる．

$$d^4 x' = \left|\frac{\partial x'^\mu}{\partial x^\nu}\right| d^4 x = \det\left(\delta^\mu_\nu + \partial_\nu \delta x^\mu\right) d^4 x = (1 + \partial_\mu \delta x^\mu) d^4 x. \quad (3.113)$$

(3.112) と (3.113) をあわせ，オイラー–ラグランジュ方程式 (3.104) を用い，

$$S' = \int d^4 x (1 + \partial_\mu \delta x^\mu)\left[\mathcal{L}(x) + \partial_\nu\left(\frac{\partial \mathcal{L}}{\partial(\partial_\nu \phi)}\partial^\mu \phi\right)\delta x_\mu\right]$$

$$= S - \int d^4 x \partial_\nu \Theta^{\nu\mu} \delta x_\mu \tag{3.114}$$

となる．ここに，

$$\Theta^{\mu\nu} \equiv -\frac{\partial \mathcal{L}}{\partial(\partial_\mu \phi)}\partial^\nu \phi + g^{\mu\nu}\mathcal{L} \tag{3.115}$$

はエネルギー運動量テンソルといわれる．特に，エネルギー密度と運動量密度は

$$\mathcal{H}(x) = \Theta^{00}(x), \qquad \mathcal{P}^k(x) = \frac{1}{c}\Theta^{k0}(x) \tag{3.116}$$

である．作用の不変性，$S = S'$，から保存則

$$\partial_\nu \Theta^{\nu\mu}(x) = 0 \tag{3.117}$$

が導かれる．(3.116) はすでに導いている (3.17) と (3.20) に等しい．

[*1)] ヤコビアン因子の導出には下記の方法を用いるのが最も簡単である．

$$\int dx' f(x) = \int dx f(x - \delta x) = \int dx \left[f(x) - \partial_\mu f(x)\delta x^\mu\right] = \int dx (1 + \partial_\mu \delta x^\mu) f(x).$$

この式は任意の関数 $f(x)$ に対して成り立つ．

4 対称性の自発的破れ

対称性があると基底状態は縮退している.温度ゼロでは縮退した基底状態の 1 つにボース凝縮が起こり,対称性の自発的破れが起こる.連続的対称性が自発的に破れたとき,ゴールドストーン・ボソンとよばれるギャップレス励起 (質量ゼロ粒子) が発生する.

4.1 強 磁 性

電子が格子点に束縛されている模型を考える (図 4.1).電子間に働くクーロン相互作用は,電子の波動関数の重なりに伴う交換相互作用を生み出す.この効果は,スピン間相互作用として次のようにまとめられる[*1].

$$H_{\mathrm{X}} = -4\sum_{\langle ij\rangle} J_{ij}[\boldsymbol{S}(i)\cdot\boldsymbol{S}(j) + \frac{1}{4}\rho(i)\rho(j)]. \tag{4.1}$$

ここに,$\rho(i)$ と $\boldsymbol{S}(i)$ は格子点 i に束縛されている電子数とスピン・ベクトルである.すべての格子点に電子があるとして $\rho(i)=1$ とする.記号 $\sum_{\langle ij\rangle}$ はスピン対 $\langle ij\rangle$ のすべてについて和をとることを示す ($i>j$).また,J_{ij} は格子点 i と j にいる電子間に働く交換相互作用の強さを表すが,$J_{ij}>0$ である.波動関数の重なりは近接している電子間にしか存在しないから,スピン相互作用は近距離力である.

すべてのスピンを任意の方向に同時に回転してもハミルトニアンは不変だから,この系には大局的 O(3) 回転対称性が存在する.さて,スピンが同じ向きに揃ったとき,$\boldsymbol{S}(i)=\boldsymbol{S}(j)$,スピンの積は最大値 $\boldsymbol{S}(i)\cdot\boldsymbol{S}(j)=1/4$ をとる.したがって,交換相互エネルギー (4.1) を最小化するために,基底状態ではすべ

[*1] 本シリーズ 1 巻『量子力学』の 14.3 節で導出している.

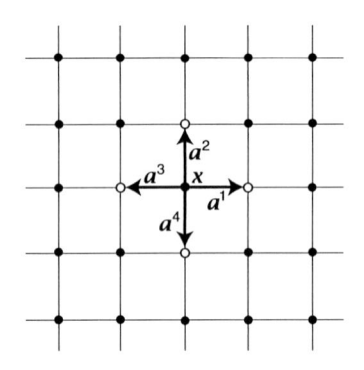

図 4.1 格子点上に束縛されている電子がつくる強磁性模型
電子間には交換相互作用が働き強磁性が発生する．2 次元正方格子の例では，点 x の最隣接格子点は 4 つ存在し格子ベクトル a^α で指定される．

てのスピンは同じ方向を向き，強磁性が発生する；$S(i) = S$. しかし，スピン S の向きは任意である．基底状態でスピンがどちらの方向を向くかは，ハミルトニアンによっては決定されない．たまたまその方向を向くのである．

強磁性はボース凝縮と対称性の自発的破れのよい例である．用語を説明する．まず，1 つの量子状態が系の体積に比例する巨視的数の粒子を含むとき，これはボース凝縮状態である，という．強磁性では，すべてのスピンが特定の量子状態 $|S\rangle$ に存在しているから，ボース凝縮の例になっている (図 4.2(a))．次に，ハミルトニアンのもつ対称変換で基底状態が別の基底状態に変換されるとき，対称性が自発的に破れた，という．強磁性では，スピンの O(3) 回転でハミルトニアンは不変だが，基底状態 $|S\rangle$ は別の基底状態 $|S'\rangle$ に変換されてしまう (図 4.2(b))．よって，回転対称性 O(3) は自発的に破れている．強磁性状態には，スピンが揃っているのだから，長距離秩序がある．高温では熱揺らぎでこの秩序が壊れる (図 4.2(c))．系の秩序パラメーターは自発磁化である．

交換相互作用は近距離力なので，最隣接の格子点上のスピン間相互作用のみを考慮し，その値はすべて等しいとする，$J_s \equiv J_{ij}$. 格子点は格子ベクトル a^α で決定される．ただし，$\sum_\alpha a^\alpha = 0$ である．格子点の座標を x とすれば，最隣接格子点は $x + a^\alpha$ である．さて，格子間隔よりずっと大きなスケールの現象を扱うとして，連続体近似を行う．連続体近似ではスピンの向きの変化は十分に滑らかと考え，その変化をテーラー展開の非自明な最低次まで考慮して，

4.1 強磁性

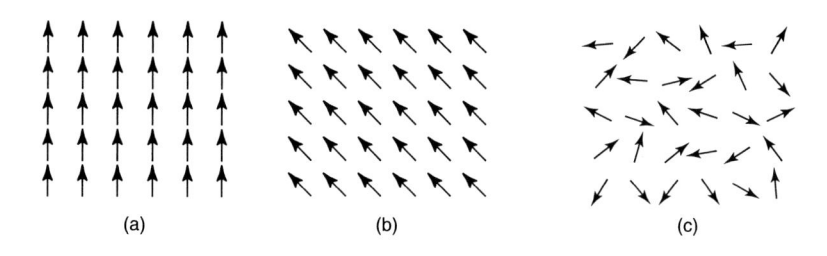

図 4.2 強磁性体の模式図

臨界点以下では，スピンがすべて揃っている．磁化軸は自発的に選ばれる．2つ状態 (a) と (b) は同じエネルギーをもち，大局的スピン回転で互いに移り変わる．臨界温度以上では，状態 (c) のように熱揺らぎのために各々のスピンは勝手な方向を向き強磁性は壊れる．

$$\sum_{\langle ij \rangle} S(i)\cdot S(j) = \frac{1}{2} \sum_{x} \sum_{\alpha} S(x)\cdot S(x+a^{\alpha})$$

$$\simeq \frac{1}{2} \sum_{x} \sum_{\alpha} \left[S(x)^2 - \frac{1}{2} a_i^{\alpha} a_j^{\alpha} \partial_i S(x) \cdot \partial_j S(x) \right] \quad (4.2)$$

と近似する．最後の式を得るために部分積分を行っている．したがって，ハミルトニアン (4.1) は連続体近似で，定数項を無視して，

$$H_X \simeq J_s \sum_{\alpha} a_i^{\alpha} a_j^{\alpha} \sum_{x} \partial_i S(x) \cdot \partial_i S(x) \quad (4.3)$$

となる．ここに，$S(x)$ は大きさが $S^2 = 1/4$ と規格化されたベクトルである[*1)]．係数 J_s はスピン剛性といわれる．

最も簡単な格子は正方格子である（図 4.1）．格子ベクトルは $\sum_{\alpha} a_i^{\alpha} a_j^{\alpha} = 2a^2 \delta_{ij}$ を満たし，m 次元空間では和は公式 $\sum_{x} = a^{-m} \int d^m x$ によって積分に置き換えられる．ハミルトニアン (4.1) は，定数項を無視して，

$$H_X \simeq \frac{2J_s}{a^{m-2}} \int d^m x \, \partial_i S(x) \cdot \partial_i S(x) \quad (4.4)$$

と近似される．これは O(3) 非線形シグマ模型といわれる．規格化されたスピン場 $S(x)$ は非線形シグマ場，あるいは単にシグマ場とよばれる．一般に，ハミルトニアン (4.4) は十分大きなスケールで並進対称性と回転対称性が近似的に存在する任意の格子模型から導かれる．

基底状態はスピンの揃った状態であるが，この状態の励起として十分に滑ら

[*1)] 量子論的スピンの大きさは $S^2 = 3/4$ である．しかし，ここでは $S(i)\cdot S(j) = 1/4$ の連続極限として (4.3) を得ているから，そこに現れるスピンは $S^2 = 1/4$ と規格化される．

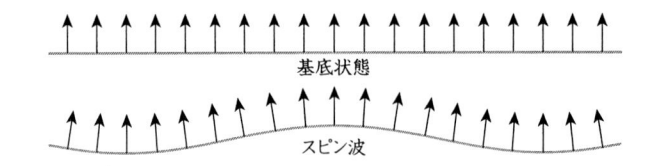

図 4.3 基底状態とスピン波による滑らかなスピン変調
変調が無限小なら，それに伴うエネルギーも無限小である．これはスピン波がギャップレス励起であることを示す．

かなスピン波を考察しよう (図 4.3)．もしも，基底状態からのスピンの変化が無限小ならば，励起エネルギー (4.4) も無限小である．したがって，スピン波はギャップレス励起である[*2)]．これは一般的性質である．すなわち，大局的連続対称性が自発的に破れた系にはギャップレス励起が必ず存在する．これはゴールドストーン定理といわれ，また，このギャップレス励起はゴールドストーン・ボソンといわれる．

4.2　ヒッグス・ポテンシャル

4.2.1　実クライン–ゴルドン場

ボース凝縮と対称性の自発的破れを示す最も簡単な模型は接触相互作用 (2.46) をする実クライン–ゴルドン場の系である．ラグランジアンは，$\phi(x)$ を実クライン–ゴルドン場，γ を実数パラメーターとして

$$\mathcal{L} = -\frac{1}{2}(\partial^\mu \phi)(\partial_\mu \phi) + \frac{\gamma}{2}\phi^2 - \frac{g}{4}\phi^4 \tag{4.5}$$

である．これは場 $\phi(x)$ の符号を反転する反転変換

$$\phi(x) \longrightarrow -\phi(x) \tag{4.6}$$

に対して不変である．すなわち，系にはこの対称性がある．正準形式に従ってハミルトニアンを求めると，

$$\mathcal{H} = \frac{1}{2c^2}(\dot\phi)^2 + \frac{1}{2}(\boldsymbol{\nabla}\phi)^2 - \frac{\gamma}{2}\phi^2 + \frac{g}{4}\phi^4 \tag{4.7}$$

[*2)] 運動量 $\boldsymbol{p}$ をゼロにしたとき，系のエネルギー E が基底状態 (または真空状態) のエネルギーに一致すればギャップレスという．相対論的理論では，質量 m の粒子のエネルギーは，$E = c\sqrt{\boldsymbol{p}^2 + m^2c^2}$ で与えられるから，ギャップレスと質量ゼロとは同意語である．

4.2 ヒッグス・ポテンシャル　　　49

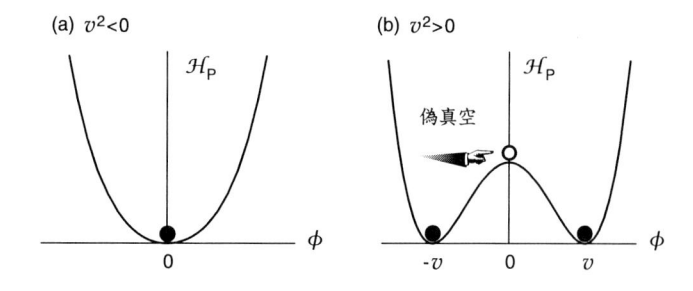

図 4.4 実スカラー模型のポテンシャル
(a) $\gamma < 0$ なら，唯一の基底状態 ($\phi = 0$) が存在する．(b) $\gamma > 0$ なら，2 つの基底状態 ($\phi = \pm v$) が存在する．

となる．相互作用は反発力 ($g > 0$) とする．引力 ($g < 0$) だと系のエネルギーが負の無限大になれるので安定な基底状態が存在しない．

パラメーター γ が負で ($\gamma < 0$)，相互作用のないとき ($g = 0$) には，すでに議論した実クライン–ゴルドン模型 (3.15) に帰着する．基底状態は，平面波展開 (3.23a) で導入した消滅演算子 $a_{\bm{k}}$ のフォック真空であり，$a_{\bm{k}}|0\rangle = 0$，場に対しては

$$\langle 0|\phi(x)|0\rangle = 0 \tag{4.8}$$

が成立する．基底状態は縮退していない．励起モードは質量 $m_\phi \equiv \hbar\sqrt{|\gamma|}/c$ のボソンである．この基底状態は反転対称 (4.6) をもつ．相互作用 ($g > 0$) は摂動論で扱うが，基底状態の反転変換不変性は代わらない (図 4.4(a))．

興味があるのはパラメーターが正のとき ($\gamma > 0$) である．この場合，$\gamma\phi^2$ は質量項ではない．ハミルトニアン (4.7) のポテンシャル項を変形し，$v = \sqrt{\gamma/g}$ とおいて，

$$\mathcal{H}_\mathrm{P} = -\frac{\gamma}{2}\phi^2 + \frac{g}{4}\phi^4 = \frac{g}{4}(\phi^2 - v^2)^2 - \frac{\gamma^2}{4g} \tag{4.9}$$

と書き直される．これはヒッグス・ポテンシャルとよばれる (図 4.4(b))．ポテンシャルを最小にする古典場の値を古典的真空とよぶ．この模型では古典的真空は $\phi = \pm v$ である．量子論的には，(4.17) にみるように，

$$\langle 0|\phi(x)|0\rangle = \pm v \tag{4.10}$$

である．(4.8) に対応する $\phi = 0$ は偽真空といえる．したがって，模型 (4.5) はパラメーター γ の符号によって，(4.8) と (4.10) で特徴づけられる 2 つの相が

あることになる．これらの相を区別する秩序パラメーターは場 $\phi(x)$ である．

正準量子化においては，1 つの古典的真空を選び，この周りの揺らぎを量子化する．そこで，古典的真空 $\phi = v$ を選び，

$$\phi(x) = v + \eta(x) \tag{4.11}$$

とおく．これをラグランジアン (4.5) に代入して，

$$\begin{aligned}
\mathcal{L} &= -\frac{1}{2}(\partial^\mu \eta)(\partial_\mu \eta) - \frac{g}{4}(\eta^2 + 2v\eta)^2 + \frac{\gamma^2}{4g} \\
&= -\frac{1}{2}(\partial^\mu \eta)(\partial_\mu \eta) - \gamma \eta^2 - \frac{\gamma}{v}\eta^3 - \frac{\gamma}{4v^2}\eta^4 + \frac{\gamma^2}{4g}
\end{aligned} \tag{4.12}$$

と変形し，場 $\eta(x)$ に関して量子化を行う．正準交換関係は

$$\begin{aligned}
&[\eta(t,\boldsymbol{x}), \eta(t,\boldsymbol{y})] = [\dot{\eta}(t,\boldsymbol{x}), \dot{\eta}(t,\boldsymbol{y})] = 0, \\
&[\eta(t,\boldsymbol{x}), \dot{\eta}(t,\boldsymbol{y})] = ic^2 \hbar \delta(\boldsymbol{x} - \boldsymbol{y})
\end{aligned} \tag{4.13}$$

である．ハミルトニアンを $\mathcal{H} = \mathcal{H}_{\text{free}} + \mathcal{H}_{\text{int}}$ のように分解する．物理的に意味のない定数項 $\gamma^2/4g$ は無視して，

$$\mathcal{H}_{\text{free}} = \frac{1}{2c^2}(\dot{\eta})^2 + \frac{1}{2}(\boldsymbol{\nabla}\eta)^2 + \gamma \eta^2, \tag{4.14a}$$

$$\mathcal{H}_{\text{int}} = \frac{\gamma}{v}\eta^3 + \frac{\gamma}{4v^2}\eta^4 \tag{4.14b}$$

である．ハミルトニアン $\mathcal{H}_{\text{free}}$ は質量 $m_\eta \equiv \hbar\sqrt{2\gamma}/c$ のボソンを，ハミルトニアン $\mathcal{H}_{\text{int}}$ はボソン間の相互作用を記述する．これをヒッグス (Higgs) 粒子ともいう．相互作用は摂動論で扱う．

量子場を平面波展開する．

$$\eta(x) = c \int \frac{d^3 k}{\sqrt{(2\pi)^3}} \sqrt{\frac{\hbar}{2\omega_k}} \left(\eta_{\boldsymbol{k}} e^{ikx} + \eta_{\boldsymbol{k}}^\dagger e^{-ikx} \right). \tag{4.15}$$

これを自由場ハミルトニアンに代入して，

$$H_{\text{free}} = \int d^3 k\, \hbar\omega_k \left(\eta_{\boldsymbol{k}}^\dagger \eta_{\boldsymbol{k}} + \frac{1}{2}\delta(0) \right) \tag{4.16}$$

を得る．ただし，$\hbar\omega_k = c\sqrt{\hbar^2 \boldsymbol{k}^2 + m_\eta^2 c^2}$ である．基底状態は演算子 η のフォック真空であり，$\eta_{\boldsymbol{k}}|0\rangle = 0$．元の場 $\phi(x)$ に関しては

$$\langle 0|\phi(x)|0\rangle = v \tag{4.17}$$

が成立する．

以上の議論では，古典的真空 $\phi = v$ を選び，その周りの揺らぎを量子化した．

4.2 ヒッグス・ポテンシャル

基底状態は (4.17) で特徴づけられるが，これはハミルトニアンの対称性をもたないので，対称性は自発的に破れている．なお，古典的真空として $\phi = -v$ を選んでも，この周りの量子揺らぎを，$\phi = -v - \eta$ とおいて量子化すれば，全く同じハミルトニアン $\mathcal{H}_{\text{free}}$ と $\mathcal{H}_{\text{int}}$ が得られるから，同じ物理系を記述する．

ラグランジアン (4.12) から導かれる静的なオイラー–ラグランジュ方程式は

$$\boldsymbol{\nabla}^2 \eta = 2\gamma\eta + 3\frac{\gamma}{v}\eta^2 + \frac{\gamma}{v^2}\eta^3 \tag{4.18}$$

である．小さな揺らぎを考える限り，高次の項 η^2 と η^3 を無視して，

$$\xi^2 \boldsymbol{\nabla}^2 \eta - \eta \simeq 0 \tag{4.19}$$

と近似できるが，ここに

$$\xi = \frac{1}{\sqrt{2\gamma}} = \frac{\hbar}{c}\frac{1}{m_\eta} \tag{4.20}$$

はコヒーレンス長といわれるパラメーターである．物理的意味は次の通りである．場の方程式 (4.19) から 2 点関数 $\langle 0|\eta(\boldsymbol{x})\eta(\boldsymbol{y})|0\rangle$ は漸近的に

$$\langle 0|\eta(\boldsymbol{x})\eta(\boldsymbol{y})|0\rangle = \langle 0|\eta(\boldsymbol{x}-\boldsymbol{y})\eta(0)|0\rangle \propto e^{-|\boldsymbol{x}-\boldsymbol{y}|/\xi} \tag{4.21}$$

のように振る舞う．したがって，相関は 2 点間の距離がコヒーレンス長 ξ より大きくなると急速に減少する．

> **研究課題：条件 (4.17) で特徴づけられる基底状態はコヒーレント状態であることを示せ．**

解説：量子場 $\phi(x)$ と $\eta(x)$ を (3.24) と同様に正負振動数成分に分解する．

$$\phi^{(\pm)}(x) = \frac{1}{2}v + \eta^{(\pm)}(x). \tag{4.22}$$

ただし，$\phi^{(+)\dagger} = \phi^{(-)}$ である．フォック真空の定義式 $\eta^{(+)}(x)|0\rangle = 0$ を用いて，

$$\phi^{(+)}(x)|0\rangle = \frac{1}{2}v|0\rangle \tag{4.23}$$

が成り立つから，基底状態 $|0\rangle$ は消滅演算子 $\phi^{(+)}$ の固有状態であり，定義によりコヒーレント状態である．式 (4.23) を全空間で積分して，$\int d^3x\, \phi^{(+)}(x)|0\rangle = \frac{1}{2}vV|0\rangle$ だから，

$$a_0|0\rangle = \frac{vV}{\hbar}\sqrt{\frac{m_\eta}{2(2\pi^3)}}|0\rangle, \qquad a_{\boldsymbol{k}}|0\rangle = 0 \quad \text{for} \quad \boldsymbol{k} \neq 0 \tag{4.24}$$

となる．ここに，$V \equiv \int d^3x$ は全体積である．したがって，基底状態は演算子 a_0 のコヒーレント状態である．この状態には体積に比例する数の量子が存在するから，ボース凝縮系である．

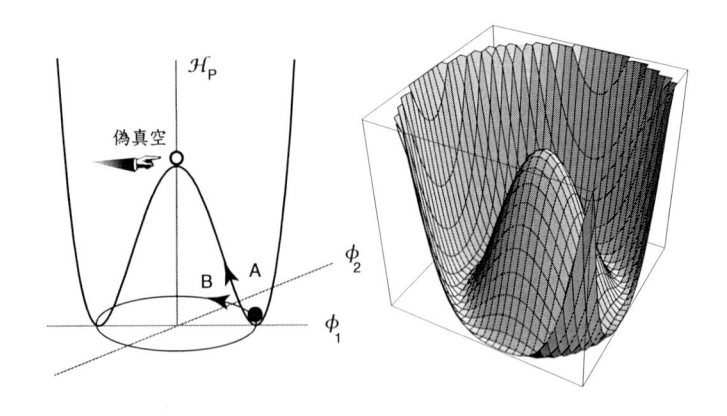

図 4.5 複素スカラー模型でのヒッグス・ポテンシャル
底はワイン瓶底のような形をしており，その上の任意の 1 点が古典的真空を表す．矢印 A と B で示す 2 つの振動モードがある．モード A は丘を越えるような振動モードだからギャップがある．一方，モード B は円に沿って動くから，エネルギーを必要とせず，ギャップレスである．ポテンシャルの極大点 $\phi_1 = \phi_2 = 0$ は偽真空を表す．

4.2.2 複素クライン–ゴルドン場

続いて，接触相互作用をする複素クライン–ゴルドン場模型を考察する．

$$\mathcal{L} = -(\partial^\mu \phi^\dagger)(\partial_\mu \phi) + \gamma \phi^\dagger(x)\phi(x) - \frac{g}{2}\left(\phi^\dagger(x)\phi(x)\right)^2. \quad (4.25)$$

系の安定性のため $g > 0$ とする．このラグランジアンは，α を任意の実数定数として位相変換

$$\phi(x) \longrightarrow e^{i\alpha}\phi(x) \quad (4.26)$$

を行っても不変である．系は大局的連続対称性 U(1) をもつことになる．ハミルトニアンは

$$\mathcal{H} = \frac{1}{c^2}\dot{\phi}^\dagger\dot{\phi} + \boldsymbol{\nabla}\phi^\dagger \boldsymbol{\nabla}\phi - \gamma\phi^\dagger(x)\phi(x) + \frac{g}{2}\left(\phi^\dagger(x)\phi(x)\right)^2 \quad (4.27)$$

である．パラメーターが $\gamma < 0$ を満たすなら，これは相互作用する質量 $m_\phi \equiv \hbar\sqrt{|\gamma|}/c$ の粒子と反粒子を記述する．

興味があるのはパラメーターが $\gamma > 0$ を満たすときである．ハミルトニアンは図 4.5 に示すようなヒッグス・ポテンシャルをもつ．古典的真空は，α を任意の実数定数として，$\phi = e^{i\alpha}v$ で与えられるから，古典的真空は無限に縮退している．ここに $v = \sqrt{\gamma/g}$ とおいた．量子化は任意の古典的真空を選んで行えるが，一般性を失うことなく，$\alpha = 0$ と選んでよい．量子場 $\phi(x)$ を次のように

実数の量子場 $\eta(x)$ と $\chi(x)$ を用いて展開する．

$$\phi(x) = e^{i\chi(x)/v}(v+\eta(x)) = v + \eta(x) + i\chi(x) + \cdots. \quad (4.28)$$

これをラグランジアンに代入して，物理的に意味のない定数項を無視して，

$$\mathcal{L} = -(\partial^\mu \eta)(\partial_\mu \eta) - 2\gamma\eta^2 - (\partial^\mu \chi)(\partial_\mu \chi) + \frac{\gamma^2}{2g} + \mathcal{L}_{\mathrm{int}}[\eta] \quad (4.29)$$

を得る．ここに，$\mathcal{L}_{\mathrm{int}}[\eta]$ は場 $\eta(x)$ の高次の項からなる相互作用ラグランジアンである．場 $\eta(x)$ は相互作用している質量 $m_\eta \equiv \hbar\sqrt{2\gamma}/c$ の粒子 (ヒッグス粒子) を表す．一方，$\chi(x)$ は相互作用をしていない質量ゼロのボソン場を表す．

基底状態はコヒーレント状態であり，

$$\langle 0|\phi(x)|0\rangle = v \neq 0 \quad (4.30)$$

で特徴づけられるから，大局的位相対称性 (4.26) は自発的に壊れている．

ハミルトニアンの自由場部分は

$$H_{\mathrm{free}} = \int d^3k E_\eta(\boldsymbol{k}) \eta_{\boldsymbol{k}}^\dagger \eta_{\boldsymbol{k}} + \int d^3k E_\chi(\boldsymbol{k}) \chi_{\boldsymbol{k}}^\dagger \chi_{\boldsymbol{k}} \quad (4.31)$$

と対角化される．ここに，分散関係は

$$E_\eta(\boldsymbol{k}) = \hbar c\sqrt{2\gamma + \boldsymbol{k}^2}, \qquad E_\chi(\boldsymbol{k}) = \hbar c|\boldsymbol{k}| \quad (4.32)$$

である．場 χ は線形分散をもつギャップレス励起である．4.5 節で示すように，これは超流動モードを記述する．複素クライン–ゴルドン模型は，ギャップレス励起を伴う対称性の自発的破れを示す最も簡単な例である．

4.3 シグマ模型

複素クライン–ゴルドン模型は 2 つの実場からなる．これを拡張して，N 個の実場 ϕ_a からなる模型を考える．ベクトル場 $\boldsymbol{\phi} = (\phi_1, \phi_2, \cdots, \phi_N)$ を導入する．ラグランジアン密度は g と v を正の定数として，

$$\mathcal{L} = -\frac{1}{2}(\partial^\mu \boldsymbol{\phi})(\partial_\mu \boldsymbol{\phi}) - \frac{g}{4}(\boldsymbol{\phi}^2 - v^2)^2 \quad (4.33)$$

である．これは場 $\boldsymbol{\phi}$ の線形 O(N) 変換

$$\boldsymbol{\phi} \to U\boldsymbol{\phi} \quad (4.34)$$

で不変である．ここに，U は条件 $U^T U = 1$ を満たす実数 $N \times N$ 行列である．行列 U は連続変換を生成する．これを線形 O(N) シグマ模型という．

ヒッグス・ポテンシャルを最小にする古典場は，

$$\sum_{a=1}^{N} v_a^2 = v^2 \tag{4.35}$$

を満たす実数 v_a を用いて，$\phi_a(x) = v_a$ とおいて得られる．したがって，古典的真空はベクトル $\bm{v} = (v_1, v_2, \cdots, v_N)$ で与えられ，無限に縮退している．一般性を失うことなく，基底状態を

$$\langle 0|\phi_a(x)|0\rangle = v\delta_{aN} \tag{4.36}$$

とする．歴史的理由から[*1)]，古典的真空の周りの量子場を

$$\phi_N(x) = v + \sigma(x), \qquad \phi_a(x) = \pi_a(x) \quad \text{for} \quad a = 1, \cdots, N-1 \tag{4.37}$$

ととる．基底状態 $|0\rangle$ は $\langle 0|\sigma(x)|0\rangle = \langle 0|\pi_a(x)|0\rangle = 0$ を満たし，σ 粒子と π_a 粒子のフォック真空である．

式 (4.37) をラグランジアン密度 (4.33) に代入し，場の 2 次の量まで明示的に書き下して，

$$\mathcal{L} = -\frac{1}{2}(\partial^\mu \bm{\pi})(\partial_\mu \bm{\pi}) - \frac{1}{2}\partial^\mu \sigma \partial_\mu \sigma - \frac{m_\sigma^2 c^2}{2\hbar^2}\sigma^2 + \cdots \tag{4.38}$$

を得るから，σ 粒子は質量 $m_\sigma = \hbar v\sqrt{2g}/c$ をもつ．一方，π_a 粒子の質量はゼロである．ハミルトニアンの対称性は O(N) であるが，基底状態はこの対称性を破っている．場 $\pi_a(x)$ は，O(N) 対称性の O($N-1$) 対称性への自発的破れに伴うゴールドストーン・ボソンである．

ラグランジアン (4.33) で，定数 v を有限に止めたまま，$g \to \infty$ の極限をとった模型を考える．ラグランジアンが有限のまま意味をもつためには，束縛条件

$$\bm{\phi}^2 = v^2 \tag{4.39}$$

が必要であり，このとき，ラグランジアン (4.33) は

$$\mathcal{L} = -\frac{1}{2}(\partial^\mu \bm{\phi})\cdot(\partial_\mu \bm{\phi}) \tag{4.40}$$

と単純化される．この場合でも基底状態は無限に縮退しており，一般化を失うことなく，基底状態 $|0\rangle$ を (4.36) で定義できる．

束縛条件 (4.39) のために独立な実場は $N-1$ 個になる．独立な場として $\pi_a \equiv \phi_a$，$a = 1, 2, \cdots, N-1$ を選べば，成分 ϕ_N は束縛条件 (4.39) を解いて，

[*1)] 核物理学理論で中間子を記述するために，$N=4$ の模型を導入した．3 つのボース場 π_a は質量ゼロのパイ中間子を記述し，場 $\sigma(x)$ は質量をもつシグマ中間子を記述する，と考えた．シグマ模型という名前の由来である．

$$\phi_N = \sqrt{v^2 - \sum_{a=1}^{N-1} \phi_a^2} \tag{4.41}$$

で与えられることになる．ラグランジアンは，ϕ_N を消去し，$N-1$ 個のゴールドストーン場 π_a のみで書かれる．シグマ粒子が実験的に見つからないなら，この方が中間子の模型としてよい．独立な場の数は $N-1$ であるが，ラグランジアン (4.40) の対称性は (4.34) で与えられるから $O(N)$ のままである．この変換を実現するために $N-1$ の独立な場は $O(N)$ 変換で非線形に変換しなければならない．よって，これを非線形 $O(N)$ シグマ模型という．

さて，$N=3$ とし，場 $\phi_i(\boldsymbol{x})$ を (4.4) に現れる規格化したスピン場 $S_i(\boldsymbol{x})$ と考えることができる．基底状態を (4.36) のように選んだことは

$$\langle 0|\phi_1(\boldsymbol{x})|0\rangle = 0, \quad \langle 0|\phi_2(\boldsymbol{x})|0\rangle = 0, \quad \langle 0|\phi_3(\boldsymbol{x})|0\rangle = v \tag{4.42}$$

に対応するが，これはスピンが z 軸方向に揃った状態である．

4.4 非相対論的場

最後に，ヒッグス・ポテンシャル中の非相対論的場を考察する．ハミルトニアンは，$g>0$ および $v>0$ として，

$$\mathcal{H} = \frac{\hbar^2}{2m}\boldsymbol{\nabla}\phi^\dagger(x)\boldsymbol{\nabla}\phi(x) + \frac{g}{2}\left(\phi^\dagger\phi - v^2\right)^2 \tag{4.43}$$

で与えられる．このハミルトニアンは，パラメーター α を任意の実数定数とする大局的 U(1) 位相変換

$$\phi(x) \longrightarrow e^{i\alpha}\phi(x) \tag{4.44}$$

に対して不変である．古典的ハミルトニアンは

$$\rho(x) \equiv \phi^\dagger(x)\phi(x) = v^2 \tag{4.45}$$

ととることで極小化されるが，ここに $\rho(x)$ は粒子密度である．この条件は系の化学ポテンシャルがゼロになることを意味する．

$$\mu \equiv \frac{\partial \mathcal{H}}{\partial \rho} = g\left(\phi^\dagger\phi - v^2\right) = 0. \tag{4.46}$$

無数の古典的真空 $\phi = e^{i\alpha}v$ が存在するが，一般性を失うことなく $\phi = v$ と選ぶ．基底状態 $|0\rangle$ はボース凝縮状態である．また，基底状態を 1 つ選ぶことにより，ハミルトニアンの U(1) 対称性 (4.44) が自発的に破れる．

古典的真空の周りの場を量子化するために，
$$\phi(x) = v + \eta(x) \tag{4.47}$$
とおく．ハミルトニアン密度は，場 η の 2 次を超える項を相互作用項として分離して，
$$\mathcal{H} = \frac{\hbar^2}{2m}\boldsymbol{\nabla}\eta^\dagger \boldsymbol{\nabla}\eta + \frac{gv^2}{2}(2\eta^\dagger\eta + \eta^{\dagger 2} + \eta^2) + \mathcal{H}_{\text{int}}, \tag{4.48a}$$
$$\mathcal{H}_{\text{int}} = gv\left(\eta^\dagger\eta(\eta^\dagger + \eta) + \frac{1}{2v}(\eta^\dagger\eta)^2\right) \tag{4.48b}$$
となる．正準交換関係は
$$[\eta(t,\boldsymbol{x}),\eta(t,\boldsymbol{y})] = [\eta^\dagger(t,\boldsymbol{x}),\eta^\dagger(t,\boldsymbol{y})] = 0,$$
$$[\eta(t,\boldsymbol{x}),\eta^\dagger(t,\boldsymbol{y})] = \delta(\boldsymbol{x}-\boldsymbol{y}) \tag{4.49}$$
となる．次に，場 $\eta(x)$ を平面波で展開し消滅演算子 $\eta_{\boldsymbol{k}}$ を導入する．
$$\eta(x) = \int \frac{d^3k}{\sqrt{(2\pi)^3}} e^{-ikx} \eta_{\boldsymbol{k}}. \tag{4.50}$$
これは交換関係
$$[\eta_{\boldsymbol{k}},\eta_{\boldsymbol{l}}^\dagger] = \delta(\boldsymbol{k}-\boldsymbol{l}), \qquad [\eta_{\boldsymbol{k}},\eta_{\boldsymbol{l}}] = [\eta_{\boldsymbol{k}}^\dagger,\eta_{\boldsymbol{l}}^\dagger] = 0 \tag{4.51}$$
を満たす．フォック真空 $|0\rangle$ を
$$\eta_{\boldsymbol{k}}|0\rangle = 0 \tag{4.52}$$
で定義する．元の場 $\phi(x)$ は
$$\langle 0|\phi(x)|0\rangle = v, \qquad \langle 0|\rho(x)|0\rangle = v^2 \tag{4.53}$$
で特徴づけられる．ハミルトニアンの自由場部分は
$$\varepsilon_{\boldsymbol{k}} = \frac{\hbar^2 \boldsymbol{k}^2}{2m}, \qquad U_{\boldsymbol{k}} = \frac{gv^2}{2} \tag{4.54}$$
とおいて，
$$\mathcal{H}_{\text{free}}(\boldsymbol{k}) = \varepsilon_{\boldsymbol{k}}\eta_{\boldsymbol{k}}^\dagger\eta_{\boldsymbol{k}} + U_{\boldsymbol{k}}\left(2\eta_{\boldsymbol{k}}^\dagger\eta_{\boldsymbol{k}} + \eta_{\boldsymbol{k}}^\dagger\eta_{-\boldsymbol{k}}^\dagger + \eta_{\boldsymbol{k}}\eta_{-\boldsymbol{k}}\right) \tag{4.55}$$
で与えられる．しかし，ハミルトニアン密度 (4.55) は対角化されていないので，演算子 η のフォック真空 $|0\rangle$ は系の基底状態ではない．

ハミルトニアンを対角化するために，場に対してボゴリューゴフ (Bogoliubov) 変換を行う．
$$\zeta_{\boldsymbol{k}} = c_{\boldsymbol{k}}\eta_{\boldsymbol{k}} + s_{\boldsymbol{k}}\eta_{-\boldsymbol{k}}^\dagger, \qquad \zeta_{\boldsymbol{k}}^\dagger = c_{\boldsymbol{k}}\eta_{\boldsymbol{k}}^\dagger + s_{\boldsymbol{k}}\eta_{-\boldsymbol{k}}, \tag{4.56}$$
ここに

4.4 非相対論的場

$$c_{\boldsymbol{k}} = \cosh\tau_{\boldsymbol{k}}, \qquad s_{\boldsymbol{k}} = \sinh\tau_{\boldsymbol{k}} \tag{4.57}$$

とおいた．新しい場 $\zeta_{\boldsymbol{k}}$ と $\zeta_{\boldsymbol{k}}^\dagger$ が正準交換関係

$$[\zeta_{\boldsymbol{k}}, \zeta_{\boldsymbol{l}}^\dagger] = \delta(\boldsymbol{k}-\boldsymbol{l}), \qquad [\zeta_{\boldsymbol{k}}, \zeta_{\boldsymbol{l}}] = [\zeta_{\boldsymbol{k}}^\dagger, \zeta_{\boldsymbol{l}}^\dagger] = 0 \tag{4.58}$$

を満たすから，この変換は正準変換である．逆変換は

$$\eta_{\boldsymbol{k}} = c_{\boldsymbol{k}}\zeta_{\boldsymbol{k}} - s_{\boldsymbol{k}}\zeta_{-\boldsymbol{k}}^\dagger, \qquad \eta_{\boldsymbol{k}}^\dagger = c_{\boldsymbol{k}}\zeta_{\boldsymbol{k}}^\dagger - s_{\boldsymbol{k}}\zeta_{-\boldsymbol{k}} \tag{4.59}$$

である．これをハミルトニアン (4.55) に代入し，意味のない定数項を無視して，

$$\begin{aligned}\mathcal{H}_{\text{free}}(\boldsymbol{k}) =& [(\varepsilon_{\boldsymbol{k}} + 2U_{\boldsymbol{k}})(c_{\boldsymbol{k}}^2 + s_{\boldsymbol{k}}^2) - 4U_{\boldsymbol{k}} c_{\boldsymbol{k}} s_{\boldsymbol{k}}]\zeta_{\boldsymbol{k}}^\dagger \zeta_{\boldsymbol{k}} \\ &+ [U_{\boldsymbol{k}}(c_{\boldsymbol{k}}^2 + s_{\boldsymbol{k}}^2) - (\varepsilon_{\boldsymbol{k}} + 2U_{\boldsymbol{k}}) c_{\boldsymbol{k}} s_{\boldsymbol{k}}](\zeta_{\boldsymbol{k}}^\dagger \zeta_{-\boldsymbol{k}}^\dagger + \zeta_{\boldsymbol{k}}\zeta_{-\boldsymbol{k}})\end{aligned} \tag{4.60}$$

を得る．この導出に際して，関数 $\varepsilon_{\boldsymbol{k}},\ U_{\boldsymbol{k}},\ c_{\boldsymbol{k}}$ および $s_{\boldsymbol{k}}$ が変数 $\boldsymbol{k}$ の偶関数であることを使った．

ハミルトニアン (4.60) が対角化される条件は関係式

$$U_{\boldsymbol{k}}(c_{\boldsymbol{k}}^2 + s_{\boldsymbol{k}}^2) - (\varepsilon_{\boldsymbol{k}} + 2U_{\boldsymbol{k}}) c_{\boldsymbol{k}} s_{\boldsymbol{k}} = 0 \tag{4.61}$$

が成立することである．これを解くことにより，ボゴリューゴフ変換 (4.56) の係数として，

$$c_{\boldsymbol{k}}^2 = \frac{1}{2}\left(\frac{\varepsilon_{\boldsymbol{k}} + 2U_{\boldsymbol{k}}}{E_{\boldsymbol{k}}} + 1\right), \quad s_{\boldsymbol{k}}^2 = \frac{1}{2}\left(\frac{\varepsilon_{\boldsymbol{k}} + 2U_{\boldsymbol{k}}}{E_{\boldsymbol{k}}} - 1\right), \quad c_{\boldsymbol{k}} s_{\boldsymbol{k}} = \frac{U_{\boldsymbol{k}}}{E_{\boldsymbol{k}}} \tag{4.62}$$

を得る．ここに，

$$E_{\boldsymbol{k}} = \sqrt{\varepsilon_{\boldsymbol{k}}^2 + 4\varepsilon_{\boldsymbol{k}} U_{\boldsymbol{k}}} \tag{4.63}$$

は分散関係を与える．これらの値を (4.60) に代入し，真空エネルギー項を無視して，ハミルトニアンは

$$H_{\text{free}} = \int d^3k\, E_{\boldsymbol{k}} \zeta_{\boldsymbol{k}}^\dagger \zeta_{\boldsymbol{k}} \tag{4.64}$$

となる．基底状態 $|0\rangle\!\rangle$ は演算子 ζ のフォック真空であり，$\zeta_{\boldsymbol{k}}|0\rangle\!\rangle = 0$ を満たす．

分散関係は運動量が小さい ($|\boldsymbol{k}| \simeq 0$) とき線形になる．

$$E_k = \hbar|\boldsymbol{k}|\sqrt{\frac{gv^2}{m} + \frac{\hbar^2 \boldsymbol{k}^2}{4m^2}} \simeq \sqrt{\frac{g}{m}} v\hbar|\boldsymbol{k}|. \tag{4.65}$$

低エネルギー領域では，励起は相対論的分散関係 (3.34) をもつことになる．ただし，速度は $v_s = v\sqrt{g/m}$ で与えられる．この線形分散モードは 4.5 節で解説する超流動の基礎となる．一方，高エネルギー領域では $E_k = (\hbar\boldsymbol{k})^2/2m$ となり，通常の非相対論的自由粒子の分散関係に戻る．

> 研究課題：演算子 η のフォック真空 $|0\rangle$ と演算子 ζ のフォック真空 $|0\rangle\!\rangle$ の間の関係を調べよ．

解説：2 つの真空 $|0\rangle$ と $|0\rangle\!\rangle$ がユニタリー変換 e^{iG} で関係しているとして，
$$\zeta_{\bm{k}} = e^{-iG}\eta_{\bm{k}}e^{iG}, \qquad \zeta_{\bm{k}}^{\dagger} = e^{-iG}\eta_{\bm{k}}^{\dagger}e^{iG} \tag{4.66}$$
とおく．しからば，$\zeta_{\bm{k}}|0\rangle\!\rangle = 0$ より $\eta_{\bm{k}}e^{iG}|0\rangle\!\rangle = 0$ である．これを (4.52) と比較して，状態 $|0\rangle$ に縮退がないことを用いて，
$$|0\rangle\!\rangle = e^{-iG}|0\rangle \tag{4.67}$$
を得る．次に，エルミート演算子 G を求める．(4.66) を展開して，
$$\zeta_{\bm{k}} = e^{-iG}\eta_{\bm{k}}e^{iG} = \eta_{\bm{k}} + i[\eta_{\bm{k}}, G] + \frac{i^2}{2!}[[\eta_{\bm{k}}, G], G] + \cdots, \tag{4.68a}$$
$$\zeta_{\bm{k}}^{\dagger} = e^{-iG}\eta_{\bm{k}}^{\dagger}e^{iG} = \eta_{\bm{k}}^{\dagger} + i[\eta_{\bm{k}}^{\dagger}, G] + \frac{i^2}{2!}[[\eta_{\bm{k}}^{\dagger}, G], G] + \cdots \tag{4.68b}$$
となるが，これは (4.56) に等しい．パラメーター $\tau_{\bm{k}} = 0$ が $G = 0$ に対応しているので，$\tau_{\bm{k}}$ と G の 1 次を比較して，
$$i[\eta_{\bm{k}}, G] = \tau_{\bm{k}}\eta_{-\bm{k}}^{\dagger}, \qquad i[\eta_{\bm{k}}^{\dagger}, G] = \tau_{\bm{k}}\eta_{-\bm{k}} \tag{4.69}$$
とおく．これを解いて
$$G = \frac{i}{2}\int d^3k\, \tau_{\bm{k}}(\eta_{\bm{k}}\eta_{-\bm{k}} - \eta_{\bm{k}}^{\dagger}\eta_{-\bm{k}}^{\dagger}) \tag{4.70}$$
を得る．この表式を (4.68) に代入し，すべての $\tau_{\bm{k}}$ のオーダーで (4.56) に等しいことが確かめられる．ここでは証明[*1)]しないが，(4.67) は
$$|0\rangle\!\rangle = C\exp\left(-\frac{1}{2}\int dk\, \eta_{\bm{k}}^{\dagger}\eta_{-\bm{k}}^{\dagger}\tanh\tau_{\bm{k}}\right)|0\rangle \tag{4.71}$$
と変形できる．ここに，系の体積を V として
$$C = \exp\left(-\frac{V}{4(2\pi)^3}\int d^3k\, \ln\cosh\tau_{\bm{k}}\right) \tag{4.72}$$
は規格化定数である．したがって，$|0\rangle\!\rangle$ は $\eta_{\bm{k}}\eta_{-\bm{k}}$ 対の凝縮系である．さて，規格化定数 C は有限系でのみ有限な値をもち，このとき，2 つの真空 $|0\rangle\!\rangle$ と $|0\rangle$ は同じヒルベルト空間に属する．無限に大きい系 ($V \to \infty$) では，$C \to 0$ となり，2 つの真空 $|0\rangle\!\rangle$ と $|0\rangle$ は異なるヒルベルト空間に属する．これら 2 つのヒルベルト空間は，ユニタリー変換で結ばれていないので，ユニタリー非同値と

[*1)] 表式 (4.71) の導出と詳しい説明は下記の参考書に委ねる．H. Umezawa, *Advanced Field Theory: Micro, Macro and Thermal Physics*, AIP (1993).

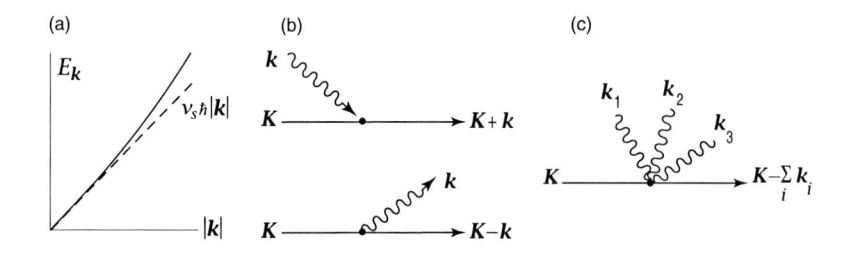

図 4.6
(a) フォノンの分散関係 E_k. 低エネルギーでは，線形分散 $E_k \simeq v_s \hbar |k|$ でよく近似される．(b) 粒子によるフォノンの吸収・放出過程．(c) 粒子による多数フォノンの吸収・放出過程．粒子速度が臨界値より小さければ，これらの過程は起こらない．

いう．

4.5 超流動

非相対論的模型 (4.43) の基底状態はボース凝縮状態であり，$\langle \phi(\boldsymbol{x}) \rangle = v$ で与えられる．この期待値が座標に依存する位相

$$\langle \phi(\boldsymbol{x}) \rangle = v e^{i\chi(\boldsymbol{x})} \tag{4.73}$$

をもつ状態を考える．この状態のエネルギーは $\langle \mathcal{H} \rangle = (\hbar^2 v^2/2m)(\boldsymbol{\nabla}\chi)^2$ であり，基底状態のエネルギーより高い．よって，エネルギーを減少させるために，ネーター・カレント (3.110) が

$$\langle \boldsymbol{j}(\boldsymbol{x}) \rangle = -\frac{\hbar v^2}{m} \boldsymbol{\nabla}\chi(\boldsymbol{x}) \tag{4.74}$$

のように流れ，この位相の非均一をなくす．これを位相カレントという．このカレントが超流動であることを示そう[*1)]．

質量 M の大きな物体が速度 V でボース凝縮体中を移動している状況を考える．この物体は一般にフォノンとよばれる凝縮系特有のゴールドストーン・ボソン場 $\chi(\boldsymbol{x})$ と相互作用し粘性が発生する．相互作用が存在しないなら，粘性は発生せず，超流動になる．

質量 M の非相対論的粒子と分散関係 $E_k = v_s \hbar |k|$ のフォノンからなる系に

[*1)] ここで紹介する議論は下記の参考書の 11.6 節に詳しい．R.P. Feynman, *Statistical Mechanics*, Benjamin (1972).

相互作用を導入したハミルトニアンを考える (図 4.6(a)).

$$H = \int d^3K \frac{(\hbar \boldsymbol{K})^2}{2M} a_{\boldsymbol{K}}^\dagger a_{\boldsymbol{K}} + \int d^3k E_{\boldsymbol{k}} \zeta_{\boldsymbol{k}}^\dagger \zeta_{\boldsymbol{k}} + H_{\text{int}}. \quad (4.75)$$

最も簡単な相互作用は,非相対論的場 $\phi(x)$ とフォノン場 $\zeta(x)$ を用いて,

$$H_{\text{int}} = g \int d^3x \, \phi^\dagger(x)\phi(x)\zeta(x) \quad (4.76)$$

と書かれる. 平面波展開 (3.69) と (3.23a) をこの相互作用項に代入して,

$$H_{\text{int}} = \frac{gv_s}{\sqrt{(2\pi)^3}} \int \frac{d^3K d^3k}{\sqrt{2E_{\boldsymbol{k}}}} (a_{\boldsymbol{K}-\boldsymbol{k}}^\dagger a_{\boldsymbol{K}} \zeta_{\boldsymbol{k}}^\dagger + a_{\boldsymbol{K}+\boldsymbol{k}}^\dagger a_{\boldsymbol{K}} \zeta_{\boldsymbol{k}}) \quad (4.77)$$

を得るが,図 4.6(b) に説明するように,これは 1 個のフォノンの粒子による吸収と発生を記述している.

ハミルトニアンを書き下したが,具体的な形を以下で使うわけではない.使うのはエネルギーと運動量の保存のみである.粒子の運動量 $\hbar \boldsymbol{K}$ がフォノン吸収あるいは放出で運動量が $\pm \hbar \boldsymbol{k}$ だけ変化するなら,エネルギー保存式は

$$\frac{\hbar^2 \boldsymbol{K}^2}{2M} = \frac{\hbar^2 (\boldsymbol{K} \pm \boldsymbol{k})^2}{2M} + v_s \hbar |\boldsymbol{k}| \quad (4.78)$$

となる. これを変形して,

$$\frac{v_s |\boldsymbol{k}|}{\hbar} = \frac{\pm 2\boldsymbol{K}\boldsymbol{k} - \boldsymbol{k}^2}{2M} \leq \frac{V|\boldsymbol{k}|\cos\theta}{\hbar} \leq \frac{V|\boldsymbol{k}|}{\hbar} \quad (4.79)$$

となるので,粒子の初速度 $V = \hbar|\boldsymbol{K}|/M$ は条件 $v_s \leq V$ を満たす必要がある. 図 4.6(c) に示すように,粒子とフォノンの相互作用がもっと複雑でも,相互作用が起こるためには同じ条件 $v_s \leq V$ が必要になる. すなわち,粒子の速度 V が臨界速度 v_s より小さいなら,フォノンとの相互作用は起こらないので,ボース凝縮状態は超流動を示す.

> **研究課題**:媒質の分散関係が $E_{\boldsymbol{k}} \propto |\boldsymbol{k}|^2$ のとき,超流動は起こらないことを示せ.

解説: 分散関係を $E_{\boldsymbol{k}} = \alpha |\boldsymbol{k}|^2$ とする. このとき,(4.79) は

$$\alpha |\boldsymbol{k}|^2 = \frac{\pm 2\boldsymbol{K}\boldsymbol{k} - \boldsymbol{k}^2}{2M} \leq \frac{V|\boldsymbol{k}|\cos\theta}{\hbar} \leq \frac{V|\boldsymbol{k}|}{\hbar} \quad (4.80)$$

となる. これを満たす運動量 $\hbar \boldsymbol{k}$ が任意の V に対して存在するから超流動は起こらない.

4.6 ゴールドストーン定理

ボース凝縮と対称性の自発的破れの起こる4つの模型を学んだ．ボース凝縮は，場の演算子の基底状態による期待値がゼロにならないという性質

$$\langle 0|\phi(x)|0\rangle = v \neq 0 \tag{4.81}$$

で特徴づけられる．4つの模型のうち，3つの模型ではギャップレス励起が現れることを確認した．ギャップレス励起とは，運動量がゼロの極限でエネルギー・ゼロの励起のことである．これら3つの模型に共通の特徴は，大局的連続対称性が自発的に破れている，ということである．クライン–ゴルドン模型と非相対論的模型では大局的 U(1) 変換

$$\phi(x) \to e^{i\alpha}\phi(x) \tag{4.82}$$

が，シグマ模型では大局的 O(N) 変換が，系の対称性であった．

一般的に，大局的連続対称性が自発的に破れるとギャップレス励起が発生する．これをゴールドストーン定理とよび，発生するギャップレス励起をゴールドストーン・ボソンとよぶ．

この定理を大局的 U(1) 対称性の自発的破れを例にとって説明する．位相変換 (4.82) の生成元を Q とするなら，位相変換はユニタリー変換 $e^{i\alpha Q}$ によって生成される．

$$e^{-i\alpha Q}\phi(x)e^{i\alpha Q} = e^{i\alpha}\phi(x). \tag{4.83}$$

連続的変換だから無限小変換を考えることができる．変換のパラメーターが $|\alpha| \ll 1$ を満たすとして，α の1次までの展開を行い，

$$(1 - i\alpha Q)\phi(x)(1 + i\alpha Q) = (1 + i\alpha)\phi(x) \tag{4.84}$$

となるから，係数の比較から交換関係

$$[\phi(x), Q] = \phi(x) \tag{4.85}$$

を得る．生成元 Q は位相変換 (4.82) に関連するネーター・カレントの荷電であり，

$$Q = \frac{1}{c}\int d^3x\, j^0(x) \tag{4.86}$$

で与えられる．具体的な荷電 Q の表式は，クライン–ゴルドン模型と非相対論

図 4.7 縮退した基底状態 $|\alpha\rangle$ と 唯一の偽真空 $|\underline{0}\rangle$

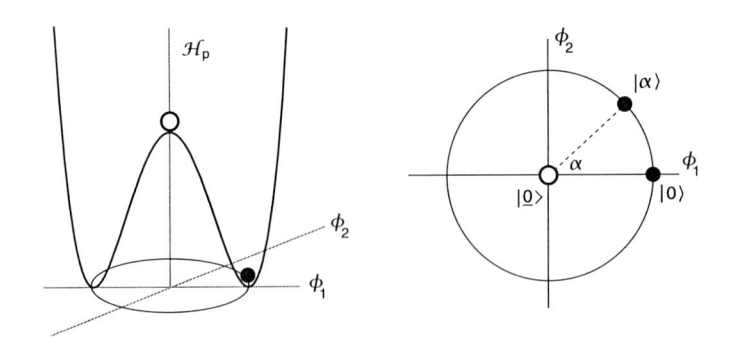

的模型ではそれぞれ (3.109) と (3.110) で与えられる．

自発的に対称性が破れた系の基底状態 $|0\rangle$ は (4.81) を満たす．この状態を位相変換して，新しい基底状態

$$|\alpha\rangle \equiv e^{i\alpha Q}|0\rangle \neq |0\rangle \tag{4.87}$$

をつくる．この状態による場の演算子の期待値は

$$\langle\alpha|\phi(x)|\alpha\rangle = \langle 0|e^{-i\alpha Q}\phi(x)e^{i\alpha Q}|0\rangle = e^{i\alpha}\langle 0|\phi(x)|0\rangle = e^{i\alpha}v \tag{4.88}$$

となるから，確かに $|\alpha\rangle \neq |0\rangle$ である．変換のパラメーター α の 1 次までの展開を行うと，(4.87) から，条件式

$$Q|0\rangle \neq 0 \tag{4.89}$$

が得られる．実は，この式が対称性の自発的破れの数学的表現である．すなわち，任意の大局的対称性に関して，その対称性の生成元 Q が真空を消滅させないとき，この対称性は自発的に破れている，という．

ネーター・カレントの荷電の式 (4.86) を交換関係 (4.85) に代入し，対称性の破れの条件式 (4.81) を用いて，

$$\int d^3y\, \langle 0|[\phi(x), j^0(y)]|0\rangle = \langle 0|\phi(x)|0\rangle = v \neq 0 \tag{4.90}$$

を得る．この式は 2 つの相関関数

$$S_{\phi j}(x,y) = \langle 0|\phi(x)j^0(y)|0\rangle, \qquad S_{j\phi}(y,x) = \langle 0|j^0(y)\phi(x)|0\rangle \tag{4.91}$$

を含んでいる．時間と空間の平行移動対称性を用いれば，(3.88) で示したように，

$$S_{\phi j}(x,y) = \int_{-\infty}^{\infty} d\omega \int \frac{d^3k}{(2\pi)^3} e^{i\boldsymbol{k}(\boldsymbol{x}-\boldsymbol{y})-i\omega(t_x-t_y)} S_{\phi j}(\omega,\boldsymbol{k}), \quad (4.92\text{a})$$

$$S_{j\phi}(y,x) = \int_{-\infty}^{\infty} d\omega \int \frac{d^3k}{(2\pi)^3} e^{i\boldsymbol{k}(\boldsymbol{y}-\boldsymbol{x})-i\omega(t_y-t_x)} S_{j\phi}(\omega,\boldsymbol{k}) \quad (4.92\text{b})$$

が成り立つ. ここに

$$S_{\phi j}(\omega,\boldsymbol{k}) = \sum_{\xi} \langle 0|\phi(0)|\omega,\boldsymbol{k},\xi\rangle\langle\omega,\boldsymbol{k},\xi|j^0(0)|0\rangle, \quad (4.93\text{a})$$

$$S_{j\phi}(\omega,\boldsymbol{k}) = \sum_{\xi} \langle 0|j^0(0)|\omega,\boldsymbol{k},\xi\rangle\langle\omega,\boldsymbol{k},\xi|\phi(0)|0\rangle \quad (4.93\text{b})$$

はスペクトル関数である.

式 (4.90) に, (4.92) を代入して, 以下の条件式が導かれる.

$$\int d^3y \left[S_{\phi j}(x,y) - S_{j\phi}(y,x)\right] = \int_{-\infty}^{\infty} d\omega \, e^{-i\omega(t_x-t_y)} [S_{\phi j}(\omega,0) - S_{j\phi}(\omega,0)]$$
$$= v. \quad (4.94)$$

フーリエ変換して,

$$S_{\phi j}(\omega,0) - S_{j\phi}(\omega,0) = v\delta(\omega) \quad (4.95)$$

という結論を得る. この式の意味するところは, 少なくともスペクトル関数 $S_{\phi j}(\omega,0)$ か $S_{j\phi}(\omega,0)$ のどちらかは, デルタ関数 $\delta(\omega)$ を含むということである. すなわち, 演算子 ϕ によって生成される状態 $|\omega,\boldsymbol{k},\xi\rangle$ が存在して, この状態で $\boldsymbol{k}=0$ とおくと, エネルギー $E=\hbar\omega$ はゼロになる. すなわち, 対称性の自発的破れがあればギャップレス状態が存在する.

5 電磁場の量子化

電磁場にはゲージ対称性の問題がある．その量子化に際してはゲージの固定が必要になる．電磁場と物質の相互作用はミニマル代入法によって決まる．位相対称性が自発的に破れると，ゴールドストーン・ボソンを吸収し，ゲージ場は質量を獲得する．これをアンダーソン–ヒッグス機構とよぶ．

5.1 マックスウェル方程式

4元ポテンシャル A^μ とそれからつくった反対称テンソル
$$F_{\mu\nu} = \partial_\mu A_\nu - \partial_\nu A_\mu \tag{5.1}$$
を導入する．ラグランジアンとして
$$\mathcal{L} = -\frac{1}{4} F_{\mu\nu} F^{\mu\nu} + J_\mu A^\mu \tag{5.2}$$
を考察する．J^μ は外場 (source field) である．オイラー–ラグランジュ方程式は
$$\frac{\delta \mathcal{L}}{\delta A^\mu} = -\partial^\nu F_{\mu\nu} + J_\mu = 0 \tag{5.3}$$
である．

いま，電場 E_k，磁束密度 B_k を
$$B_x = F_{yz}, \quad B_y = F_{zx}, \quad B_z = F_{xy}, \tag{5.4}$$
$$E_k = \partial_k A_0 - \partial_0 A_k = F_{k0}, \tag{5.5}$$
すなわち，
$$\boldsymbol{B} = \boldsymbol{\nabla} \times \boldsymbol{A}, \qquad \boldsymbol{E} = -c^{-1} \partial_t \boldsymbol{A} + \boldsymbol{\nabla} A_0 \tag{5.6}$$
と定義すれば，オイラー–ラグランジュ方程式 (5.3) は
$$\boldsymbol{\nabla} \times \boldsymbol{B} - \frac{1}{c} \frac{\partial \boldsymbol{E}}{\partial t} = \boldsymbol{J}, \qquad \boldsymbol{\nabla} \cdot \boldsymbol{E} = J^0 = c\rho_e \tag{5.7}$$

と書き直せる．ただし，外場として 4 元電流

$$J^\mu = (c\rho_e, \bm{J}) \tag{5.8}$$

を導入した．(5.7) は第二マックスウェル方程式である．反対称テンソル $F_{\mu\nu}$ の定義 (5.1) より恒等式

$$\partial_\mu F_{\nu\sigma} + \partial_\nu F_{\sigma\mu} + \partial_\sigma F_{\mu\nu} = 0 \tag{5.9}$$

が導かれるが，これは第一マックスウェル方程式

$$\bm{\nabla} \times \bm{E} + \frac{1}{c}\frac{\partial \bm{B}}{\partial t} = 0, \qquad \bm{\nabla} \cdot \bm{B} = 0 \tag{5.10}$$

に他ならない[*1]．

ポテンシャル A_μ を独立な場として扱ってきた．しかし，物理的な場は電磁場 $F_{\mu\nu}$ である．そのため，電磁場の正準量子化にはゲージ自由度の問題が発生する．ポテンシャルにゲージ変換

$$A_\mu \longrightarrow A_\mu + \partial_\mu f(x) \tag{5.11}$$

を行っても，$\partial_\mu \partial_\nu f(x) = \partial_\nu \partial_\mu f(x)$ だから，電磁場 $F_{\mu\nu}$ は不変である．ゲージ変換の自由度は物理的自由度ではない．このゲージ自由度に対処するため，ゲージ固定が必要になる．2 通りの代表的なゲージの選び方がある．クーロン・ゲージとローレンツ・ゲージである．

最初にクーロン・ゲージを議論する．ポテンシャル A'_μ をゲージ変換して得られるポテンシャル $A_\mu = A'_\mu + \partial_\mu f(x)$ も同一の電磁場 $F_{\mu\nu}$ を与える．したがって，関数 f を $\partial_k A'_k + \Delta f(x) = 0$ を満たすように選べば，

$$\bm{\nabla} \cdot \bm{A} = 0 \tag{5.12}$$

が成り立つ．これをクーロン・ゲージ条件という．ポテンシャルの時間成分からつくった量

$$\varphi = -cA_0 = cA^0 \tag{5.13}$$

をスカラー・ポテンシャルとよぶ．マックスウェル方程式 (5.7) の 2 番目の式

[*1] 相対論的な場の理論ではゲージ場のラグランジアンとして一般的に (5.2) を採用する．このため，オイラー–ラグランジュ方程式は通常のマックスウェル方程式と異なる．この単位系では，(5.16) で示すように，距離 r だけ離れた電荷 q_1 と q_2 のつくるクーロン・エネルギーは

$$\frac{c^2}{4\pi}\frac{q_1 q_2}{r}$$

である．SI 単位系との関係は 81 ページの研究課題をみよ．

はポアソン (Poisson) 方程式

$$\Delta \varphi = -c^2 \rho_e \tag{5.14}$$

に帰着する．したがって，演算子 Δ のグリーン関数に対する公式

$$\Delta \frac{1}{|\boldsymbol{x} - \boldsymbol{y}|} = -4\pi \delta(\boldsymbol{x} - \boldsymbol{y}) \tag{5.15}$$

を用いて，スカラー・ポテンシャル $\varphi(x)$ は

$$\varphi(x) = -\frac{c^2}{\Delta} \rho_e(x) = \frac{c^2}{4\pi} \int d^3y \, \frac{\rho_e(t, \boldsymbol{y})}{|\boldsymbol{x} - \boldsymbol{y}|} \tag{5.16}$$

のように電荷密度を用いて表される．特に真空中では $\rho_e = 0$ だから，(5.16) より $\varphi = A_0 = 0$ と結論する．したがって，ダイナミカルな変数は 3 つの成分 A_1, A_2, A_3 であるが，1 つの束縛条件 (5.12) があるから，自由度の数は 2 である．この自由度は光の 2 つの偏極を表す．ゲージ自由度が完全に固定されていることがクーロン・ゲージの著しい性質である．

次にローレンツ・ゲージを議論する．これはローレンツ変換し対して不変なゲージである．そこで関数 f を $\partial^\mu A'_\mu + \partial^\mu \partial_\mu f(x) = 0$ を満たすように選ぶ．その結果，ポテンシャル A'_μ をゲージ変換して得られるポテンシャルは

$$\partial^\mu A_\mu = 0 \tag{5.17}$$

を満たす．これはローレンツ・ゲージ条件とよばれる．電磁場の物理的自由度は 2 つであるが，ローレンツ・ゲージではこれが自明ではない．このことは正準量子化を解析する際に詳述する．

5.2 正準量子化

真空中で電磁場の正準量子化を行う．ラグランジアンは

$$\mathcal{L}_{\text{EM}} = -\frac{1}{4} F_{\mu\nu} F^{\mu\nu} \tag{5.18}$$

である．電磁場の自由度は 2 であるにもかかわらず，クーロン・ゲージでは 3 成分 A_i を，また，ローレンツ・ゲージでは 4 成分 A_μ を扱わねばならないので，正準量子化は自明ではない．

5.2.1 クーロン・ゲージ

外部電荷のない場合，クーロン・ゲージ条件

5.2 正準量子化

$$A_0 = 0, \qquad \nabla \cdot \boldsymbol{A} = 0 \tag{5.19}$$

をゲージ・ポテンシャルに演算子条件として課す．運動方程式 (5.3) は

$$\partial^\nu \partial_\nu A_i = 0 \tag{5.20}$$

となる．正準量子化の手続きに従い，正準運動量を

$$\pi_j(x) = \frac{\partial \mathcal{L}(x)}{\partial \dot{A}^j(x)} = \frac{1}{c} F_{0j} = \frac{1}{c^2} \dot{A}_j \tag{5.21}$$

によって導入する．正準交換関係のうち，自明なものは

$$[A_j(t,\boldsymbol{x}), A_k(t,\boldsymbol{y})] = 0, \qquad [\dot{A}_j(t,\boldsymbol{x}), \dot{A}_k(t,\boldsymbol{y})] = 0 \tag{5.22}$$

である．非自明なものに対して，

$$[A_j(t,\boldsymbol{x}), \pi_k(t,\boldsymbol{y})] = c^{-2}[A_j(t,\boldsymbol{x}), \dot{A}_k(t,\boldsymbol{y})] = i\hbar \delta_{jk}\delta(\boldsymbol{x}-\boldsymbol{y}) \tag{5.23}$$

を要請したくなる．しかし，これは (5.19) で与えたゲージ条件 $\nabla \cdot \boldsymbol{A} = 0$ と矛盾する．自由度は 2 つしかないのに，3 つの成分に独立に与えるのは不可能である．ゲージ条件 $\nabla \cdot \boldsymbol{A} = 0$ を満たすように，交換関係 (5.23) を修正する．

$$[A_j(t,\boldsymbol{x}), \dot{A}_k(t,\boldsymbol{y})] = ic^2 \hbar \left(\delta_{jk} - \frac{\partial_j \partial_k}{\Delta} \right) \delta(\boldsymbol{x}-\boldsymbol{y}). \tag{5.24}$$

ここに，$1/\Delta$ は (5.16) で説明しているような積分演算子である．運動量空間では

$$\delta_{ij} - \frac{\partial_i \partial_j}{\Delta} \Longrightarrow \delta_{ij} - \frac{k_i k_j}{\boldsymbol{k}^2} \tag{5.25}$$

という対応がある．

4 次元時空のスカラー積を $kx = -\omega_k t + \boldsymbol{k}\boldsymbol{x}$ と表記し，ポテンシャル A_j を実スカラー場の展開 (3.23a) と同様に平面波展開する．

$$A_j(x) = c \int \frac{d^3k}{\sqrt{(2\pi)^3}} \sqrt{\frac{\hbar}{2\omega_k}} [a_j(\boldsymbol{k})e^{ikx} + a_j^\dagger(\boldsymbol{k})e^{-ikx}]. \tag{5.26}$$

運動方程式 (5.20) に代入して

$$\omega_k = c|\boldsymbol{k}| \tag{5.27}$$

を得る．しかし，今の場合，3 つのポテンシャル A_j は独立でない．これらを 2 つの自由度に帰着させるため，2 つの偏極ベクトル $\boldsymbol{\epsilon}^\lambda(\boldsymbol{k})$ を導入し，

$$a_j(\boldsymbol{k}) = \sum_{\lambda=1}^{2} \epsilon_j^\lambda(\boldsymbol{k}) a_{\boldsymbol{k}}^\lambda \tag{5.28}$$

と表す．以下に示すように，$a_{\boldsymbol{k}}^{\lambda\dagger}$ と $a_{\boldsymbol{k}}^\lambda$ を偏極 $\boldsymbol{\epsilon}^\lambda(\boldsymbol{k})$ の波数ベクトル $\boldsymbol{k}$ の光子

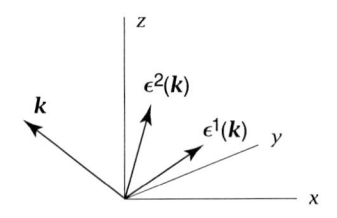

図5.1 波数ベクトル $\boldsymbol{k}$ に垂直な 2 つの偏極ベクトル $\epsilon^1(\boldsymbol{k})$ と $\epsilon^2(\boldsymbol{k})$

を生成消滅する演算子と解釈する [(5.32) を参照].

偏極ベクトルは次のように決まる．ゲージ条件 (5.12) は

$$\boldsymbol{k} \cdot \boldsymbol{\epsilon}^\lambda(\boldsymbol{k}) \equiv k_j \epsilon_j^\lambda(\boldsymbol{k}) = 0 \tag{5.29}$$

となるから，偏極ベクトルは光子の波数ベクトル $\boldsymbol{k}$ に垂直である (図 5.1)．直交条件として

$$\sum_{j=1}^{3} \epsilon_j^\lambda(\boldsymbol{k}) \epsilon_j^{\lambda'}(\boldsymbol{k}) = \delta_{\lambda\lambda'} \tag{5.30}$$

を課す．ゲージ条件 (5.29) と矛盾しない完全性条件は以下である．

$$\sum_{\lambda=1}^{2} \epsilon_j^\lambda(\boldsymbol{k}) \epsilon_k^\lambda(\boldsymbol{k}) = \delta_{jk} - \frac{k_j k_k}{\boldsymbol{k}^2}. \tag{5.31}$$

これら 3 つの条件から 2 つの偏極ベクトルが決まる (直後の研究課題参照).

正準交換関係 (5.24) に展開式 (5.26) を代入すれば，実スカラー場の場合と同様に交換関係

$$[a_{\boldsymbol{k}}^\lambda, a_{\boldsymbol{l}}^{\lambda'\dagger}] = \delta_{\lambda\lambda'} \delta(\boldsymbol{k}-\boldsymbol{l}), \qquad [a_{\boldsymbol{k}}^\lambda, a_{\boldsymbol{l}}^{\lambda'}] = [a_{\boldsymbol{k}}^{\lambda\dagger}, a_{\boldsymbol{l}}^{\lambda'\dagger}] = 0 \tag{5.32}$$

を得る．ゆえに，$a_{\boldsymbol{k}}^{\lambda\dagger}$ と $a_{\boldsymbol{k}}^\lambda$ は偏極 $\epsilon^\lambda(\boldsymbol{k})$ の波数ベクトル $\boldsymbol{k}$ の光子を生成消滅する演算子である．フォック真空は

$$a_{\boldsymbol{k}}^\lambda |0\rangle = 0 \tag{5.33}$$

で定義され，これは光子を全く含まない状態である．

ハミルトニアンはラグランジアン (5.18) から導かれ，

$$\mathcal{H}_{\mathrm{EM}} = \frac{1}{c^2} \dot{A}_k \dot{A}_k - \mathcal{L}_{\mathrm{EM}} = \frac{1}{2} \left(\boldsymbol{E}^2 + \boldsymbol{B}^2 \right) \tag{5.34}$$

となる．ここに展開式 (5.26) を代入して計算すると，クーロン・ゲージでのハミルトニアンとして

$$H_{\text{EM}}^{\text{C}} = \int d^3x \; :\mathcal{H}:$$
$$= \frac{1}{2}\int d^3x \; :\left(\frac{1}{c^2}\dot{\boldsymbol{A}}^2 + (\boldsymbol{\nabla}\times\boldsymbol{A})^2\right): = \frac{1}{2}\int d^3x \; :\left(\frac{1}{c^2}\dot{\boldsymbol{A}}^2 - \boldsymbol{A}\boldsymbol{\nabla}^2\boldsymbol{A}\right):$$
$$= \sum_{\lambda=1}^{2}\int d^3k \; E_{\boldsymbol{k}} a_{\boldsymbol{k}}^{\lambda\dagger} a_{\boldsymbol{k}}^{\lambda} \tag{5.35}$$

を得る.ここに分散関係は

$$E_{\boldsymbol{k}} = \hbar\omega_k = c\hbar|\boldsymbol{k}| \tag{5.36}$$

である.

光子の伝播関数は

$$i\hbar D_{ij}(x-x') = \langle 0|\mathcal{T}[A_i(x)A_j(x')]|0\rangle \tag{5.37}$$

で定義される.3 成分 $A_i(x)$ が独立な場なら,各成分に対してスカラー場の伝播関数 (3.46) が導かれる.しかし,今の場合は,偏極ベクトルに対する完全性条件 (5.31) のために,波数ベクトル空間で

$$D_{jk}(k) = \frac{-c}{k^2 - i\epsilon}\left(\delta_{jk} - \frac{k_j k_k}{\boldsymbol{k}^2}\right) \tag{5.38}$$

を得る.

研究課題:光子が z 軸方向に進行しているとして,**2** つの偏極ベクトルを決めよ.

解説: z 軸方向に進行している光子は波数ベクトル $\boldsymbol{k} = (0,0,k)$ をもつから,これと直交するように,xy 平面内の 2 つの独立な単位ベクトルを選ぶ.

$$\boldsymbol{\epsilon}^1(\boldsymbol{k}) = (1,0,0), \qquad \boldsymbol{\epsilon}^2(\boldsymbol{k}) = (0,1,0) \tag{5.39}$$

これらがさらに直交条件 (5.30) と完全性条件 (5.31) を満たすことは直ちにわかる.

研究課題:光子のスピンの大きさは何か.

解説: 光子の自由度は 2 であるが,これは 2 つの独立な偏極ベクトル (5.39) に対応する.ゲージ・ポテンシャル (5.26) を z の周りに角度 θ 回転してみる.平面波の部分 $e^{\pm ikx}$ は不変である.回転するのは偏極ベクトルだけである.角運動量演算子の z 成分 J_z は z 軸の周りの回転を生成するから,図 5.2 から明らかなように,回転後の偏極ベクトルは

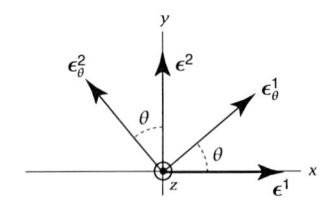

図 5.2 偏極ベクトル ϵ^i と z 軸の周りに角度 θ だけ回転した新しい偏極ベクトル ϵ_θ^i

$$\epsilon_\theta^1 \equiv e^{i\theta J_z/\hbar}\epsilon^1 = \epsilon^1 \cos\theta + \epsilon^2 \sin\theta,$$
$$\epsilon_\theta^2 \equiv e^{i\theta J_z/\hbar}\epsilon^2 = -\epsilon^1 \sin\theta + \epsilon^2 \cos\theta \tag{5.40}$$

で与えられる．次のベクトルを定義する．

$$\epsilon^\pm = \frac{1}{2}(\epsilon^1 \mp i\epsilon^2). \tag{5.41}$$

このベクトルは，(5.40) から直ちに導かれるように，回転で

$$\epsilon_\theta^+ \equiv e^{i\theta J_z/\hbar}\epsilon^+ = e^{i\theta}\epsilon^+, \qquad \epsilon_\theta^- \equiv e^{i\theta J_z/\hbar}\epsilon^- = e^{-i\theta}\epsilon^- \tag{5.42}$$

と変化する．この式から

$$J_z \epsilon^+ = \hbar \epsilon^+, \qquad J_z \epsilon^- = -\hbar \epsilon^- \tag{5.43}$$

となる．したがって，偏極ベクトル $\epsilon^\pm$ は角運動量の固有ベクトルで，固有値は $J_z = \pm\hbar$ である．ゆえに，光子はスピン $\hbar$ をもち，2 つの自由度はスピン成分 $J_z = \pm\hbar$ である．光子にはスピン成分 $J_z = 0$ は存在しない．これは光子が質量をもたず，光子の静止系が存在しないからである．

5.2.2 ファインマン・ゲージ

続いて，ローレンツ・ゲージでの正準量子化を考察する[*1]．相対論的対称性を保ちたいので，4 成分 A_μ を可能な限り平等に扱いたい．しかし，素朴に A_0 の正準運動量を求めると，ラグランジアン (5.18) を用いて，

$$\pi_0(x) = \frac{\partial \mathcal{L}(x)}{\partial \dot{A}^0(x)} = 0 \tag{5.44}$$

となってしまう．そこで，ラグランジアン (5.18) を

$$\mathcal{L}_{\text{EM}} = -\frac{1}{4}F_{\mu\nu}F^{\mu\nu} - \frac{1}{2\xi}\left(\partial^\mu A_\mu\right)^2 \tag{5.45}$$

[*1] 相対論的不変な系では，ローレンツ・ゲージあるいはファインマン・ゲージをとると計算の見通しがよくなる．非可換ゲージ理論の量子化には必須なゲージ条件である．

と変更する．ξ をゲージ・パラメーターという．特に，$\xi = 1$ としたときの表式をファインマン・ゲージにおけるラグランジアンという．運動方程式は

$$\partial^\nu \partial_\nu A_\mu = 0 \tag{5.46}$$

である．変更したラグランジアン (5.45) はローレンツ・ゲージ条件，$\partial^\mu A_\mu = 0$, のもとで元のラグランジアンに戻る．しかし，ゲージ条件を演算子として要請したら，やはり (5.44) が成立してしまうので，しばらくはゲージ条件を無視して論理を進める．以下，$\xi = 1$ とおく．

修正したラグランジアンから正準運動量を求めると，

$$\pi_0(x) = \frac{\partial \mathcal{L}(x)}{\partial \dot{A}^0(x)} = -\frac{1}{c}\partial^\mu A_\mu = \frac{1}{c^2}\dot{A}_0 - \frac{1}{c}\partial_k A_k, \tag{5.47a}$$

$$\pi_i(x) = \frac{\partial \mathcal{L}(x)}{\partial \dot{A}^i(x)} = \frac{1}{c}F_{0i} = \frac{1}{c^2}\dot{A}_i - \frac{1}{c}\partial_i A_0 \tag{5.47b}$$

である．したがって，正準交換関係は問題なく課せる．

$$[A_\mu(t,\bm{x}), \pi_\nu(t,\bm{y})] = i\hbar g_{\mu\nu}\delta(\bm{x}-\bm{y}), \tag{5.48a}$$

$$[A_\mu(t,\bm{x}), A_\nu(t,\bm{y})] = [\pi_\mu(t,\bm{x}), \pi_\nu(t,\bm{y})] = 0. \tag{5.48b}$$

これから次の交換関係が導かれる．

$$[A_\mu(t,\bm{x}), \dot{A}_\nu(t,\bm{y})] = ic^2\hbar g_{\mu\nu}\delta(\bm{x}-\bm{y}), \tag{5.49a}$$

$$[A_\mu(t,\bm{x}), A_\nu(t,\bm{y})] = [\dot{A}_\mu(t,\bm{x}), \dot{A}_\nu(t,\bm{y})] = 0. \tag{5.49b}$$

ここで，$[A_0(t,\bm{x}), \dot{A}_0(t,\bm{y})]$ の符号が通常のスカラー粒子の交換関係 (3.18) の符号と逆になっている点に留意せよ．

実スカラー場の平面波展開 (3.21) と同様の展開を行い，

$$A_\mu(x) = c\int \frac{d^3k}{\sqrt{(2\pi)^3}}\sqrt{\frac{\hbar}{2\omega_k}}[a_\mu(\bm{k})e^{ikx} + a_\mu^\dagger(\bm{k})e^{-ikx}] \tag{5.50}$$

とおけば，交換関係

$$[a_\mu(\bm{k}), a_\nu^\dagger(\bm{l})] = g_{\mu\nu}\delta(\bm{k}-\bm{l}) \tag{5.51}$$

を得る．次に，光子の偏極ベクトル $\epsilon_\mu^\lambda(\bm{k})$ を

$$a_\mu(\bm{k}) = g_{\lambda\lambda'}\epsilon_\mu^\lambda(\bm{k})a_{\bm{k}}^{\lambda'} \tag{5.52}$$

によって導入し，

$$[a_{\bm{k}}^\lambda, a_{\bm{k}'}^{\lambda'\dagger}] = g^{\lambda\lambda'}\delta(\bm{k}-\bm{k}') \tag{5.53}$$

を要請する．クーロン・ゲージでの展開式 (5.26) との違いは，4 つの偏極ベクトル $\epsilon_\mu^\lambda(\boldsymbol{k})$ が必要になる点である．正規直交条件は

$$g^{\mu\nu}\epsilon_\mu^\lambda(\boldsymbol{k})\epsilon_\nu^{\lambda'}(\boldsymbol{k}) = g^{\lambda\lambda'}, \qquad g_{\lambda\lambda'}\epsilon_\mu^\lambda(\boldsymbol{k})\epsilon_\nu^{\lambda'}(\boldsymbol{k}) = g_{\mu\nu} \qquad (5.54\text{a})$$

である．これらは次のように構成される．まず，$\epsilon^1(\boldsymbol{k})$ と $\epsilon^2(\boldsymbol{k})$ を，光子の 4 運動量 $k^\mu = (k^0, \boldsymbol{k})$ に直交するように選ぶ．

$$k^\mu \epsilon_\mu^1(\boldsymbol{k}) = k^\mu \epsilon_\mu^2(\boldsymbol{k}) = 0. \qquad (5.54\text{b})$$

次に，$\epsilon^0(\boldsymbol{k})$ と $\epsilon^3(\boldsymbol{k})$ は

$$k^\mu \epsilon_\mu^0(\boldsymbol{k}) = k^\mu \epsilon_\mu^3(\boldsymbol{k}) \qquad (5.54\text{c})$$

を満たすように選ぶ．このような偏極ベクトルが存在することはすぐ後の研究課題で示す．

展開式をハミルトニアンに代入し

$$H_{\mathrm{EM}}^{\mathrm{L}} = \int d^3 k\, E_{\boldsymbol{k}} \left(\sum_{\lambda=1}^3 a_{\boldsymbol{k}}^{\lambda\dagger} a_{\boldsymbol{k}}^\lambda - a_{\boldsymbol{k}}^{0\dagger} a_{\boldsymbol{k}}^0 \right) \qquad (5.55)$$

を得るが，このハミルトニアンには問題がある．A_0 成分の光子は生成すればするほど系のエネルギーが減少してしまう．この問題は，交換関係

$$[a_{\boldsymbol{k}}^0, a_{\boldsymbol{k}'}^{0\dagger}] = -\delta(\boldsymbol{k} - \boldsymbol{k}') \qquad (5.56)$$

に起因する．さらに，1 個の光子の状態 $|\boldsymbol{k}\rangle = a_{\boldsymbol{k}}^{0\dagger}|0\rangle$ は負ノルムをもつ．

$$\langle \boldsymbol{k} | \boldsymbol{k} \rangle = \langle 0 | a_{\boldsymbol{k}}^0 a_{\boldsymbol{k}}^{0\dagger} | 0 \rangle = -\langle 0 | 0 \rangle + \langle 0 | a_{\boldsymbol{k}}^{0\dagger} a_{\boldsymbol{k}}^0 | 0 \rangle = -1. \qquad (5.57)$$

したがって，これは普通の状態ではない．厳密にいうなら，状態 $a_{\boldsymbol{k}}^{0\dagger}|0\rangle$ はヒルベルト空間の元にはなれない．ヒルベルト空間を拡張したバナッハ空間の元である．

これらの問題は，ローレンツ・ゲージ条件 (5.17) を無視したから起こったのである．ゲージ条件を演算子としては課せないので，このゲージ条件が成立している状態を物理的状態と解釈する．すなわち，$\partial^\mu A_\mu(x)$ の正振動数成分が物理的状態 $|\text{phys}\rangle$ を消滅する，という条件

$$\partial^\mu A_\mu^{(+)}(x)|\text{phys}\rangle \equiv ic \int \frac{d^3k}{\sqrt{(2\pi)^3}} \sqrt{\frac{\hbar}{2\omega_k}} g_{\lambda\lambda'} k^\mu \epsilon_\mu^{\lambda'}(\boldsymbol{k}) a_{\boldsymbol{k}}^\lambda e^{ikx}|\text{phys}\rangle = 0 \qquad (5.58)$$

を要請する．これをグプタ–ブロイラー (Gupta–Bleuler) 条件という．これが成り立てば，物理的状態のつくるヒルベルト空間で $\langle \text{phys}' | \partial^\mu A_\mu(x) | \text{phys} \rangle = 0$

となるから，ローレンツ・ゲージ条件 (5.17) が満たされていることになる．さて，条件 (5.58) が運動量 $\boldsymbol{k}$ の任意の状態に対して成立するための条件は

$$g_{\lambda\lambda'} k^\mu \epsilon_\mu^\lambda(\boldsymbol{k}) a_{\boldsymbol{k}}^{\lambda'} |\text{phys}\rangle = 0 \tag{5.59}$$

である．これは横波条件 (5.54b) から

$$k^\mu \left[\epsilon_\mu^0(\boldsymbol{k}) a_{\boldsymbol{k}}^0 - \epsilon_\mu^3(\boldsymbol{k}) a_{\boldsymbol{k}}^3 \right] |\text{phys}\rangle = 0 \tag{5.60}$$

となる．次に，条件 (5.54c) を用いて

$$\left(a_{\boldsymbol{k}}^0 - a_{\boldsymbol{k}}^3 \right) |\text{phys}\rangle = 0 \tag{5.61}$$

を得る．したがって，

$$\langle \text{phys}' | \left(a_{\boldsymbol{k}}^{3\dagger} a_{\boldsymbol{k}}^3 - a_{\boldsymbol{k}}^{0\dagger} a_{\boldsymbol{k}}^0 \right) |\text{phys}\rangle = \langle \text{phys}' | \left(a_{\boldsymbol{k}}^{0\dagger} a_{\boldsymbol{k}}^0 - a_{\boldsymbol{k}}^{0\dagger} a_{\boldsymbol{k}}^0 \right) |\text{phys}\rangle = 0 \tag{5.62}$$

となるので，ハミルトニアンに対して

$$\langle \text{phys}' | H_{\text{EM}}^{\text{L}} |\text{phys}\rangle = \langle \text{phys}' | H_{\text{EM}}^{\text{C}} |\text{phys}\rangle \tag{5.63}$$

が成り立つ．すなわち，物理的状態のつくるヒルベルト空間では，クーロン・ゲージとローレンツ・ゲージでのハミルトニアンは一致するのである．

光子の伝播関数は

$$i\hbar D_{\mu\nu}(x - x') = \langle 0 | \mathcal{T} \left[A_\mu(x) A_\nu(x') \right] | 0 \rangle \tag{5.64}$$

で定義される．展開式 (5.50) を代入し，スカラー場の場合と同様な計算を行うと，(3.46) に対応して，波数ベクトル空間で

$$D_{\mu\nu}(k) = \frac{-1}{k^2 - i\epsilon} g_{\mu\nu} \tag{5.65}$$

を得る．空間成分に対しては質量ゼロのスカラー粒子の伝播関数と一致する．光子の運動方程式 (5.46) は，質量ゼロのスカラー粒子の運動方程式 (3.9) と一致するのだから，グリーン関数が一致するのは当然である．一方，時間成分に対しては符号が逆であり，非物理的状態の伝播関数であることを示している．

> 研究課題：z 軸方向に進行している光子に対して偏極ベクトルを決めよ．

解説：光子の進行方向が z 軸なら，4 元ベクトルは $k^\mu = (k, 0, 0, k)$ である．このとき，条件 (5.54) を満たす 4 つの偏極ベクトルは

$$\epsilon_\mu^0 = (1, 0, 0, 0), \quad \epsilon_\mu^1 = (0, 1, 0, 0), \quad \epsilon_\mu^2 = (0, 0, 1, 0), \quad \epsilon_\mu^3 = (0, 0, 0, 1) \tag{5.66}$$

で与えられる．なお，条件 (5.54) は，このローレンツ座標系で成り立つので，任意のローレンツ座標系でも成り立つ．

5.3 物質場との相互作用

電磁場と物質場との相互作用を解析する．まず，非相対論的場を扱う．外場として電磁場が存在した場合のハミルトニアンはすでに調べたように (2.64) で与えられる．すなわち，

$$P_k = -i\hbar\partial_k + eA_k \tag{5.67}$$

として，

$$\mathcal{H}_{\text{matter}} + \mathcal{H}_{\text{I}} = \frac{1}{2m}\phi^\dagger(x)\boldsymbol{P}^2\phi(x) + V(\phi^\dagger\phi) \tag{5.68}$$

である．電磁場のハミルトニアン (5.34) を加えて，全体では

$$\mathcal{H} = \mathcal{H}_{\text{EM}} + \mathcal{H}_{\text{matter}} + \mathcal{H}_{\text{I}} \tag{5.69}$$

となるはずである．このハミルトニアンを導くラグランジアンは

$$\begin{aligned}\mathcal{L}_{\text{matter}} + \mathcal{L}_{\text{I}} =& \frac{i}{2}\left(\phi^\dagger\left(\hbar\partial_t + iceA_0\right)\phi - \left(\hbar\partial_t - iceA_0\right)\phi^\dagger\cdot\phi\right)\\ & - \frac{1}{2m}\left(\hbar\partial_k - ieA_k\right)\phi^\dagger\left(\hbar\partial_k + ieA_k\right)\phi - V(\phi^\dagger\phi)\end{aligned} \tag{5.70}$$

として，$\mathcal{L} = \mathcal{L}_{\text{EM}} + \mathcal{L}_{\text{matter}} + \mathcal{L}_{\text{I}}$ である．

このラグランジアンの特徴は，物質場 ϕ とゲージ・ポテンシャル A_μ を同時に次のように変換しても不変なことである．

$$\phi(x) \to e^{if(x)}\phi(x), \tag{5.71a}$$

$$A_\mu(x) \to A_\mu(x) - \frac{\hbar}{e}\partial_\mu f(x). \tag{5.71b}$$

位相変換 (5.71a) もあわせて，この変換をゲージ変換という．

位相変換 (5.71a) を行うと，$\partial_\mu\phi$ は

$$\partial_\mu\phi \longrightarrow \partial_\mu(e^{if}\phi) = e^{if}(\partial_\mu\phi + i\phi\partial_\mu f) \tag{5.72}$$

のように複雑な変換をする．そこで，

$$D_\mu \equiv \partial_\mu + i\frac{e}{\hbar}A_\mu \tag{5.73}$$

という演算子を導入する．ゲージ変換 (5.71) のもとで，$D_\mu\phi$ は単純に変換する．

$$D_\mu\phi \longrightarrow D_\mu(e^{if}\phi) = e^{if}D_\mu\phi. \tag{5.74}$$

5.3 物質場との相互作用

これは単なる位相変換だから，$(D_\mu \phi)^\dagger (D_\mu \phi)$ は不変である．

$$(D_\mu \phi)^\dagger (D_\mu \phi) \longrightarrow (D_\mu \phi)^\dagger (D_\mu \phi). \tag{5.75}$$

そこで，D_μ を共変微分，$P_\mu = -i\hbar D_\mu$ を共変運動量という．

以上をまとめると，物質場のラグランジアンで，正準運動量 p_μ を共変運動量 P_μ で置き換えると，すなわち，

$$p_\mu = -i\hbar \partial_\mu \quad \longrightarrow \quad P_\mu = -i\hbar D_\mu = -i\hbar \partial_\mu + eA_\mu \tag{5.76}$$

でゲージ不変なラグランジアン (5.70) が得られることになる．この置き換えをミニマル代入 (minimal substitution) という．物質場が複素場なら，この操作は常に可能である．このタイプの電磁的相互作用をミニマル相互作用 (minimal interaction) という．

次に，複素クライン–ゴルドン場を扱う．ラグランジアンは

$$\mathcal{L}_{\text{matter}} = -(\partial^\mu \phi^\dagger)(\partial_\mu \phi) - V(\phi^\dagger \phi) \tag{5.77}$$

であるから，ミニマル代入 (5.76) を行い，

$$\mathcal{L}_{\text{matter}} + \mathcal{L}_{\text{I}} = -\left(\partial^\mu - i\frac{e}{\hbar} A^\mu\right)\phi^\dagger \left(\partial_\mu + i\frac{e}{\hbar} A_\mu\right)\phi - V(\phi^\dagger \phi) \tag{5.78}$$

を得る．ここに

$$\mathcal{L}_{\text{I}} = i\frac{e}{\hbar} A_\mu \phi^\dagger \overset{\leftrightarrow}{\partial}_\mu \phi - \frac{e^2}{\hbar^2} A^\mu A_\mu \phi^\dagger \phi \tag{5.79}$$

である．これが電磁場と相互作用している複素クライン–ゴルドン場のラグランジアンである．全体では $\mathcal{L} = \mathcal{L}_{\text{EM}} + \mathcal{L}_{\text{matter}} + \mathcal{L}_{\text{I}}$ となる．

オイラー–ラグランジュ方程式 $\partial \mathcal{L}/\partial A^\mu = 0$ より

$$\frac{\partial \mathcal{L}_{\text{EM}}}{\partial A^\mu} = -\frac{\partial \mathcal{L}_{\text{I}}}{\partial A^\mu} \equiv -J_\mu \tag{5.80}$$

を得るが，これはマックスウェル方程式 (5.3) に他ならない．この 4 元電流は保存則

$$\partial^\mu J_\mu = \partial_t \rho_e + \boldsymbol{\nabla} \cdot \boldsymbol{J} = 0 \tag{5.81}$$

を満たす．

> 研究課題：非相対論的場の模型および複素スカラー場模型に対して 4 元電流を具体的に求めよ．

解説： 非相対論的場の模型に対して，(5.70) を用いて (5.80) を計算し，4 元電流 $J^\mu = (C\rho_e, J_k)$ は

$$\rho_e = -e\phi^\dagger \phi, \qquad J_k = -\frac{e\hbar}{2mi}\left\{\phi^\dagger(D_k\phi) - (D_k\phi)^\dagger\phi\right\} \tag{5.82}$$

となる．4元電流 (5.82) は，これは電磁場のないときのネーター・カレント (3.110) で，微分 ∂_μ を共変微分 D_μ で置換し，電荷 $-e$ をかけたものに等しい．一方，複素クライン–ゴルドン場模型に対しては，(5.79) を用いて (5.80) を計算し，

$$J_\mu = -\frac{e}{i\hbar}\phi^\dagger \overleftrightarrow{\partial}_\mu \phi - 2\frac{e^2}{\hbar^2}A_\mu \phi^\dagger \phi = -\frac{e}{i\hbar}\left\{\phi^\dagger D_\mu \phi - (D_\mu \phi)^\dagger \phi\right\} \tag{5.83}$$

を得る．これも電磁場のないときのネーター・カレント (3.109) で，微分 ∂_μ を共変微分 D_μ で置換し，電荷 $-e$ をかけたものに等しい．

5.4　アンダーソン–ヒッグス機構

電磁場には質量がない．これはゲージ対称性と深く関係している．ゲージ変換の一部は位相変換 (5.71a) であるが，位相変換による不変性はヒッグス・ポテンシャルの導入で自発的に壊れることを論じた．この系に電磁場が結合しているときに何が起こるかは重要な課題である．

まず，電磁場を導入した複素クライン–ゴルドン模型を考察する．全系のラグランジアンは

$$\begin{aligned}\mathcal{L} = &-\frac{1}{4}F_{\mu\nu}F^{\mu\nu} - \left(\partial^\mu - i\frac{e}{\hbar}A^\mu\right)\phi^\dagger \left(\partial_\mu + i\frac{e}{\hbar}A_\mu\right)\phi \\ &+ \gamma \phi^\dagger \phi - \frac{g}{2}(\phi^\dagger \phi)^2\end{aligned} \tag{5.84}$$

である．ここで，$\gamma > 0$, $g > 0$ とする．古典的真空は古典的ハミルトニアンを最小にする配位であり，1つの自明な配位は

$$\phi(x) = v \equiv \sqrt{\gamma/g}, \qquad A_\mu(x) = 0 \tag{5.85}$$

である．これを任意の関数 $f(x)$ を用いてゲージ変換した無数の配位

$$\phi(x) = ve^{if(x)}, \qquad A_\mu(x) = -\frac{\hbar}{e}\partial_\mu f(x) \tag{5.86}$$

も古典的真空である．非相対論的場の模型に関しては 5.6 節をみよ．

自明な古典的真空 (5.85) の周りの小さな揺らぎに対して正準量子化を適用する．複素場 $\phi(x)$ の代わりに，次の式で2つの実場 $\eta(x)$ と $\chi(x)$ を導入し，また，ポテンシャル A_μ から新しい場 U_μ に変換する．

5.4 アンダーソン–ヒッグス機構

$$\phi(x) = e^{i\chi(x)}(v + \eta(x)), \tag{5.87a}$$

$$A_\mu(x) = U_\mu(x) - \frac{\hbar}{e}\partial_\mu \chi(x). \tag{5.87b}$$

ラグランジアンに代入すれば直ちにわかるように,位相場 $\chi(x)$ はラグランジアンから消えてしまう.これを演算子ゲージ変換という.物質場の運動エネルギー部分は

$$\left(\partial^\mu - i\frac{e}{\hbar}A^\mu\right)\phi^\dagger \left(\partial_\mu + i\frac{e}{\hbar}A_\mu\right)\phi$$
$$= \left(\partial^\mu \eta - i\frac{e}{\hbar}(v+\eta)U^\mu\right)\left(\partial_\mu \eta + i\frac{e}{\hbar}(v+\eta)U_\mu\right) \tag{5.88}$$

となる.場 $\eta(x)$ と U^μ を小さな揺らぎと考え,これらの自由場部分 $\mathcal{L}_{\text{free}}$ と相互作用部分 $\mathcal{L}_{\text{int}}$ に分解する.自由場部分は,$G^{\mu\nu} = \partial^\mu U^\nu - \partial^\nu U^\mu$ とおいて,

$$\mathcal{L}_{\text{free}} = -\frac{1}{4}G^{\mu\nu}G_{\mu\nu} - \frac{e^2 v^2}{\hbar^2}U^\mu U_\mu - (\partial^\mu \eta)(\partial_\mu \eta) - 2\gamma\eta^2 \tag{5.89}$$

である.相互作用部分は場 $\eta(x)$ と U^μ の 3 次以上の項を含む.

ローレンツ・ゲージ (5.17) を採用すると

$$\partial^\mu A_\mu = \partial^\mu U_\mu - \frac{\hbar}{e}\partial^\mu \partial_\mu \chi = 0 \tag{5.90}$$

である.ゴールドストーン場 $\chi(x)$ は,ラグランジアン (5.89) に現れていないので,自由場の方程式 $\partial^\mu \partial_\mu \chi = 0$ を満たす.オイラー–ラグランジュ方程式は,場 $\eta(x)$ と U^μ の 1 次まで明示的に書いて,

$$\partial^\nu \partial_\nu U_\mu - \frac{m_A^2 c^2}{\hbar^2}U_\mu + \cdots = 0, \tag{5.91a}$$

$$\partial^\nu \partial_\nu \eta - \frac{m_\phi^2 c^2}{\hbar^2}\eta + \cdots = 0 \tag{5.91b}$$

となる.ここで,$m_A \equiv \sqrt{2}ev/c$,および,$m_\eta \equiv \sqrt{2\gamma}\hbar/c$ であるが,これらはベクトル場 U_ν およびスカラー場 η の質量である.次の式で定義されるパラメーター ξ と λ はコヒーレンス長と進入長とよばれる.

$$\xi = \frac{\hbar}{c}\frac{1}{m_\eta}, \qquad \lambda = \frac{\hbar}{c}\frac{1}{m_A}. \tag{5.92}$$

コヒーレンス長 ξ に関しては (4.20) を,進入長 λ に関しては (5.121) を参照されたい.

本節で解説したことは,ゲージ対称性のある系でもゲージ場は質量をもてる,ということである.「ボース凝縮はゴールドストーン場を生成し,ゲージ場はこれを吸収し質量を獲得する」といえる.これをアンダーソン–ヒッグス機構と

いう．

> 研究課題：電磁場を導入した複素クライン–ゴルドン模型 (5.84) において，自発的対称性の破れがある場合とない場合で場の自由度の比較を行え．

解説：系に存在する場の自由度を数えてみる．まず，ラグランジアン (5.84) でパラメーター $\gamma < 0$ のときの自由度を数える．このとき，複素クライン–ゴルドン場は 2 つの質量のある実場からなり，電磁場は 2 つの質量のない光子場からなる．あわせて，自由度は 4 である．パラメーター $\gamma > 0$ のときには，ボース凝縮が起こり，複素クライン–ゴルドン場は 1 つの質量のあるヒッグス場とゴールドストーン場に分かれる．しかし，ゴールドストーン場は演算子ゲージ変換で消去されてしまっている．したがって，自由度の保存から，質量のあるベクトル場の自由度は 3 である，と推測できる．このことは次節で議論する．

5.5 質量のあるベクトル場 (プロカ場)

ラグランジアン (5.89) から場 U_μ の自由場部分を取り出すと，

$$\mathcal{L} = -\frac{1}{4} G^{\mu\nu} G_{\mu\nu} - \frac{m_A^2 c^2}{2\hbar^2} U^\mu U_\mu \tag{5.93}$$

である．このラグランジアンで記述される系を解析する．オイラー–ラグランジュ方程式は

$$\partial^\nu G_{\mu\nu} + \frac{m_A^2 c^2}{\hbar^2} U_\mu = 0 \tag{5.94}$$

であるが，これはプロカ (Proca) 方程式といわれる．また，質量のあるベクトル場はプロカ場ともいわれる．この式の微分をとり (∂^μ)，束縛条件

$$\partial^\mu U_\mu = 0 \tag{5.95}$$

を得る．これをプロカ方程式 (5.94) に用いると

$$\partial^\nu \partial_\nu U_\mu - \frac{m_A^2 c^2}{\hbar^2} U_\mu = 0 \tag{5.96}$$

となる．これは U_μ が質量 m_A のクライン–ゴルドン場であることを示している．

ラグランジアン (5.93) は質量項をもつため，ゲージ変換の自由度はない．すなわち，$U_\mu(x) \to U_\mu(x) - \frac{\hbar}{e} \partial_\mu \chi(x)$ という変換でラグランジアンは不変でない．ゆえに，プロカ系はゲージ理論ではない．束縛条件 (5.95) はローレンツ・ゲージ条件 (5.17) に似ているが，これはゲージ条件ではない．ゲージ自由度の

問題がないから，正準量子化に問題はない．場の成分 U_k を正準変数として，共役運動量を求めると

$$\pi_k(x) = \frac{\delta \mathcal{L}(x)}{\delta \dot{U}^k(x)} = \frac{1}{c} G_{0k} \tag{5.97}$$

である．一方，成分 U_0 とその時間微分 $\dot{U}_0$ は，クライン–ゴルドン方程式 (5.96) を用いて

$$U_0 = \frac{\hbar^2}{m_A^2 c^2} \partial^\mu \partial_\mu U_0 = -\frac{\hbar^2}{m_A^2 c^2} \partial_k G_{0k} = -\frac{\hbar^2}{m_A^2 c} \partial_k \pi_k \tag{5.98}$$

と決まり，束縛条件 (5.95) を用いて

$$\dot{U}_0 = c \partial_k U_k \tag{5.99}$$

と決まるので，独立な自由度ではない．

非自明な正準交換関係は

$$[U_j(t,\boldsymbol{x}), \pi_k(t,\boldsymbol{y})] = i\hbar \delta_{jk} \delta(\boldsymbol{x}-\boldsymbol{y}) \tag{5.100}$$

である．これは束縛条件 (5.95) を満たす同値な交換関係

$$[U_\mu(t,\boldsymbol{x}), \dot{U}_\nu(t,\boldsymbol{y})] = i\hbar c^2 \left(g_{\mu\nu} - \frac{\hbar^2}{m_A^2 c^2} \partial_\mu \partial_\nu\right) \delta(\boldsymbol{x}-\boldsymbol{y}) \tag{5.101}$$

に書き直せる．

プロカ場は 3 つの自由度をもっているので，3 つの偏極ベクトル $\epsilon_\mu^\lambda(\boldsymbol{k})$ を導入して，平面波展開は

$$U_\mu(x) = c \int \frac{d^3 k}{\sqrt{(2\pi)^3}} \sqrt{\frac{\hbar}{2\omega_k}} \sum_{\lambda=1}^{3} \epsilon_\mu^\lambda(\boldsymbol{k}) \left(a_{\boldsymbol{k}}^\lambda e^{ikx} + a_{\boldsymbol{k}}^{\lambda\dagger} e^{-ikx}\right) \tag{5.102}$$

となる．ここに，$\omega_k = c\sqrt{\boldsymbol{k}^2 + m_A^2 c^2/\hbar^2}$ である．偏極ベクトルに対して，束縛条件 (5.95) は

$$k^\mu \epsilon_\mu^\lambda(\boldsymbol{k}) = 0 \tag{5.103}$$

となる．正規直交条件は

$$g^{\mu\nu} \epsilon_\mu^\lambda(\boldsymbol{k}) \epsilon_\nu^{\lambda'}(\boldsymbol{k}) = \delta^{\lambda\lambda'} \tag{5.104}$$

であり，完全性条件は

$$\sum_{\lambda=1}^{3} \epsilon_\mu^\lambda(\boldsymbol{k}) \epsilon_\nu^\lambda(\boldsymbol{k}) = g_{\mu\nu} + \frac{\hbar^2}{m_A^2 c^2} k_\mu k_\nu \tag{5.105}$$

である．これらの偏極ベクトルの性質を用いて，生成消滅演算子の交換関係

$$[a_{\boldsymbol{k}}^\lambda, a_{\boldsymbol{l}}^{\lambda'\dagger}] = \delta^{\lambda\lambda'} \delta(\boldsymbol{k}-\boldsymbol{l}), \qquad [a_{\boldsymbol{k}}^\lambda, a_{\boldsymbol{l}}^{\lambda'}] = [a_{\boldsymbol{k}}^{\lambda\dagger}, a_{\boldsymbol{l}}^{\lambda'\dagger}] = 0 \tag{5.106}$$

が光子の場合と同様に導かれる.

> 研究課題：ベクトル粒子が z 軸方向に進行しているとして，**3 つの偏極ベクトル**を決めよ.

解説： ベクトル粒子が z 軸方向に運動しているローレンツ座標を採れば，$k^\mu = (\omega_k/c, 0, 0, k)$ である．偏極ベクトルとして
$$\epsilon^1_\mu = (0,1,0,0), \quad \epsilon^2_\mu = (0,0,1,0), \quad \epsilon^3_\mu = \frac{\hbar}{m_A c}\left(-k, 0, 0, \frac{\omega_k}{c}\right) \quad (5.107)$$
を選べば，偏極ベクトルに要求されるすべての条件を満たしている．なお，3 つの独立な偏極の自由度はスピン $\hbar$ の粒子であることを意味する．実際，光子の場合と同様に，偏極ベクトル (5.41) はスピン成分 $J_z = \pm\hbar$ をもつ．また，偏極ベクトル ϵ^3_μ は z 軸の周りの回転で不変だから，固有値 $J_z = 0$ をもつ．

5.6 超　伝　導

アンダーソン–ヒッグス機構の一番よい例は超伝導である．10.3 節で説明するように，静電力による格子の歪みにより電子間にフォノン媒介引力が発生する．電子の電荷は背景電荷で遮蔽されるので，このフォノン媒介引力がクーロン反発力より大きくなりうる．この引力は，(10.69) で導くように，単純化して電子間の接触相互作用と見なせる．

上向きスピン電子場を $\psi_\uparrow(\boldsymbol{x})$，下向きスピン電子場を $\psi_\downarrow(\boldsymbol{x})$ と書けば，ハミルトニアンは
$$\begin{aligned}\mathcal{H}(\boldsymbol{x}) =& \frac{\hbar^2}{2m}\boldsymbol{\nabla}\psi^\dagger_\uparrow(\boldsymbol{x})\boldsymbol{\nabla}\psi_\uparrow(\boldsymbol{x}) + \frac{\hbar^2}{2m}\boldsymbol{\nabla}\psi^\dagger_\downarrow(\boldsymbol{x})\boldsymbol{\nabla}\psi_\downarrow(\boldsymbol{x}) \\ &- g\psi^\dagger_\downarrow(\boldsymbol{x})\psi^\dagger_\uparrow(\boldsymbol{x})\psi_\uparrow(\boldsymbol{x})\psi_\downarrow(\boldsymbol{x})\end{aligned} \quad (5.108)$$
で近似できる．電子間に引力が働くとしてパラメーターは $g > 0$ とする．引力により電子対が生成され，これはボース場
$$\phi(\boldsymbol{x}) = g\psi_\uparrow(\boldsymbol{x})\psi_\downarrow(\boldsymbol{x}) \quad (5.109)$$
で記述できる．この電子対はクーパー (Cooper) 対とよばれる．ハミルトニアンのポテンシャルは $-g^{-1}|\phi(\boldsymbol{x})|^2$ となるので，$|\phi(\boldsymbol{x})|$ の値が大きいほど基底状態のエネルギーは低くなる．ただし，単位体積当たりの電子数は有限だから，この値が無限に大きくなることはない．その結果，クーパー対がボース凝縮し，

5.6 超伝導

基底状態は $\langle 0|\phi(\boldsymbol{x})|0\rangle \neq 0$ で特徴づけられるはずである．この機構で実現する超伝導を BCS(Bardeen–Cooper–Schrieffer) 超伝導という．

超伝導を実現する模型として，ギンズブルグ (Ginzburg) とランダウ (Landau) はラグランジアン

$$\mathcal{L} = \mathcal{L}_{\rm EM} + \frac{i}{2}\left\{\phi^\dagger\left(\hbar\partial_t - icqA_0\right)\phi - \left(\hbar\partial_t + icqA_0\right)\phi^\dagger \cdot \phi\right\}$$
$$- \frac{1}{2M}\left(\hbar\partial_k + iqA_k\right)\phi^\dagger\left(\hbar\partial_k - iqA_k\right)\phi - \frac{g}{2}\left(\phi^\dagger\phi - v^2\right)^2 \quad (5.110)$$

を提唱した．ここに，ϕ はクーパー対を表すので，質量は $M = 2m$，電荷は $q = -2e$ である．なお，微視的ハミルトニアン (5.108) から電磁場を導入する前のギンズブルグ–ランダウ模型 (5.110) を 12.5 節で導く．

ハミルトニアンは SI 単位系で

$$\mathcal{H} = \frac{\varepsilon}{2}\boldsymbol{E}^2 + \frac{1}{2\mu_0}\boldsymbol{B}^2 + \frac{1}{2M}\left(\hbar\partial_k + iqA_k\right)\phi^\dagger\left(\hbar\partial_k - iqA_k\right)\phi$$
$$+ \frac{g}{2}\left(\phi^\dagger\phi - v^2\right)^2 - cqA_0\phi^\dagger\phi \quad (5.111)$$

である．透磁率 μ_0 と誘電率 ε を時空点によらない定数として，マックスウェル方程式は

$$\frac{1}{\mu_0}\boldsymbol{\nabla}\times\boldsymbol{B} - \varepsilon\partial_t\boldsymbol{E} = \boldsymbol{J}, \qquad \varepsilon\boldsymbol{\nabla}\boldsymbol{E} = \rho_e \quad (5.112)$$

および

$$\boldsymbol{B} = \boldsymbol{\nabla}\times\boldsymbol{A}, \qquad \boldsymbol{E} = -\partial_t\boldsymbol{A} + c\boldsymbol{\nabla}A_0 \quad (5.113)$$

であり，$\varphi = -cA_0$ はスカラー・ポテンシャルである．電荷 ρ_e と電流 $\boldsymbol{J}$ は

$$\rho_e \equiv \frac{\delta\mathcal{L}_I}{c\delta A_0} = q\phi^\dagger\phi, \quad (5.114)$$

$$J_k \equiv \frac{\delta\mathcal{L}_I}{\delta A^k} = \frac{q\hbar}{2Mi}\left\{\phi^\dagger(D_k\phi) - (D_k\phi)^\dagger\phi\right\}$$
$$= \frac{q\hbar}{2Mi}\left\{\phi^\dagger\partial_k\phi - (\partial_k\phi)^\dagger\phi\right\} - \frac{q^2}{M}\phi^\dagger\phi A_k \quad (5.115)$$

で与えられる．

> **研究課題**：**SI** 単位系での電磁場のハミルトニアン **(5.111)** と，**5.1** 節で導入したハミルトニアン **(5.2)** との関係を論じよ．

解説：SI 単位系での物理量を E や B と書き，

$$E = \frac{1}{\sqrt{\varepsilon}}\tilde{E}, \qquad B = \sqrt{\mu_0}\tilde{B}, \qquad q = c\sqrt{\varepsilon}\tilde{q}, \qquad A_\mu = \sqrt{\mu_0}\tilde{A}_\mu \quad (5.116)$$

とおけば，真空中で成り立つ関係式 $\varepsilon\mu_0 c^2 = 1$ を用いて，$\tilde{E}$ や $\tilde{B}$ は 5.1 節で用いた単位系での物理量になる．特に，$qA_\mu = \tilde{q}\tilde{A}_\mu$ が成り立つので，ラグランジアンにおける電磁場と物質場の相互作用の形は両単位系で同一である．また，距離 r だけ離れた電荷 q_1 と q_2 のつくるクーロン・エネルギーは，SI 単位系では，

$$\frac{1}{4\pi\varepsilon}\frac{q_1 q_2}{r} \tag{5.117}$$

となる．28 ページの研究課題を参照して，エネルギーの次元が ML^2T^{-2} だから，$[e^2/\varepsilon] = ML^3T^{-2}$ である．

5.6.1 超 電 流

超伝導はクーパー対のボース凝縮系である．以下，古典場を用いて，ボース凝縮体中の電磁場の性質を議論する．基底状態は

$$\phi = v, \quad \boldsymbol{A} = 0, \quad A_0 = 0 \tag{5.118}$$

で与えられる．

クーパー対場が場所に依存する位相をもつ状態

$$\phi(\boldsymbol{x}) = v e^{i\chi(\boldsymbol{x})}, \quad \boldsymbol{A} = 0, \quad A_0 = 0 \tag{5.119}$$

を考える．これは超流動の場合の (4.73) に対応する．この状態のエネルギーは

$$\mathcal{H} = \frac{\hbar^2 v^2}{2M}(\boldsymbol{\nabla}\chi)^2 \tag{5.120}$$

である．このエネルギーを下げるために，位相カレント (5.115) が流れる．その値は

$$\lambda = \frac{1}{|q|v}\sqrt{\frac{M}{\mu_0}} \tag{5.121}$$

とおいて，

$$\boldsymbol{J}(\boldsymbol{x}) = -\frac{\hbar}{\lambda^2 |q|\mu_0}\boldsymbol{\nabla}\chi(\boldsymbol{x}) \tag{5.122}$$

である．これは超流動の場合の (4.74) に対応する．電場が存在しない場合 ($\boldsymbol{E} = 0$) でも電流は流れる．駆動力は電場ではなく，クーパー対場 $\phi(\boldsymbol{x})$ の位相の場所依存性である．オームの法則 ($\boldsymbol{E} = R\boldsymbol{J}$) から，$R = 0$ が帰結される．さらに，この系に現れる場はすべて質量をもっており，エネルギー分散にはギャップが存在する．これらの理由から，位相電流 (5.122) は超電流である．

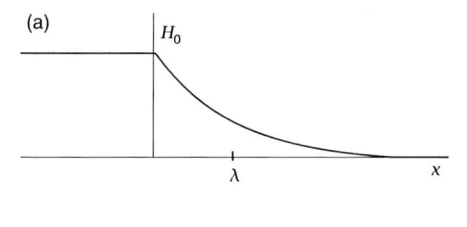

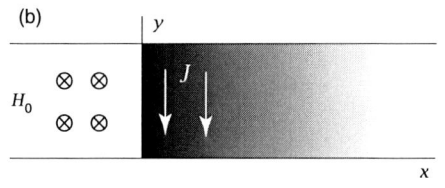

図 5.3
(a) 超伝導体に進入する磁場．磁場は進入長 λ の程度しか入り込めない．(b) 進入長領域に流れる超伝導と磁場の遮蔽．

次に，静的な磁場を基底状態 (5.118) にかけ，配位

$$\phi = v, \qquad \partial_t \boldsymbol{A}(\boldsymbol{x}) = 0, \qquad A_0 = 0 \tag{5.123}$$

をつくる．この系のエネルギーは

$$\mathcal{H} = \frac{1}{2\mu_0} \left(\boldsymbol{B}^2 + \lambda^{-2} \boldsymbol{A}^2 \right) \tag{5.124}$$

である．電流 (5.115) は

$$\boldsymbol{J}(\boldsymbol{x}) = -\frac{1}{\lambda^2 \mu_0} \boldsymbol{A}(\boldsymbol{x}) \tag{5.125}$$

となる．これはロンドン (London) 方程式といわれる．これも超電流である．

5.6.2 マイスナー効果

z 軸方向にかかっている磁場の中に超伝導体をおく．磁場は

$$B_z = -B_0, \qquad B_x = B_y = 0 \tag{5.126}$$

とする．超伝導体は xy 平面の $x > 0$ の部分のみに在る，とする．磁場が超伝導体にどれだけ進入できるか調べる（図 5.3）．境界条件 (5.126) を超伝導の端点 $x = 0$ で付けて，ハミルトニアン (5.111) を最小化する．超伝導体の中では $\phi = v$, $\boldsymbol{E} = 0$ とおいてよい．ロンドン方程式 (5.125) とマクスウェル方程式 (5.112) から

$$\nabla^2 \boldsymbol{A} = \lambda^{-2} \boldsymbol{A}, \tag{5.127}$$

すなわち,

$$\nabla^2 \boldsymbol{B} = \lambda^{-2} \boldsymbol{B} \tag{5.128}$$

を得る.これを解いて,超伝導体中 $(x \geq 0)$ で,

$$B_z(x) = -B_0 e^{-x/\lambda} \tag{5.129}$$

を得る.したがって,磁場は超伝導体中に進入長 λ の程度だけ進入する.この効果はマイスナー (Meissner) 効果とよばれる.電流は (5.112) から

$$J_x = J_z = 0, \qquad J_y = -\frac{B}{\lambda \mu_0} e^{-x/\lambda} \tag{5.130}$$

と求まる.これは超伝導体の端から進入長 λ の程度だけの帯状態を y 軸方向に流れる超伝導を表す.

マイスナー効果が起こるのは超伝導体に光子が進入すると質量を獲得するからである.そして,磁場を排除するために超電流が流れている.

6 ディラック場

　超高速で運動している電子は相対論的でありディラック方程式で記述される．ディラック場は4成分をもつ．これらの成分はスピンの自由度と粒子・反粒子の自由度に対応する．電子の反粒子は陽電子である．これはディラックの海から電子を取り除いたホール(空孔)と見なせる．

6.1 ディラック方程式

　相対論的粒子は古典的には負エネルギー状態を含む．この負エネルギー状態はクライン–ゴルドン方程式が2次方程式だから発生すると考え，ディラックは現在ディラック方程式とよばれる1次方程式を提案した．実際にはディラック方程式も負エネルギー解を含むが，これは電子や陽電子を記述する重要な方程式である．負エネルギー問題は量子場の理論には存在しない．

　ディラック方程式は
$$(-i\hbar\gamma^\mu\partial_\mu + mc)\psi(x) = 0 \tag{6.1}$$
で与えられる．フーリエ変換すれば
$$(\gamma^\mu p_\mu + mc)\psi(p) = 0 \tag{6.2}$$
となる．一般に，$\check{\partial} \equiv \gamma^\mu\partial_\mu$，$\check{p} \equiv \gamma^\mu p_\mu$ と記号を簡略化し，ディラック方程式を
$$(-i\hbar\check{\partial} + mc)\psi(x) = 0, \qquad (\check{p} + mc)\psi(p) = 0 \tag{6.3}$$
と記すことが多い．

　ここに γ^μ は定数であるが，普通の数ではありえない．まず，これを決定する．ディラック方程式に $(-\gamma^\nu p_\nu + mc)$ をかけ，γ^ν と γ^μ の順序に気をつけて，
$$(-\gamma^\nu p_\nu + mc)(\gamma^\mu p_\mu + mc)\psi(p) = \left(-\gamma^\nu\gamma^\mu p_\nu p_\mu + m^2c^2\right)\psi(p) = 0 \tag{6.4}$$

と変形する.相対論的粒子はアインシュタイン公式 $g^{\nu\mu}p_\nu p_\mu + m^2c^2 = 0$ を満たすから,場 $\psi(p)$ はクライン–ゴルドン方程式を満たさねばならない.このことから,関係式

$$\gamma^\nu\gamma^\mu + \gamma^\mu\gamma^\nu = -2g^{\mu\nu} \equiv -2\begin{pmatrix} -1 & 0 & 0 & 0 \\ 0 & 1 & 0 & 0 \\ 0 & 0 & 1 & 0 \\ 0 & 0 & 0 & 1 \end{pmatrix} \tag{6.5}$$

が導かれる.この関係式はクリフォード (Clifford) 代数といわれる.

関係式 $\gamma^0\gamma^0 = 1$ が成り立つから,ディラック方程式 (6.1) は

$$i\hbar\partial_t\psi = H_\mathrm{D}\psi \tag{6.6}$$

と書き直せる.ここに

$$H_\mathrm{D} = -i\hbar c\gamma^0\gamma_j\partial_j + mc^2\gamma^0 \tag{6.7}$$

である.これはあたかもハミルトニアンが (6.7) で与えられるシュレーディンガー方程式と見なせる.このハミルトニアンは,$\alpha_j = \gamma^0\gamma_j$, $\beta = \gamma^0$ とおいて,

$$H_\mathrm{D} = c\boldsymbol{\alpha}\cdot\boldsymbol{p} + mc^2\beta \tag{6.8}$$

となる.ハミルトニアンはエルミートであるから,$\beta^\dagger = \beta$ と $\alpha_j^\dagger = \alpha_j$ が要請される.この 2 つの関係式は

$$\gamma^{\mu\dagger} = \gamma^0\gamma^\mu\gamma^0 \tag{6.9}$$

とまとめられる.

クリフォード代数 (6.5) を満たす γ^μ は 4×4 行列で表せる.これをディラック行列あるいはガンマ行列という.エルミート条件 (6.9) を満たす具体的な行列として,

$$\gamma^0 = \begin{pmatrix} \mathbb{I} & 0 \\ 0 & -\mathbb{I} \end{pmatrix}, \quad \gamma^i = \begin{pmatrix} 0 & \sigma_i \\ -\sigma_i & 0 \end{pmatrix}, \quad \gamma_5 = \begin{pmatrix} 0 & \mathbb{I} \\ \mathbb{I} & 0 \end{pmatrix} \tag{6.10}$$

がある.ここに σ^i はパウリ行列であり,$\mathbb{I}$ は単位行列である.これをディラック行列の標準表示という.ディラック表示という場合もある.また,

$$\alpha_j = \gamma^0\gamma_j = \begin{pmatrix} 0 & \sigma_j \\ \sigma_j & 0 \end{pmatrix}, \quad \beta = \gamma^0 = \begin{pmatrix} 1 & 0 \\ 0 & -1 \end{pmatrix} \tag{6.11}$$

である.

6.1 ディラック方程式

ディラック行列には 16 個の独立な 4×4 行列が存在する．列挙すると

$$\mathbb{I}, \qquad \gamma_\mu, \qquad \sigma_{\mu\nu} \equiv \frac{i}{2}[\gamma_\mu, \gamma_\nu], \qquad \gamma_\mu \gamma_5, \qquad \gamma_5 \tag{6.12}$$

である．ここに

$$\gamma_5 = i\gamma^0 \gamma^1 \gamma^2 \gamma^3 \tag{6.13}$$

と定義した．重要な性質として，付録 A.3 に示すように，

$$M_{\mu\nu} \equiv \frac{1}{2}\sigma_{\mu\nu} \tag{6.14}$$

はローレンツ変換 (4 次元回転) の生成元である．

ディラック方程式 (6.1) を導くラグランジアンを構成する．単純には，ラグランジアンは $\psi^\dagger(i\hbar\gamma^\mu \partial_\mu - mc)\psi$ で与えられると思われるが，これはエルミート演算子でないので駄目である．場 ψ のディラック共役として

$$\bar{\psi} = \psi^\dagger \gamma^0 \tag{6.15}$$

を導入し，ラグランジアンとして

$$\mathcal{L} = c\bar{\psi}(x)(i\hbar\gamma^\mu \partial_\mu - mc)\psi(x) \tag{6.16}$$

を採用する[*1)]．関係式 (6.9) を用いて

$$(\bar{\psi}\gamma^\mu p_\mu \psi)^\dagger = (\psi^\dagger \gamma^0 \gamma^\mu p_\mu \psi)^\dagger = \psi^\dagger p_\mu \gamma^{\mu\dagger} \gamma^0 \psi = \bar{\psi}\gamma^\mu p_\mu \psi, \tag{6.17a}$$

$$(\bar{\psi}\psi)^\dagger = (\psi^\dagger \gamma^0 \psi)^\dagger = \psi^\dagger \gamma^0 \psi = \bar{\psi}\psi \tag{6.17b}$$

が証明されるから，上記のラグランジアンは確かにエルミートである．

ラグランジアンは f を実数定数とする大局的位相変換

$$\psi(x) \to e^{if}\psi(x) \tag{6.18}$$

で不変だから，ネーター・カレントが存在し，これは

$$j^\mu = \bar{\psi}\gamma^\mu \psi \tag{6.19}$$

で与えられる．

カイラル変換を，f を実数定数として

$$\psi(x) \to e^{if\gamma_5}\psi(x) \tag{6.20}$$

で定義する．この変換でラグランジアン (6.16) は次のように変化する．

$$\mathcal{L} \to \mathcal{L}' = c\bar{\psi}(x)(i\hbar\gamma^\mu \partial_\mu - mce^{2if\gamma_5})\psi(x). \tag{6.21}$$

[*1)] ディラック場の次元は，$[\mathcal{L}] = [mc^2][\bar{\psi}\psi]$ より，$[\psi] = L^{-3/2}$ である．したがって，(6.55) で定義される伝播関数の次元は，$[S_F(x)] = L^{-3}[\hbar]^{-1} = M^{-1}L^{-5}T$ となる．

したがって，質量項が存在しない $(m=0)$ なら，ラグランジアンは不変である．ゆえに，ネーター・カレントが存在するが，これは

$$j_5^\mu = \bar{\psi}\gamma^\mu\gamma_5\psi \tag{6.22}$$

である．質量のないディラック理論では，このカイラル・カレントは保存する．

> 研究課題：ディラック粒子のスピンの大きさは何か．

解説：角運動量はローレンツ変換の一部であり

$$S_i \equiv \frac{\hbar}{2}\varepsilon_{ijk}M_{jk} = \frac{i\hbar}{8}\varepsilon_{ijk}[\gamma_j,\gamma_k] \tag{6.23}$$

で与えられる．標準表示 (6.10) を用いて，関係式

$$[S_x, S_y] = \hbar^2[M_{yz}, M_{zx}] = -i\hbar^2 M_{yx} = i\hbar S_z \tag{6.24}$$

と

$$S_x^2 + S_y^2 + S_z^2 = \frac{1}{2}\left(1+\frac{1}{2}\right)\hbar^2 \tag{6.25}$$

を簡単にチェックできる．さらに，

$$S_z = \frac{i\hbar}{4}[\gamma_x,\gamma_y] = \frac{\hbar}{2}\begin{pmatrix} \sigma_z & 0 \\ 0 & \sigma_z \end{pmatrix} \tag{6.26}$$

となる．よって，ディラック場は大きさが $\frac{1}{2}\hbar$ のスピンをもつ粒子を記述する．

6.2 平面波解

ディラック方程式

$$i\hbar\partial_t\psi = H_\mathrm{D}\psi \tag{6.27}$$

の平面波解を求める．標準表示を選んでハミルトニアンを具体的に

$$H_\mathrm{D} = c\begin{pmatrix} mc & \boldsymbol{\sigma}\cdot\boldsymbol{p} \\ \boldsymbol{\sigma}\cdot\boldsymbol{p} & -mc \end{pmatrix} \tag{6.28}$$

と表す．これの自乗を計算すると

$$H_\mathrm{D}^2 = c^2\begin{pmatrix} m^2c^2 + (\boldsymbol{\sigma}\cdot\boldsymbol{p})^2 & 0 \\ 0 & m^2c^2 + (\boldsymbol{\sigma}\cdot\boldsymbol{p})^2 \end{pmatrix} \tag{6.29}$$

となる．$(\boldsymbol{\sigma}\cdot\boldsymbol{p})^2 = \boldsymbol{p}^2$ だから，固有値は $\pm c\sqrt{m^2c^2+\boldsymbol{p}^2}$ であり，固有値方程式は

$$H_\mathrm{D}\psi = \pm c\sqrt{m^2c^2+\boldsymbol{p}^2}\,\psi \tag{6.30}$$

である．

平面波解は
$$\psi_\sigma^+(x) = c^{-1/2} e^{ipx/\hbar} u_\sigma(\boldsymbol{p}), \qquad \psi_\sigma^-(x) = c^{-1/2} e^{-ipx/\hbar} v_\sigma(\boldsymbol{p}) \qquad (6.31)$$
の形をしている．ここに
$$px = \boldsymbol{p}\boldsymbol{x} - tE_{\boldsymbol{p}}, \qquad E_{\boldsymbol{p}} \equiv \hbar\omega_p = c\sqrt{m^2c^2 + \boldsymbol{p}^2} \qquad (6.32)$$
とおいた．エネルギー演算子 $E = i\hbar\partial_t$ を作用すればわかるように，$\psi_\sigma^+(x)$ と $\psi_\sigma^-(x)$ はそれぞれ正エネルギー解と負エネルギー解になっている．平面波 (6.31) をディラック方程式に代入すれば，
$$(-i\hbar\gamma^\mu\partial_\mu + mc)\psi_\sigma^+(x) = e^{ipx/\hbar}(\gamma^\mu p_\mu + mc)u_\sigma(\boldsymbol{p}) = 0,$$
$$(-i\hbar\gamma^\mu\partial_\mu + mc)\psi_\sigma^-(x) = -e^{-ipx/\hbar}(\gamma^\mu p_\mu - mc)v_\sigma(\boldsymbol{p}) = 0 \qquad (6.33)$$
となるから
$$(\gamma^\mu p_\mu + mc)u_\sigma(\boldsymbol{p}) = 0, \qquad \bar{u}_\sigma(\boldsymbol{p})(\gamma^\mu p_\mu + mc) = 0,$$
$$(\gamma^\mu p_\mu - mc)v_\sigma(\boldsymbol{p}) = 0, \qquad \bar{v}_\sigma(\boldsymbol{p})(\gamma^\mu p_\mu - mc) = 0 \qquad (6.34)$$
が成り立つ．

質量のあるフェルミオンと質量ゼロのフェルミオンでは異なる扱いが必要になる．質量ゼロの場合の解析は 6.5 節で行い，本節では質量のある場合を考察する．質量があるなら，静止系を選べる．そこでの正負エネルギー解が $u_\sigma(0)$ と $v_\sigma(0)$ である．標準表示 (6.10) を用いて具体的に $u_\sigma(0)$ と $v_\sigma(0)$ を求める．まず，ハミルトニアン (6.28) で $\boldsymbol{p} = 0$ とおいて，
$$H_{\mathrm{D}} = mc^2 \begin{pmatrix} 1 & 0 & 0 & 0 \\ 0 & 1 & 0 & 0 \\ 0 & 0 & -1 & 0 \\ 0 & 0 & 0 & -1 \end{pmatrix} \qquad (6.35)$$
を得る．独立な 4 つの固有状態は
$$u_\uparrow(0) = \begin{pmatrix} 1 \\ 0 \\ 0 \\ 0 \end{pmatrix}, \quad u_\downarrow(0) = \begin{pmatrix} 0 \\ 1 \\ 0 \\ 0 \end{pmatrix}, \quad v_\downarrow(0) = \begin{pmatrix} 0 \\ 0 \\ 1 \\ 0 \end{pmatrix}, \quad v_\uparrow(0) = \begin{pmatrix} 0 \\ 0 \\ 0 \\ 1 \end{pmatrix}$$
$$(6.36)$$
である．電子の量子力学的スピン S_z は (6.26) で与えられるが，その固有値は

順番に $+\frac{1}{2}\hbar, -\frac{1}{2}\hbar, +\frac{1}{2}\hbar, -\frac{1}{2}\hbar$ である．スピンのインデックスに注意せよ．スピンが $+\frac{1}{2}\hbar$ なのに $v_\downarrow(0)$ と表記した理由は，後で (6.73) にみるように，固有状態 v_σ のインデックス $\sigma=\uparrow$ と $\downarrow$ は，ホール状態のスピン $+\frac{1}{2}\hbar$ と $-\frac{1}{2}\hbar$ を表しているからである．スピンが $\pm\frac{1}{2}\hbar$ だから，固有状態はスピノールである．

スピノール $u_\sigma(\boldsymbol{p})$ と $v_\sigma(\boldsymbol{p})$ はローレンツ不変な規格化条件

$$\bar{u}_\sigma(\boldsymbol{p})u_{\sigma'}(\boldsymbol{p}) = \delta_{\sigma\sigma'}, \qquad \bar{v}_\sigma(\boldsymbol{p})v_{\sigma'}(\boldsymbol{p}) = -\delta_{\sigma\sigma'},$$
$$\bar{u}_\sigma(\boldsymbol{p})v_{\sigma'}(\boldsymbol{p}) = 0, \qquad \bar{v}_\sigma(\boldsymbol{p})u_{\sigma'}(\boldsymbol{p}) = 0 \tag{6.37}$$

と完全性条件

$$\Lambda_+(\boldsymbol{p}) \equiv \sum_\sigma u_\sigma(\boldsymbol{p})\bar{u}_\sigma(\boldsymbol{p}) = \frac{mc - \check{p}}{2mc}, \tag{6.38a}$$

$$\Lambda_-(\boldsymbol{p}) \equiv -\sum_\sigma v_\sigma(\boldsymbol{p})\bar{v}_\sigma(\boldsymbol{p}) = \frac{mc + \check{p}}{2mc} \tag{6.38b}$$

を満たす．実際，これらの条件は静止系でのスピノール (6.36) に対して成立するから，任意のローレンツ系でも成立する．演算子 $\Lambda_\pm(\boldsymbol{p})$ は，

$$\Lambda_\pm(\boldsymbol{p})\Lambda_\pm(\boldsymbol{p}) = \Lambda_\pm(\boldsymbol{p}) \tag{6.39}$$

を満たし，正エネルギー解と負エネルギー解への射影演算子になっている．

研究課題：任意のローレンツ系で平面波解を求め，これらが条件 **(6.37)** と **(6.38)** を満たすことを検証せよ．

解説： 質量があるなら，関係式

$$(\gamma^\mu p_\mu - mc)(\gamma^\mu p_\mu + mc) = (\gamma^\mu p_\mu + mc)(\gamma^\mu p_\mu - mc) = 0 \tag{6.40}$$

を用いて，直ちに解として

$$u_\sigma(\boldsymbol{p}) = \frac{mc - \gamma^\mu p_\mu}{\sqrt{2m(mc^2 + E_{\boldsymbol{p}})}} u_\sigma(0),$$

$$v_\sigma(\boldsymbol{p}) = \frac{mc + \gamma^\mu p_\mu}{\sqrt{2m(mc^2 + E_{\boldsymbol{p}})}} v_\sigma(0) \tag{6.41}$$

が求まる．この解は $m \neq 0$ のときのみ意味をもつ．解が条件 (6.37) と (6.38) を満たすことは代入して具体的に計算して確かめられる．なお，(6.38) を証明する際，関係式

$$(\check{p} + mc)\gamma^0(\check{p} + mc) = -\frac{2E_{\boldsymbol{p}}}{c}(\check{p} + mc) \tag{6.42}$$

を用いると計算が簡単になる．

6.3 正準量子化

ディラック場の正準量子化を行う．まず，正準運動量
$$\pi = \frac{\partial \mathcal{L}}{\partial \dot{\psi}} = i\hbar \psi^\dagger \tag{6.43}$$
をラグランジアン密度 (6.16) に基づき定義する．ハミルトニアンは
$$H = \int d^3 x \left[\frac{\partial \mathcal{L}}{\partial \dot{\psi}}\dot{\psi} - \mathcal{L}\right] = c\int d^3 x\, \bar{\psi}(-i\hbar \gamma^j \partial_j + mc)\psi \tag{6.44}$$
であるが，これは量子力学的ハミルトニアン (6.7) を用いて，
$$H = \int d^3 x\, \psi^\dagger H_{\mathrm{D}} \psi \tag{6.45}$$
と表せる．次に，場の演算子と正準運動量の間に，非自明な正準交換関係として，$[\psi_\alpha(t,\boldsymbol{x}), \pi_\beta(t,\boldsymbol{y})] = i\hbar \delta_{\alpha\beta}\delta(\boldsymbol{x}-\boldsymbol{y})$，すなわち，$[\psi_\alpha(t,\boldsymbol{x}), \psi_\beta^\dagger(t,\boldsymbol{y})] = \delta_{\alpha\beta}\delta(\boldsymbol{x}-\boldsymbol{y})$ を要請したくなる．しかし，以下の (6.49) でみるように，交換関係の代わりに反交換関係を採用すべきであることがわかる．

ディラック場を平面波展開する．
$$\psi(x) = \sum_\sigma \int \frac{d^3 k}{\sqrt{(2\pi)^3}}\sqrt{\frac{mc^2}{\hbar\omega_k}}\left(c_\sigma(\boldsymbol{k})u_\sigma(\boldsymbol{k})e^{ikx} + d_\sigma^\dagger(\boldsymbol{k})v_\sigma(\boldsymbol{k})e^{-ikx}\right), \tag{6.46a}$$

$$\bar{\psi}(x) = \sum_\sigma \int \frac{d^3 k}{\sqrt{(2\pi)^3}}\sqrt{\frac{mc^2}{\hbar\omega_k}}\left(c_\sigma^\dagger(\boldsymbol{k})\bar{u}_\sigma(\boldsymbol{k})e^{-ikx} + d_\sigma(\boldsymbol{k})\bar{v}_\sigma(\boldsymbol{k})e^{ikx}\right). \tag{6.46b}$$

ここに，
$$\hbar\omega_k = c\sqrt{\hbar^2 \boldsymbol{k}^2 + m^2 c^2} \tag{6.47}$$
はエネルギー量子である．展開式 (6.46) をハミルトニアン (6.44) に代入し，平面波に対する正規直交条件 (6.37) を用いて
$$H = \sum_s \int d^3 k\, \hbar\omega_k \left[c_\sigma^\dagger(\boldsymbol{k})c_\sigma(\boldsymbol{k}) - d_\sigma(\boldsymbol{k})d_\sigma^\dagger(\boldsymbol{k})\right] \tag{6.48}$$
を得る．このエネルギー公式の導出の途中で，演算子の順序の入れ替えは行っていないことに注意する．古典場の理論なら，$c_\sigma(\boldsymbol{k})$ と $d_\sigma(\boldsymbol{k})$ は確率振幅を表す複素数であり，負エネルギー状態が確率密度 $|d_\sigma(\boldsymbol{k})|^2$ で含まれていることに

なる．これが負エネルギー問題である．

この負エネルギー問題は，演算子間に正準反交換関係

$$\{\psi_\alpha(t,\boldsymbol{x}),\psi_\beta(t,\boldsymbol{y})\} = \{\psi_\alpha^\dagger(t,\boldsymbol{x}),\psi_\beta^\dagger(t,\boldsymbol{y})\} = 0, \tag{6.49a}$$

$$\{\psi_\alpha(t,\boldsymbol{x}),\psi_\beta^\dagger(t,\boldsymbol{y})\} = \delta_{\alpha\beta}\delta(\boldsymbol{x}-\boldsymbol{y}) \tag{6.49b}$$

を要請すれば解消できる．ここに展開式 (6.46) を代入して，

$$\{c_\sigma(\boldsymbol{k}),c_{\sigma'}(\boldsymbol{k}')\} = \{d_\sigma(\boldsymbol{k}),d_{\sigma'}(\boldsymbol{k}')\} = 0, \tag{6.50a}$$

$$\{c_\sigma(\boldsymbol{k}),c_{\sigma'}^\dagger(\boldsymbol{k}')\} = \{d_\sigma(\boldsymbol{k}),d_{\sigma'}^\dagger(\boldsymbol{k}')\} = \delta_{\sigma\sigma'}\delta(\boldsymbol{k}-\boldsymbol{k}') \tag{6.50b}$$

を得る．フォック真空を

$$c(\boldsymbol{k},s)|0\rangle = d(\boldsymbol{k},s)|0\rangle = 0 \tag{6.51}$$

によって定義し，この上にフォック空間を構成する．これはフェルミオンのヒルベルト空間を与える．

反交換関係 (6.50) を用いれば，ハミルトニアン (6.48) は

$$H = \sum_\sigma \int d^3k\, \hbar\omega_k \left[c_\sigma^\dagger(\boldsymbol{k})c_\sigma(\boldsymbol{k}) + d_\sigma^\dagger(\boldsymbol{k})d_\sigma(\boldsymbol{k})\right] - \delta(0)\sum_s \int d^3k\, \hbar\omega_k \tag{6.52}$$

となる．無限大の定数 $-\delta(0)\sum_s \int d^3k\, \hbar\omega_k$ は，クライン–ゴルドン理論に現れたゼロ点エネルギーと同じものであるが，符号が逆である[*1)]．この定数はハミルトニアンの正規順序積をとることで除去できる．一方，運動量演算子は

$$\boldsymbol{P} = \int d^3x\, \bar{\psi}(-i\hbar\nabla)\psi = \sum_\sigma \int d^3k\, \hbar\boldsymbol{k} \left[c_\sigma^\dagger(\boldsymbol{k})c_\sigma(\boldsymbol{k}) + d_\sigma^\dagger(\boldsymbol{k})d_\sigma(\boldsymbol{k})\right] \tag{6.53}$$

となる．したがって，$c_\sigma(\boldsymbol{k})$ と $d_\sigma(\boldsymbol{k})$ はエネルギー $\hbar\omega_k$ と運動量 $\hbar\boldsymbol{k}$ をもつフェルミオンを消滅させる演算子である．

演算子 $c_\sigma(\boldsymbol{k})$ と $d_\sigma(\boldsymbol{k})$ を識別する物理量は荷電密度が $J^0 = \bar{\psi}\gamma^0\psi = \psi^\dagger\psi$ であるネーター・カレント (6.19) である．全荷電は

$$Q = \int d^3x\, \psi^\dagger\psi = \sum_\sigma \int d^3k\, \left[c_\sigma^\dagger(\boldsymbol{k})c_\sigma(\boldsymbol{k}) - d_\sigma^\dagger(\boldsymbol{k})d_\sigma(\boldsymbol{k})\right] \tag{6.54}$$

となる．荷電演算子 Q に対して，c 粒子は正荷電を，d 粒子は負荷電をもつこ

[*1)] ゼロ点エネルギーは，複素スカラー場模型 (3.60) では正であり，ディラック場模型 (6.52) では負である．スカラー粒子とディラック粒子の質量が同じなら，その大きさは等しい．したがって，両者からなる系では，ゼロ点エネルギーは相殺して消えてしまう．これは，ボーズ場とフェルミ場の間に成立する超対称性の 1 つの特徴である．超対称性に関しては本書では議論しない．

とがわかる．これに基づき，d 粒子は c 粒子の**反粒子**である，と解釈する．電子の反粒子は陽電子である．

6.3.1 伝播関数

ディラック粒子が時刻 t' に真空中に生成され，伝播して，後の時刻 t に消滅されるなら，この過程は $\theta(t-t')\langle 0|\psi(\boldsymbol{x},t)\bar{\psi}(\boldsymbol{x}',t')|0\rangle$ で記述される．一方，ディラック反粒子が時刻 t に真空中に生成され，伝播して，後の時刻 t' に消滅されるなら，$\theta(t'-t)\langle 0|\bar{\psi}(\boldsymbol{x}',t')\psi(\boldsymbol{x},t)|0\rangle$ で記述される．線形結合をつくり，2つの時空点を結ぶ伝播関数を

$$i\hbar S_{\mathrm{F}}(x-x') = \langle 0|\mathcal{T}[\psi(x)\bar{\psi}(x')]|0\rangle \tag{6.55}$$

と定義する．伝播関数 $S_{\mathrm{F}}(x-x')$ は，図形的に点 x' から点 x への矢印で表す．

伝播関数は，これがディラック方程式のグリーン関数であるという性質を使って，簡単に求められる．運動量空間で (6.2) から

$$(\check{p}+mc)S_{\mathrm{F}}(p) = -1 \tag{6.56}$$

を満たすはずである．これを解くには，$(-\check{p}+mc)$ をかけて，

$$(-\check{p}+mc)(\check{p}+mc)S_{\mathrm{F}}(p) = (p^2+m^2c^2)S_{\mathrm{F}}(p) = (\check{p}-mc) \tag{6.57}$$

となることに注目する．スカラー粒子の場合 (3.47) を参照して，

$$S_{\mathrm{F}}(p) = (\check{p}-mc)\frac{1}{p^2+m^2c^2-i\epsilon} \equiv \frac{-1}{\check{p}+mc-i\epsilon} \tag{6.58}$$

と解くことができる．

研究課題：伝播関数の定義式 **(6.55)** に展開式 **(6.46)** を代入して，伝播関数 $S_{\mathrm{F}}(p)$ を計算せよ．

解説： 展開式 (6.46) を相関関数に代入して，

$$\langle 0|\psi(x)\bar{\psi}(x')|0\rangle = \sum_\sigma \int \frac{d^3k}{(2\pi)^3}\frac{mc^2}{\hbar\omega_k}u_\sigma(\boldsymbol{k})\bar{u}_\sigma(\boldsymbol{k})e^{ik(x-x')} \tag{6.59}$$

となる．ここで完全性条件 (6.38) を用いて，

$$\langle 0|\psi(x)\bar{\psi}(x')|0\rangle = \int \frac{d^3k}{(2\pi)^3}\frac{c}{2\hbar\omega_k}(mc-\hbar\check{k})e^{ik(x-x')} \tag{6.60}$$

と書き直す．同様に $\langle 0|\bar{\psi}(x')\psi(x)|0\rangle$ も計算される．ゆえに，スカラー粒子 $\phi(x)$ に対する伝播関数 (3.48) を用いて，

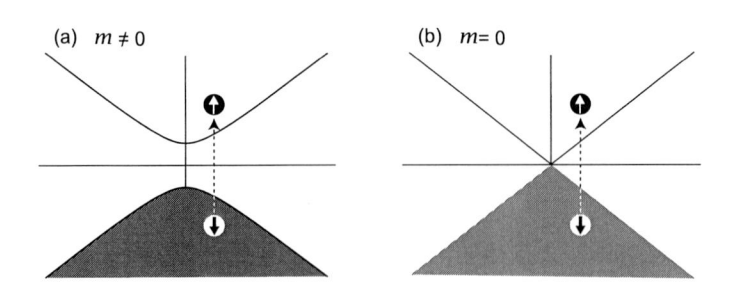

図 6.1 ディラックの海と粒子・ホール対励起
負エネルギー状態はすべて占有されているのがディラックの海である．(a) 質量のあるとき，(b) 質量のないとき．

$$S_{\mathrm{F}}(x-x') = \frac{mc+i\hbar\check{\partial}}{ch}\Delta_{\mathrm{F}}(x-x') \tag{6.61}$$

を得る．これは運動量空間では (6.58) に帰着する．

6.3.2 ディラックの海

負エネルギー問題を解決するために，ディラックはディラックの海とホール状態を導入した．以上にみてきたように，電子と陽電子の量子場理論を構築する上でディラックの海の概念は必要ない．しかし，この概念を図 6.1 を用いて説明することは物理的背景を理解するのに役立つ．さらに，近年，グラフェン上の電子が質量ゼロのディラック方程式で記述されることがわかった[*1]．フェルミ準位はちょうど図 6.1(b) の 2 つのディラック円錐の真ん中にあり，ディラックの海とホールの励起が文字どおりグラフェン上で実現しているのである．

ディラック場を (3.69) のように，単純なフーリエ変換してみる．ただし，ディラック理論には正負エネルギー解が存在するから，展開式は

$$\psi(x) = \sum_\sigma \int \frac{d^3k}{\sqrt{(2\pi)^3}}\sqrt{\frac{mc^2}{\hbar\omega_k}}\left(c_\sigma^+(\bm{k})u_\sigma^+(\bm{k})e^{i\bm{k}\bm{x}-i\omega_k t} + c_\sigma^-(\bm{k})u_\sigma^-(\bm{k})e^{i\bm{k}\bm{x}+i\omega_k t}\right) \tag{6.62}$$

となる．これらを用いてエネルギーと運動量は

[*1] 炭素原子 1 個の厚みしかないシート状のグラファイト (黒鉛) をグラフェンとよぶ．電子は非相対論的エネルギーしかもたないが，ディラック方程式で記述されることが理論的にも実験的にもわかっている．詳しくは以下の参考書を参考にされたい．Z.F. Ezawa, *Quantum Hall Effects: Field-Theoretical Approach and Related Topics*, 2nd Edition, World Scientific (2008).

$$H = \sum_\sigma \int d^3k \, E_{\bm{k}} \left[c_\sigma^{+\dagger}(\bm{k}) c_\sigma^+(\bm{k}) - c_\sigma^{-\dagger}(\bm{k}) c_\sigma^-(\bm{k}) \right], \tag{6.63}$$

$$\bm{P} = \sum_\sigma \int d^3k \, \hbar \bm{k} \left[c_\sigma^{+\dagger}(\bm{k}) c_\sigma^+(\bm{k}) + c_\sigma^{-\dagger}(\bm{k}) c_\sigma^-(\bm{k}) \right] \tag{6.64}$$

と表される．したがって，$c_\sigma^\pm(\bm{k})$ はエネルギーが $\pm E_{\bm{k}}$ で運動量が $\hbar \bm{k}$ の電子を消滅させる演算子である．

スピンを考察しよう．量子力学的スピン S_z は (6.26) で与えられるので，その固有状態は

$$u_\uparrow^+(0) = \begin{pmatrix} 1 \\ 0 \\ 0 \\ 0 \end{pmatrix}, \quad u_\downarrow^+(0) = \begin{pmatrix} 0 \\ 1 \\ 0 \\ 0 \end{pmatrix}, \quad u_\uparrow^-(0) = \begin{pmatrix} 0 \\ 0 \\ 1 \\ 0 \end{pmatrix}, \quad u_\downarrow^-(0) = \begin{pmatrix} 0 \\ 0 \\ 0 \\ 1 \end{pmatrix} \tag{6.65}$$

であり，それらの固有値は順番に $+\frac{1}{2}\hbar,\ -\frac{1}{2}\hbar,\ +\frac{1}{2}\hbar,\ -\frac{1}{2}\hbar$ となる．一方，場の理論的スピン密度演算子は (6.23) を用いて，

$$\mathbf{S}_i(x) = \psi^\dagger(x) S_i \psi(x) \tag{6.66}$$

で定義される．全スピンは

$$\mathbf{S}_i = \int d^3x \, \mathbf{S}_i(x) \tag{6.67}$$

である．静止系で状態 $c_\sigma^{\pm\dagger}(\bm{k})|0\rangle$ のスピンを計算し

$$\langle 0 | c_\sigma^\pm(0) \mathbf{S}_z c_\sigma^{\pm\dagger}(0) | 0 \rangle = \frac{\hbar}{2} u_\sigma^{\pm\dagger}(0) \begin{pmatrix} \sigma_z & 0 \\ 0 & \sigma_z \end{pmatrix} u_\sigma^\pm(0) \tag{6.68}$$

を得る．ゆえに，$c_\sigma^\pm(\bm{k})$ は静止系でスピン $\sigma = \uparrow, \downarrow$ の電子を消滅させる．

パウリの排他律により，フェルミオンは1つの量子状態には1つしか入れない．したがって，すべての負エネルギー状態を占有している状態を考えることができる．これをディラックの海という．このような状態は数学的には

$$c_\sigma^+(\bm{k})|0\rangle = c_\sigma^{-\dagger}(\bm{k})|0\rangle = 0 \tag{6.69}$$

を満たす状態として定義される．この状態のエネルギーは

$$\langle 0 | H | 0 \rangle = -\delta(0) \sum_s \int d^3k \, \hbar \omega_k \tag{6.70}$$

となるが，これはすでに (6.52) で扱った無限大の定数に他ならない．

ディラックの海から1個の負エネルギー電子を取り去ると，そこにはホール（空

孔) ができる. 取り去った負エネルギー電子の運動量を $\hbar \boldsymbol{k}$, スピンを $\sigma = (\uparrow, \downarrow)$ とするなら，図 6.1 に説明するように，取り残されたホールは運動量 $-\hbar \boldsymbol{k}$ とスピン $\bar{\sigma} = (\downarrow, \uparrow)$ をもつ. したがって，

$$c_\uparrow(\boldsymbol{k}) = c_\uparrow^+(\boldsymbol{k}), \quad c_\downarrow(\boldsymbol{k}) = c_\downarrow^-(\boldsymbol{k}), \quad d_\uparrow^\dagger(\boldsymbol{k}) = c_\downarrow^-(-\boldsymbol{k}), \quad d_\downarrow^\dagger(\boldsymbol{k}) = c_\uparrow^-(-\boldsymbol{k}) \tag{6.71}$$

で新しい演算子 $c_\sigma(\boldsymbol{k})$ と $d_\sigma(\boldsymbol{k})$ を導入する. 場の展開公式 (6.62) で，負エネルギー部分だけで積分変数を $\boldsymbol{k} \to -\boldsymbol{k}$ と変換すると，

$$\psi(x) = \sum_\sigma \int \frac{d^3 k}{\sqrt{(2\pi)^3}} \sqrt{\frac{mc^2}{\hbar \omega_k}} \left(c_\sigma(\boldsymbol{k}) u_\sigma^+(\boldsymbol{k}) e^{ikx} + d_\sigma^\dagger(\boldsymbol{k}) u_{\bar{\sigma}}^-(-\boldsymbol{k}) e^{-ikx} \right) \tag{6.72}$$

となる. これと (6.46) を比較して，波動関数の間の関係式

$$u_\uparrow(\boldsymbol{k}) = u_\uparrow^+(\boldsymbol{k}), \quad u_\downarrow(\boldsymbol{k}) = u_\downarrow^-(\boldsymbol{k}), \quad v_\uparrow(\boldsymbol{k}) = u_\downarrow^-(-\boldsymbol{k}), \quad v_\downarrow(\boldsymbol{k}) = u_\uparrow^-(-\boldsymbol{k}) \tag{6.73}$$

を得る. 実際，この同一視で，静止系で (6.65) から (6.36) が求まる. 結論として，$d_\sigma^\dagger(\boldsymbol{k})$ は静止系でスピン σ をもつホールを生成する. ディラックはこのホールを陽電子と解釈した. 以前にスピンのインデックスを (6.36) と書いたのは以上の理由による.

6.4 電磁場との相互作用

ディラック粒子と電磁場ポテンシャルとの相互作用は，ミニマル代入 (5.76) を行い，4 元運動量演算子 $-i\hbar \partial_\mu$ を共変運動量演算子 $-i\hbar D_\mu$ で置き換えれば求まる. ここに，$D_\mu = \partial_\mu + i\frac{e}{\hbar} A_\mu$ である. 全ラグランジアンは

$$\mathcal{L} = -\frac{1}{4} F_{\mu\nu} F^{\mu\nu} + c\bar{\psi}(x) \left[i\hbar \gamma^\mu \left(\partial_\mu + i\frac{e}{\hbar} A_\mu \right) - mc \right] \psi(x) \tag{6.74}$$

である. 電子と光子の相互作用部分を取り出すと，

$$\mathcal{H}_{\mathrm{I}} = -\mathcal{L}_{\mathrm{I}} = ceA_\mu(x)\bar{\psi}(x)\gamma^\mu \psi(x) \tag{6.75}$$

であるから，(5.80) に従い，4 元電流は

$$J_\mu = \frac{\partial \mathcal{L}_{\mathrm{I}}}{\partial A^\mu} = -ce\bar{\psi}(x)\gamma_\mu \psi(x) \tag{6.76}$$

であり，マックスウェル方程式は

$$\partial^\nu F_{\mu\nu} = J_\mu = -ce\bar{\psi}(x)\gamma_\mu \psi(x) \tag{6.77}$$

である．したがって，電流とネーター・カレント (6.19) との関係は $J_\mu = -ej_\mu$ である．本書では電子の電荷を $-e$ としていることに留意されたい．

時間によらない外部ポテンシャル $A_\mu^{\text{ext}}(\boldsymbol{x})$ が存在するとして，相互作用ハミルトニアン (6.75) を 2 つの電子状態 $|\boldsymbol{p}, \sigma\rangle = c_\sigma^\dagger(\boldsymbol{p})|0\rangle$ と $|\boldsymbol{p}', \sigma'\rangle = c_{\sigma'}^\dagger(\boldsymbol{p}')|0\rangle$ で計算すると，$\hbar \boldsymbol{k} = \boldsymbol{p}' - \boldsymbol{p}$ とおいて

$$\langle \boldsymbol{p}', \sigma' | H_\text{I} | \boldsymbol{p}, \sigma \rangle_\text{e} = \frac{mec^3}{\sqrt{\hbar^2 \omega_p \omega_{p'}}} A_\mu^{\text{ext}}(\boldsymbol{k}) \bar{u}_{\sigma'}(\boldsymbol{p}') \gamma^\mu u_\sigma(\boldsymbol{p}) \tag{6.78}$$

となる．さて，クリフォード代数 (6.5) と $\sigma_{\mu\nu}$ の定義式 (6.12) を用いて，

$$\gamma^\mu \gamma^\nu = -g^{\mu\nu} - i\sigma^{\mu\nu} \tag{6.79}$$

である．この式に p_ν をかけ，ディラック方程式 (6.34) を用いて，

$$\gamma^\mu u_\sigma(\boldsymbol{p}) = \frac{1}{mc}(p^\mu + i\sigma^{\mu\nu} p_\nu) u_\sigma(\boldsymbol{p}) \tag{6.80}$$

を得る．同様に，

$$\bar{u}_{\sigma'}(\boldsymbol{p}') \gamma^\mu = \frac{1}{mc} \bar{u}_{\sigma'}(\boldsymbol{p}')(p'^\mu - i\sigma^{\mu\nu} p'_\nu) \tag{6.81}$$

を得る．これらを用いて電子に対して

$$\langle \boldsymbol{p}', \sigma' | H_\text{I} | \boldsymbol{p}, \sigma \rangle_\text{e}$$
$$= \frac{mc^2}{\sqrt{\hbar^2 \omega_p \omega_{p'}}} \bar{u}_{\sigma'}(\boldsymbol{p}') \left[\frac{e}{2m} (p'^\mu + p^\mu) A_\mu^{\text{ext}}(\boldsymbol{k}) + i \frac{e}{2m} \sigma^{\mu\nu} k_\nu A_\mu^{\text{ext}}(\boldsymbol{k}) \right] u_\sigma(\boldsymbol{p}) \tag{6.82}$$

という結果を得る．

特に，定常磁場に対しては，$A_0^{\text{ext}} = 0$ と $\nabla \times \boldsymbol{A}^{\text{ext}} = \boldsymbol{B}$ が成り立つので，空間成分のみが効く．関係式

$$\sigma^{ij} = -2i\varepsilon^{ijk} \sigma_k \begin{pmatrix} 1 & 0 \\ 0 & -1 \end{pmatrix} \tag{6.83}$$

を代入すると，ゼーマン相互作用

$$\langle \boldsymbol{p}', \sigma' | H_\text{I} | \boldsymbol{p}, \sigma \rangle_\text{e} = \frac{mc^2}{\sqrt{\hbar^2 \omega_p \omega_{p'}}} \bar{u}_{\sigma'}(\boldsymbol{p}') \left[\frac{e}{2m} (\boldsymbol{p}' + \boldsymbol{p}) \boldsymbol{A}^{\text{ext}} + g\mu_B \boldsymbol{S} \cdot \boldsymbol{B} \right] u_\sigma(\boldsymbol{p}) \tag{6.84}$$

が求まる．ここに，$S_j = \frac{1}{2}\hbar\sigma_j$ はスピンであり，

$$\mu_B \equiv \frac{e\hbar}{2m} = 5.79 \times 10^{-9} \,\text{eV/G} \tag{6.85}$$

と

$$g = 2 \tag{6.86}$$

である．パラメーター μ_B および g はそれぞれボーア磁子および磁気回転比 (g 因子) といわれる．g 因子は精密測定が可能であり，量子場理論の正しさの指標になっている．g 因子が量子効果でどのような補正を受けるのか 9.5 節で議論する．

> 研究課題：磁場の存在する系でのディラック・ハミルトニアン (6.28) の非相対論極限を考察せよ．

解説：ハミルトニアン (6.28) で運動量を共変運動量で置き換え，磁場中でのハミルトニアン

$$H = c \begin{pmatrix} mc & \boldsymbol{\sigma} \cdot \boldsymbol{P} \\ \boldsymbol{\sigma} \cdot \boldsymbol{P} & -mc \end{pmatrix} \tag{6.87}$$

を得る．これの自乗は，(6.29) の代わりに

$$H^2 = c^2 \begin{pmatrix} (\boldsymbol{\sigma} \cdot \boldsymbol{P})^2 + m^2 c^2 & 0 \\ 0 & (\boldsymbol{\sigma} \cdot \boldsymbol{P})^2 + m^2 c^2 \end{pmatrix} \tag{6.88}$$

となる．

電子を記述する正エネルギー成分 $c\sqrt{(\boldsymbol{\sigma} \cdot \boldsymbol{P})^2 + m^2 c^2}$ を考える．非相対論極限では，$mc \gg |\boldsymbol{\sigma} \cdot \boldsymbol{P}|$ であるから，

$$c\sqrt{(\boldsymbol{\sigma} \cdot \boldsymbol{P})^2 + m^2 c^2} = mc^2 \left(1 + \frac{(\boldsymbol{\sigma} \cdot \boldsymbol{P})^2}{m^2 c^2}\right)^{1/2} \simeq mc^2 + \frac{1}{2m}(\boldsymbol{\sigma} \cdot \boldsymbol{P})^2 \tag{6.89}$$

となり，定数部分を無視すれば，これはパウリのハミルトニアン

$$H_{\rm P} = \frac{1}{2m}(\boldsymbol{\sigma} \cdot \boldsymbol{P})^2 \tag{6.90}$$

である．関係式 $\sigma_i \sigma_j = \delta_{ij} + i\varepsilon_{ijk}\sigma_k$ を用いて変形して，

$$H_{\rm P} = \frac{1}{2m}[\sigma_j (p_j + eA_j)]^2 = \frac{1}{2m}(p_j + eA_j)^2 + \frac{e\hbar}{m} S_j B_j \tag{6.91}$$

を得る．なお，電子と光子の相互作用部分は，(6.91) から

$$H_{\rm I} = \frac{e}{2m}(\boldsymbol{p}\boldsymbol{A} + \boldsymbol{A}\boldsymbol{p}) + g\mu_B S_j B_j \tag{6.92}$$

と抽出できる．これは (6.84) の非相対論極限と一致している．

6.5 ワイル場 (質量ゼロのディラック場)

質量ゼロだと静止系がとれないので，そのようなディラック場は別に取り扱う必要がある．ラグランジアンは

$$\mathcal{L} = i\hbar \bar{\psi}(x) \gamma^\mu \partial_\mu \psi(x) \tag{6.93}$$

である．すでに，(6.21) で指摘したように，この系はカイラル変換

$$\psi(x) \to e^{if\gamma^5} \psi(x) \tag{6.94}$$

に対して不変だから，カイラル・カレント

$$j_5^\mu = \bar{\psi} \gamma^\mu \gamma_5 \psi \tag{6.95}$$

は保存する．

質量がゼロの場合でも，平面波解は

$$\psi_\sigma^+(x) = c^{-1/2} e^{ipx/\hbar} u_\sigma(\boldsymbol{p}), \qquad \psi_\sigma^-(x) = c^{-1/2} e^{-ipx/\hbar} v_\sigma(\boldsymbol{p}) \tag{6.96}$$

の形をしており，スピノールは (6.34) で $m = 0$ とおいた式

$$\gamma^\mu p_\mu u_\sigma(\boldsymbol{p}) = \gamma^\mu p_\mu v_\sigma(\boldsymbol{p}) = 0 \tag{6.97}$$

を満たす．

具体的な解の構成には，γ_5 を対角化するカイラル表示を用いるのがよい．これはワイル(Weyl)表示ともいう．この表示ではディラック行列として

$$\gamma^0 = -\gamma_0 = \begin{pmatrix} 0 & 1 \\ 1 & 0 \end{pmatrix}, \qquad \gamma^i = \gamma_i = \begin{pmatrix} 0 & -\sigma^i \\ \sigma^i & 0 \end{pmatrix} \tag{6.98}$$

および

$$\gamma_5 = i\gamma^0 \gamma^1 \gamma^2 \gamma^3 = \begin{pmatrix} 1 & 0 \\ 0 & -1 \end{pmatrix} \tag{6.99}$$

を採用する．ハミルトニアン (6.8) は

$$H = c\boldsymbol{\alpha} \cdot \boldsymbol{p} = c \begin{pmatrix} \boldsymbol{\sigma} \cdot \boldsymbol{p} & 0 \\ 0 & -\boldsymbol{\sigma} \cdot \boldsymbol{p} \end{pmatrix} = c\boldsymbol{\sigma} \cdot \boldsymbol{p} \gamma_5 \tag{6.100}$$

となる．ハミルトニアンと γ_5 は交換するので，ハミルトニアンの固有状態は γ_5 の固有値でラベル付けできる．さて，$(\gamma_5)^2 = 1$ だから，γ_5 の固有値は ± 1 である．固有値 $\gamma_5 = +1$ の状態を右手カイラル状態，$\gamma_5 = -1$ の状態を左手カイラル状態という．すなわち，

$$\gamma_5\psi_{\rm R} = +\psi_{\rm R}, \qquad \gamma_5\psi_{\rm L} = -\psi_{\rm L} \tag{6.101}$$

である．このような波動関数は実質的には 2 成分スピノールである．

したがって，ディラック方程式 (6.27) は，右手系と左手系それぞれの 2 成分波動関数に対して

$$i\hbar\partial_t\psi_{\rm R} = c\boldsymbol{\sigma}\cdot\boldsymbol{p}\psi_{\rm R} = -i\hbar c\boldsymbol{\sigma}\cdot\boldsymbol{\nabla}\psi_{\rm R}, \tag{6.102a}$$

$$i\hbar\partial_t\psi_{\rm L} = -c\boldsymbol{\sigma}\cdot\boldsymbol{p}\psi_{\rm L} = i\hbar c\boldsymbol{\sigma}\cdot\boldsymbol{\nabla}\psi_{\rm L} \tag{6.102b}$$

と分解できる．これをワイル方程式という．ワイル方程式に従うフェルミオンをワイル・フェルミオンという．ワイル・フェルミオンを記述する場の演算子をワイル場という．

ラグランジアン (6.93) が質量項を含まず，さらに，右手系と左手系を混合させる相互作用も存在しないなら，どちらか一方しか含まない世界を考えることが可能である．もしもニュートリノに質量がないのなら，ニュートリノはワイル・フェルミオンと見なせる[*1]．

両方が混在する系も考えられる[*2]．このような系ではハミルトニアンは (6.100) であり，固有方程式は

$$H\begin{pmatrix}u_{\rm R}\\u_{\rm L}\end{pmatrix} = c|\boldsymbol{p}|\begin{pmatrix}u_{\rm R}\\u_{\rm L}\end{pmatrix}, \quad H\begin{pmatrix}v_{\rm R}\\v_{\rm L}\end{pmatrix} = -c|\boldsymbol{p}|\begin{pmatrix}v_{\rm R}\\v_{\rm L}\end{pmatrix} \tag{6.103}$$

とまとめられる．成分で書くと，

$$\boldsymbol{\sigma}\cdot\boldsymbol{p}\,u_{\rm R}(\boldsymbol{p}) = |\boldsymbol{p}|u_{\rm R}(\boldsymbol{p}), \qquad \boldsymbol{\sigma}\cdot\boldsymbol{p}\,v_{\rm R}(\boldsymbol{p}) = -|\boldsymbol{p}|v_{\rm R}(\boldsymbol{p}), \tag{6.104a}$$

$$\boldsymbol{\sigma}\cdot\boldsymbol{p}\,u_{\rm L}(\boldsymbol{p}) = -|\boldsymbol{p}|u_{\rm L}(\boldsymbol{p}), \qquad \boldsymbol{\sigma}\cdot\boldsymbol{p}\,v_{\rm L}(\boldsymbol{p}) = |\boldsymbol{p}|v_{\rm L}(\boldsymbol{p}) \tag{6.104b}$$

となる．解は次式で与えられる．

[*1] 長い間，ニュートリノには質量がなくワイル・フェルミオンと考えられてきたが，最近の研究により，小さな質量をもつことがわかってきた．

[*2] グラフェンのフェルミ準位近傍に出現する電子は右手系と左手系が混在したワイル・フェルミオンである．

6.5 ワイル場 (質量ゼロのディラック場)

$$u_{\mathrm{R}}(\boldsymbol{p}) = \alpha_{\mathrm{R}} \left(1 + \frac{\boldsymbol{\sigma}\cdot\boldsymbol{p}}{|\boldsymbol{p}|}\right) \begin{pmatrix} 1 \\ 0 \end{pmatrix}_{\mathrm{R}}, \quad v_{\mathrm{R}}(\boldsymbol{p}) = \beta_{\mathrm{R}} \left(1 - \frac{\boldsymbol{\sigma}\cdot\boldsymbol{p}}{|\boldsymbol{p}|}\right) \begin{pmatrix} 0 \\ 1 \end{pmatrix}_{\mathrm{R}}, \tag{6.105a}$$

$$u_{\mathrm{L}}(\boldsymbol{p}) = \alpha_{\mathrm{L}} \left(1 - \frac{\boldsymbol{\sigma}\cdot\boldsymbol{p}}{|\boldsymbol{p}|}\right) \begin{pmatrix} 1 \\ 0 \end{pmatrix}_{\mathrm{L}}, \quad v_{\mathrm{L}}(\boldsymbol{p}) = \beta_{\mathrm{L}} \left(1 + \frac{\boldsymbol{\sigma}\cdot\boldsymbol{p}}{|\boldsymbol{p}|}\right) \begin{pmatrix} 0 \\ 1 \end{pmatrix}_{\mathrm{L}}. \tag{6.105b}$$

ここに, α_i と β_i は

$$u_{\mathrm{R}}^{\dagger}(\boldsymbol{p})u_{\mathrm{R}}(\boldsymbol{p}) = v_{\mathrm{R}}^{\dagger}(\boldsymbol{p})v_{\mathrm{R}}(\boldsymbol{p}) = 1, \tag{6.106a}$$

$$u_{\mathrm{L}}^{\dagger}(\boldsymbol{p})u_{\mathrm{L}}(\boldsymbol{p}) = v_{\mathrm{L}}^{\dagger}(\boldsymbol{p})v_{\mathrm{L}}(\boldsymbol{p}) = 1 \tag{6.106b}$$

を満たす規格化定数である.

ワイル方程式の平面波解 (6.96) は

$$\psi_{\mathrm{R}}^{+}(x) = c^{-1/2} e^{ipx/\hbar} u_{\mathrm{R}}(\boldsymbol{p}), \qquad \psi_{\mathrm{R}}^{-}(x) = c^{-1/2} e^{-ipx/\hbar} v_{\mathrm{R}}(\boldsymbol{p}), \tag{6.107a}$$

$$\psi_{\mathrm{L}}^{+}(x) = c^{-1/2} e^{ipx/\hbar} u_{\mathrm{L}}(\boldsymbol{p}), \qquad \psi_{\mathrm{L}}^{-}(x) = c^{-1/2} e^{-ipx/\hbar} v_{\mathrm{L}}(\boldsymbol{p}) \tag{6.107b}$$

である. 式 (6.104a) によれば, スピン演算子 $\frac{1}{2}\hbar\boldsymbol{\sigma}$ と運動量 $\boldsymbol{p}$ は, $u_{\mathrm{R}}(\boldsymbol{p})$ に対しては同方向を向いており, $v_{\mathrm{R}}(\boldsymbol{p})$ に対しては逆方向を向いている. 質量ゼロのフェルミオンのスピンの量子化軸は運動量方向である. 波動関数 $u_{\mathrm{R}}(\boldsymbol{p})$ は正のヘリシティー状態を, $v_{\mathrm{R}}(\boldsymbol{p})$ は負のヘリシティー状態を記述する, という. 正負のヘリシティー状態に対応して, エネルギーは正負をとる.

右手カイラル状態の粒子に対するワイル場の演算子は (6.46) に対応して

$$\psi_{\mathrm{R}}(x) = \sqrt{c} \int \frac{d^3k}{\sqrt{(2\pi)^3}} \left[c_{\mathrm{R}}(\boldsymbol{k}) u_{\mathrm{R}}(\boldsymbol{k}) e^{ikx} + d_{\mathrm{R}}^{\dagger}(\boldsymbol{k}) v_{\mathrm{R}}(\boldsymbol{k}) e^{-ikx} \right] \tag{6.108}$$

と平面波展開され, ここで導入された演算子は交換関係

$$\{c_{\mathrm{R}}(\boldsymbol{k}), c_{\mathrm{R}}^{\dagger}(\boldsymbol{k}')\} = \{d_{\mathrm{R}}(\boldsymbol{k}), d_{\mathrm{R}}^{\dagger}(\boldsymbol{k}')\} = \delta(\boldsymbol{k} - \boldsymbol{k}') \tag{6.109}$$

を満たす. 演算子 $c_{\mathrm{R}}(\boldsymbol{k})$ はエネルギー $\hbar c|\boldsymbol{k}|$ の正ヘリシティー粒子を消滅させる. 一方, $d_{\mathrm{R}}(\boldsymbol{k})$ はエネルギー $\hbar c|\boldsymbol{k}|$ の負ヘリシティー反粒子を消滅させる. 式 (6.104a) と (6.106a) を用いて, 反交換関係

$$\{\psi_{\mathrm{R}\alpha}(t,\boldsymbol{x}), \psi_{\mathrm{R}\beta}(t,\boldsymbol{y})\} = \{\psi_{\mathrm{R}\alpha}^{\dagger}(t,\boldsymbol{x}), \psi_{\mathrm{R}\beta}^{\dagger}(t,\boldsymbol{y})\} = 0, \tag{6.110a}$$

$$\{\psi_{\mathrm{R}\alpha}(t,\boldsymbol{x}), \psi_{\mathrm{R}\beta}^{\dagger}(t,\boldsymbol{y})\} = c\delta_{\alpha\beta}\delta(\boldsymbol{x} - \boldsymbol{y}) \tag{6.110b}$$

を証明できる.

同様に，左手カイラル状態の粒子に対するワイル場の演算子は

$$\psi_{\rm L}(x) = \sqrt{c} \int \frac{d^3k}{\sqrt{(2\pi)^3}} \left[c_{\rm L}(\boldsymbol{k})u_{\rm L}(\boldsymbol{k})e^{ikx} + d_{\rm L}^\dagger(\boldsymbol{k})v_{\rm L}(\boldsymbol{k})e^{-ikx} \right] \quad (6.111)$$

と展開され，反交換関係

$$\{c_{\rm L}(\boldsymbol{k}), c_{\rm L}^\dagger(\boldsymbol{k}')\} = \{d_{\rm L}(\boldsymbol{k}), d_{\rm L}^\dagger(\boldsymbol{k}')\} = \delta(\boldsymbol{k}-\boldsymbol{k}') \quad (6.112)$$

および

$$\{\psi_{{\rm L}\alpha}(t,\boldsymbol{x}), \psi_{{\rm L}\beta}(t,\boldsymbol{y})\} = \{\psi_{{\rm L}\alpha}^\dagger(t,\boldsymbol{x}), \psi_{{\rm L}\beta}^\dagger(t,\boldsymbol{y})\} = 0, \quad (6.113{\rm a})$$

$$\{\psi_{{\rm L}\alpha}(t,\boldsymbol{x}), \psi_{{\rm L}\beta}^\dagger(t,\boldsymbol{y})\} = c\delta_{\alpha\beta}\delta(\boldsymbol{x}-\boldsymbol{y}) \quad (6.113{\rm b})$$

が成り立つ．演算子 $c_{\rm L}(\boldsymbol{k})$ はエネルギー $\hbar c|\boldsymbol{k}|$ の負ヘリシティー粒子を消滅させる．一方，$d_{\rm L}(\boldsymbol{k})$ はエネルギー $\hbar c|\boldsymbol{k}|$ の正ヘリシティー反粒子を消滅させる．

6.6 磁場中のディラック電子

均一磁場中で，xy 平面に束縛されたディラック電子の量子化を行う．磁場を $B > 0$ として $\boldsymbol{B} = (0, 0, -B)$ とする．物理的な応用としてはグラフェン上のディラック電子の起こす量子ホール効果がある．以下の議論は質量がある場合でもない場合でも成り立つ．質量がない場合には単に $m = 0$ とおけばよい．このときでも磁場の方向がスピンの量子化軸に選ばれる．

ハミルトニアン (6.87) は

$$Q = c\left(\sigma_x P_x + \sigma_y P_y\right) = c \begin{pmatrix} 0 & P_x - iP_y \\ P_x + iP_z & 0 \end{pmatrix} \quad (6.114)$$

とおけば，

$$H = \begin{pmatrix} mc^2 & Q \\ Q & -mc^2 \end{pmatrix} \quad (6.115)$$

と表される．ここで，磁気長 $\ell_{\rm B} = \sqrt{\hbar/eB}$ を用いて，

$$a = \frac{\ell_B}{\sqrt{2}\hbar}(P_x + iP_y), \qquad a^\dagger = \frac{\ell_B}{\sqrt{2}\hbar}(P_x - iP_y) \quad (6.116)$$

という演算子を導入すると，$\omega_c = c\sqrt{2eB/\hbar}$ をサイクロトロン・エネルギーとして，演算子 Q は

$$Q = \hbar\omega_c \begin{pmatrix} 0 & a^\dagger \\ a & 0 \end{pmatrix} \quad (6.117)$$

と表される．さて，共変運動量の間に交換関係

$$[P_x, P_y] = \frac{i\hbar^2}{\ell_B^2} \tag{6.118}$$

が成立する．これを用いて，交換関係

$$[a, a^\dagger] = 1 \tag{6.119}$$

が直ちに導かれる．

ハミルトニアンを対角化して

$$H = \begin{pmatrix} \sqrt{QQ + m^2c^4} & 0 \\ 0 & -\sqrt{QQ + m^2c^4} \end{pmatrix} \tag{6.120}$$

を得る．ここに

$$QQ = (\hbar\omega_c)^2 \begin{pmatrix} a^\dagger a & 0 \\ 0 & aa^\dagger \end{pmatrix} \tag{6.121}$$

である．ハミルトニアン (6.120) の左上成分は電子を，右下成分は負エネルギー電子 (ホール) を記述する．すなわち，

$$H_{\text{electron}} = \sqrt{QQ + m^2c^4}, \tag{6.122a}$$

$$H_{\text{hole}} = -\sqrt{QQ + m^2c^4} \tag{6.122b}$$

である．

演算子 $a^\dagger$ と a は生成消滅演算子だから，フォック状態

$$|N\rangle = \frac{1}{\sqrt{N!}}(a^\dagger)^N|0\rangle \tag{6.123}$$

が導入でき，

$$a^\dagger a|N\rangle = N|N\rangle, \qquad aa^\dagger|N-1\rangle = N|N-1\rangle \tag{6.124}$$

が成り立つ．ゆえに，ハミルトニアンの固有状態と固有値は，α と β を任意定数として

$$H_{\text{electron}} \begin{pmatrix} \alpha|N\rangle \\ \beta|N-1\rangle \end{pmatrix} = \mathcal{E}(N) \begin{pmatrix} \alpha|N\rangle \\ \beta|N-1\rangle \end{pmatrix} \tag{6.125}$$

と求まる．ここに，エネルギー固有値は

$$\mathcal{E}(N) = \sqrt{(\hbar\omega_c)^2 N + m^2c^4} \tag{6.126}$$

である．独立な 2 つの固有状態として

$$|N;\uparrow\rangle_{\text{electron}} \equiv \begin{pmatrix} |N\rangle \\ 0 \end{pmatrix}, \qquad (6.127\text{a})$$

$$|N-1;\downarrow\rangle_{\text{electron}} \equiv \begin{pmatrix} 0 \\ |N-1\rangle \end{pmatrix} \qquad (6.127\text{b})$$

をとる.ホールに対しても同様な式が成り立つ.

これらの状態の物理的意味は次のようである.ハミルトニアン (6.120) の構成要素である

$$H_{\text{P}} = QQ = c^2(\boldsymbol{\sigma}\cdot\boldsymbol{P})^2 = c^2\left(-i\hbar\nabla + e\boldsymbol{A}\right)^2 - e\hbar c^2 \sigma_z B \qquad (6.128)$$

は,パウリのハミルトニアン (6.90) と同じ形をしている.したがって,相対論的ディラック粒子のスペクトル $\mathcal{E}(N)$ は,非相対論的パウリ・ハミルトニアンのスペクトル $E(N)$ から $\mathcal{E}(N) = \pm\sqrt{E(N) + m^2 c^4}$ と求められる.パウリ・ハミルトニアン (6.128) で,最初の項は運動エネルギー項であり,次の項はゼーマン項である.電子がサイクロトロン運動して,ランダウ準位をつくるが,このサイクロトロン・エネルギーはちょうどゼーマン・エネルギーの2倍になっている.したがって,$|N;\uparrow\rangle_{\text{electron}}$ は N 番目のランダウ準位にいる上向きスピン電子状態を,$|N-1;\downarrow\rangle_{\text{electron}}$ は $N-1$ 番目のランダウ準位にいる下向きスピン電子状態を表す.これらの2つの電子状態は縮退している (図 6.2).

さて,各ランダウ準位は中心座標の自由度に関して縮退している[*1)].中心座標は

$$X \equiv x + \frac{1}{eB}P_y, \qquad Y \equiv y - \frac{1}{eB}P_x \qquad (6.129)$$

で導入される.さらに,演算子

$$b \equiv \frac{1}{\sqrt{2}\ell_B}(X - iY), \qquad b^\dagger \equiv \frac{1}{\sqrt{2}\ell_B}(X + iY) \qquad (6.130)$$

を定義すれば,これらは交換関係

$$[b, b^\dagger] = 1 \qquad (6.131)$$

を満たす.フォック空間の元は

[*1)] 詳しくは本シリーズ 1 巻『量子力学』の 11.3 節を参照されたい.

6.6 磁場中のディラック電子

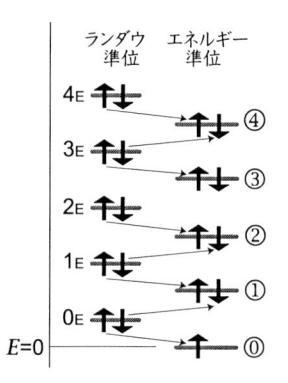

図 6.2 磁場中の電子のエネルギー順位とランダウ順位
矢印はスピンを表す．N 番目のエネルギー順位は，N 番目のランダウ順位からの上向きスピン電子と $(N-1)$ 番目のランダウ順位からの下向きスピン電子を含む．

$$|N, n; \uparrow\rangle_{\text{electron}} \equiv \frac{1}{\sqrt{n!}} \begin{pmatrix} (b^\dagger)^n |N\rangle \\ 0 \end{pmatrix}, \tag{6.132a}$$

$$|N-1, n; \downarrow\rangle_{\text{electron}} \equiv \frac{1}{\sqrt{n!}} \begin{pmatrix} 0 \\ (b^\dagger)^n |N-1\rangle \end{pmatrix} \tag{6.132b}$$

である．磁場中の電子状態はランダウ準位インデックス N とこのインデックス n で一意的に指定できる．これらの電子の消滅演算子を $c^\uparrow(N,n)$ などとするなら，エネルギー $\mathcal{E}(N)$ をもつ電子場の演算子は

$$\psi_N^\uparrow(\boldsymbol{x}) = \sum_n \langle \boldsymbol{x}|N, n; \uparrow\rangle_{\text{electron}} c^\uparrow(N, n), \tag{6.133a}$$

$$\psi_N^\downarrow(\boldsymbol{x}) = \sum_n \langle \boldsymbol{x}|N-1, n; \downarrow\rangle_{\text{electron}} c^\downarrow(N-1, n) \tag{6.133b}$$

で与えられる．ホールに対しても同様な場の演算子が定義できる．

特に興味があるのは，質量がない場合であり，グラフェンの電子物性の解析が場の演算子 (6.133) に基づき行うことができる．質量がないなら，電子にもホールにもゼロ・エネルギー状態が発生する．図 6.2 に対応するスペクトル構造はグラフェン上の量子ホール効果として実験的に観測されている．詳しくは 94 ページの注で与えた参考書を参照されたい．

7 場の相互作用

　自由場の演算子はフォック空間の生成消滅演算子で書かれているから，いかに複雑な積の期待値でも計算可能である．したがって，相互作用している場の理論においても，相互作用をしている場を何らかの方法で自由場に帰着できれば計算可能になる．このような処方箋として摂動論を解説する．

7.1　ダイソン方程式

　相互作用している粒子の場の理論を解析する．記号の簡略化のために，本章では $\hbar = c = 1$ とおく．これを**自然単位系**[*1)]という．簡単のため，実スカラー模型

$$\mathcal{L} = -\frac{1}{2}(\partial^\mu \phi)(\partial_\mu \phi) - \frac{m^2}{2}\phi^2 - V(\phi) \tag{7.1}$$

を用いて説明するが，以下の解析は任意の場の理論に適用できる．

　相互作用している系での伝播関数

$$i\Delta_\mathrm{F}(x-x') = \langle 0|\mathcal{T}[\phi(x)\phi(x')]|0\rangle \tag{7.2}$$

を解析する．これに微分演算子 $\partial^\mu \partial_\mu - m^2$ を作用させる．まず，

$$\partial_t \mathcal{T}[\phi(x)\phi(x')] = \mathcal{T}[\partial_t \phi(x)\phi(x')] + \delta(t-t')[\phi(x), \phi(x')] \tag{7.3}$$

となり，さらに

$$\partial_t^2 \mathcal{T}[\phi(x)\phi(x')] = \mathcal{T}[\partial_t^2 \phi(x)\phi(x')] + \delta(t-t')[\dot\phi(x), \phi(x')] \tag{7.4}$$

[*1)] 自然単位系には長さの次元 L しかなく，質量の次元は $M = L^{-1}$ となり，時間の次元は $T = L$ となる．一般の単位系における $\hbar$ と c の回復は容易に行える．たとえば，(7.1) の ϕ^2 項に対しては，回復される項は，$c^n \hbar^m = [\mathcal{L}]M^{-2}[\phi]^{-2}$ であるので，ここに $[\mathcal{L}] = ML^{-1}T^{-2}$ と $[\phi]$ を代入し，$[\hbar] = ML^2T^{-1}$ と $[c] = LT^{-1}$ を用いれば，ベキ数 n と m が求まる．

7.1 ダイソン方程式

である．第1項に対してハイゼンベルグ方程式

$$\partial^\mu \partial_\mu \phi - m^2 \phi - V'(\phi) = 0 \tag{7.5}$$

を用い，第2項に対して正準交換関係 (3.18) を用いることにより，

$$(\partial^\mu \partial_\mu - m^2)\Delta_{\rm F}(x-x') = \delta^4(x-x') - i\langle 0|\mathcal{T}[V'(\phi)(x)\phi(x')]|0\rangle \tag{7.6}$$

を得る．第2項がなければ，これは自由場の伝播関数 $\Delta_{\rm F}^0(x-x')$ に対するグリーン関数の方程式 (3.42) である．

簡単に確かめられるように，方程式 (7.6) は自由場の伝播関数 $\Delta_{\rm F}^0(x-x')$ を用いて，

$$\Delta_{\rm F}(x-x') = \Delta_{\rm F}^0(x-x') - i\int d^4z\, \Delta_{\rm F}^0(x-z)\langle 0|\mathcal{T}[V'(\phi)(z)\phi(x')]|0\rangle \tag{7.7}$$

と形式的に解くことができる．次に，

$$\langle 0|\mathcal{T}[V'(\phi)(z)\phi(x')]|0\rangle = i\int d^4\omega\, \Sigma(z-\omega)\Delta_{\rm F}(\omega-x') \tag{7.8}$$

を満たす関数 $\Sigma(z-\omega)$ を導入し，伝播関数 (7.7) を

$$\Delta_{\rm F}(x-x') = \Delta_{\rm F}^0(x-x') + \int d^4z\, d^4w\, \Delta_{\rm F}^0(x-z)\Sigma(z-w)\Delta_{\rm F}(w-x') \tag{7.9}$$

と書き直す．関数 $\Sigma(z-w)$ を自己エネルギーという．フーリエ変換して

$$\Delta_{\rm F}(k) = \Delta_{\rm F}^0(k) + \Delta_{\rm F}^0(k)\Sigma(k)\Delta_{\rm F}(k) \tag{7.10}$$

となるが，これをダイソン (Dyson) 方程式とよぶ．この式を $\Delta_{\rm F}(k)$ に関して解き，$\Delta_{\rm F}^0(k)$ に具体的表式 (3.46) を代入して，

$$\Delta_{\rm F}(k) = \frac{\Delta_{\rm F}^0(k)}{1 - \Delta_{\rm F}^0(k)\Sigma(k)} = \frac{-1}{k^2 + m^2 + \Sigma(k) - i\epsilon} \tag{7.11}$$

という表示を得る．伝播関数のこの表式をダイソン表示という．自己エネルギーを摂動論を用いて計算する処方箋を後の節で解説する．

実スカラー模型に限らず，任意の相互作用をしている系で，伝播関数をダイソン表示で表せる．自由粒子の伝播関数は，粒子のエネルギーと運動量が分散関係を満たす点に極をもっていた．分散関係は相互作用により補正を受け，

$$k^2 + m^2 + \Sigma(k) = 0 \tag{7.12}$$

を解くことで決まる．特に，相対論的理論においては，分散関係はアインシュタイン公式 $k_0^2 = \boldsymbol{k}^2 + m^2$ に他ならない．相互作用系では，自己エネルギー $\Sigma(k)$ の存在のために，伝播関数の極の位置は変化している．この極が量子補正を受けた質量を決める．観測されるのは量子補正を受けた質量である．さらに，相

互作用のため，自己エネルギーが複素数になり，極が複素平面上で実数軸からずれる場合がある．このような粒子は不安定であり，自己エネルギーの虚数部はその粒子の寿命を決める．

7.2 相互作用描像

前節で議論した伝播関数 (7.2) はグリーン関数の最も簡単な例である．一般にグリーン関数はハイゼンベルグ描像を用いて，

$$G(x_1, x_2, \cdots, x_N) \equiv \langle 0_H | \mathcal{T}[\phi_H(x_1)\phi_H(x_2)\cdots\phi_H(x_N)] | 0_H \rangle \quad (7.13)$$

と定義される．この章では，シュレーディンガー描像における演算子，ハイゼンベルグ描像における演算子，相互作用描像における演算子にそれぞれインデックス "S"，"H"，"I" を付ける．

各種の物理量はグリーン関数がわかれば計算できる．実スカラー模型 (7.1) を用いて，グリーン関数の系統的解析法である摂動論を解説する．ハミルトニアン H を自由場ハミルトニアンと相互作用部分に分ける．

$$H(\phi) = H_{\text{free}}(\phi) + V(\phi). \quad (7.14)$$

自由場ハミルトニアン H_{free} は場の 2 次の項からなる．

1.1 節で示したように，相互作用描像では演算子 $\phi_I(t, \boldsymbol{x})$ は自由場ハミルトニアン H_{free} のもとで時間発展するから，これは，フォック空間の生成消滅演算子を用いて，公式 (3.24) のように表すことができる．したがって，真空 $|0_H\rangle$ をフォック真空 $|0\rangle$ に関係づければ，期待値 (7.13) の計算ができることになる．

まず，公式 (1.16) を用いて，ハイゼンベルグ描像における演算子 $\phi_H(t, \boldsymbol{x})$ を相互作用描像における演算子 $\phi_I(t, \boldsymbol{x})$ で書き直す．すなわち，時間発展演算子

$$U(t) = e^{iH_{\text{free}}(\phi_S)t} e^{-iH(\phi_S)t} \quad (7.15)$$

を用いて，

$$\phi_H(t, \boldsymbol{x}) = U^\dagger(t) \phi_I(t, \boldsymbol{x}) U(t) \quad (7.16)$$

と書く．これを (7.13) に代入する．時間順序積の中では演算子は自由に移動してよいので，

$$G(x_1, \cdots, x_N) \equiv \langle 0_H | \mathcal{T}[\phi_I(x_1) \cdots \phi_I(x_N)] | 0_H \rangle \quad (7.17)$$

を得る．

7.2 相互作用描像

次に，真空 $|0_H\rangle$ をフォック真空 $|0\rangle$ に関係づける[*1]．すべての表示の演算子と状態は時刻 $t = 0$ で一致し，また，シュレーディンガー表示における演算子 ϕ_S は時刻に依存しない．ゆえに，時刻 $t = 0$ での真空のエネルギーをゼロにとれば，

$$H(\phi_S)|0_H\rangle = 0, \qquad H_{\text{free}}(\phi_S)|0\rangle = 0 \tag{7.18}$$

となる．したがって，時間発展演算子の公式 (7.15) から

$$U^\dagger(t)|0\rangle = e^{iH(\phi_S)t}e^{-iH_{\text{free}}(\phi_S)t}|0\rangle = e^{iH(\phi_S)t}|0\rangle \tag{7.19}$$

である．ここで，ハミルトニアン $H(\phi_S)$ の固有状態のなす完全系 $\sum_n |n_H\rangle\langle n_H| = 1$ を挿入し，固有値方程式を $H(\phi_S)|n_H\rangle = E_n|n_H\rangle$ として，

$$U^\dagger(t)|0\rangle = \sum_n e^{iH(\phi_S)t}|n_H\rangle\langle n_H|0\rangle = \sum_n e^{iE_n t}|n_H\rangle\langle n_H|0\rangle$$

$$= |0_H\rangle\langle 0_H|0\rangle + \sum_{n>0} e^{iE_n t}|n_H\rangle\langle n_H|0\rangle \tag{7.20}$$

と変形する．真空 ($E_0 = 0$) からの寄与を明示的に取り出している．真空以外のすべての状態に対して $E_n > 0$ である．時刻 t を初期時刻 t_{ini} にとれば，$t_{\text{ini}} \to -\infty$ の極限で，指数 $e^{iE_n t_{\text{ini}}}$ は振動してゼロになるから[*2]，

$$|0_H\rangle = \lim_{t_{\text{ini}} \to -\infty} \frac{U^\dagger(t_{\text{ini}})|0\rangle}{\langle 0_H|0\rangle} \equiv \frac{U^\dagger(-\infty)|0\rangle}{\langle 0_H|0\rangle} \tag{7.21}$$

となる．同様に，終了時刻に関しても

$$\langle 0_H| = \lim_{t_{\text{fin}} \to +\infty} \frac{\langle 0|U(t_{\text{fin}})}{\langle 0|0_H\rangle} \equiv \frac{\langle 0|U(+\infty)}{\langle 0|0_H\rangle} \tag{7.22}$$

である．(7.21) と (7.22) のスカラー積をつくり，$\langle 0_H|0_H\rangle = 1$ を用い，

$$Z_0 \equiv \langle 0|0_H\rangle\langle 0_H|0\rangle = \langle 0|U(+\infty)U^\dagger(-\infty)|0\rangle \tag{7.23}$$

が導かれる．

したがって，グリーン関数 (7.17) は

$$G(x_1, \cdots, x_N) = \frac{1}{Z_0}\langle 0|U(+\infty)\mathcal{T}[\phi_I(x_1)\cdots\phi_I(x_N)]U^\dagger(-\infty)|0\rangle \tag{7.24}$$

となる．演算子 $U(+\infty)$ と $U^\dagger(-\infty)$ は時間順序積の中に移項でき，

[*1] フォック真空 $|0\rangle$ は，相互作用表示における真空 $|0_I\rangle$ ではない．真空 $|0_H\rangle$ とフォック真空 $|0\rangle$ は時間に依存しないが，$|0_I\rangle$ は (1.15) に従って時間とともに変化する．

[*2] この議論は $E_n < 0$ でも成立してしまい正確でない．正しい議論は 11.1 節で行うように，$t = -i\hbar\tau$ で虚時間形式に移行する必要がある．指数が $e^{iE_n t/\hbar} = e^{E_n\tau}$ となるから，$E_n > 0$ である状態に対してのみ，$\tau \to -\infty$ でゼロになる．

$$G(x_1,\cdots,x_N) = \frac{1}{Z_0}\langle 0|\mathcal{T}[U(+\infty)U^\dagger(-\infty)\phi_I(x_1)\cdots\phi_I(x_N)]|0\rangle \quad (7.25)$$

となる.

付録 A.1 で導くように,時間発展演算子 $U(t)$ は相互作用ハミルトニアンを用いて,

$$U(t) = \mathcal{T}\left[\exp\left(-i\int_0^t dt' \int d^3x'\, V(\phi_I(t'))\right)\right] \quad (7.26)$$

と書くことができ,さらに,時刻 t' から t への時間発展演算子は $U(t)U^\dagger(t')$ であり,

$$U(t,t') \equiv U(t)U^\dagger(t') = \mathcal{T}\left[\exp\left(-i\int_{t'}^t dt" \int d^3x"\, V(\phi_I(t"))\right)\right] \quad (7.27)$$

で与えられる.ゆえに,グリーン関数 (7.17) は

$$G(x_1,\cdots,x_N) = \frac{1}{Z_0}\langle 0|\mathcal{T}[e^{-i\int d^4z V(\phi_I)}\phi_I(x_1)\cdots\phi_I(x_N)]|0\rangle \quad (7.28)$$

となる.規格化因子は

$$Z_0 = \langle 0|U(+\infty,-\infty)|0\rangle = \langle 0|\mathcal{T}\left[e^{-i\int d^4z V(\phi_I)}\right]|0\rangle \quad (7.29)$$

である.これは相互作用ハミルトニアン $V(\phi_I)$ により真空に粒子生成され,これが伝播した後で真空に消滅する確立振幅と解釈される.これを真空泡とよぶが,この寄与はグリーン関数には存在しない[*1].

7.3 生成汎関数

グリーン関数 (7.28) の解析のために生成汎関数(生成母関数ともいう)

$$Z(J) = \langle 0|\mathcal{T}\left[e^{-i\int d^4z V(\phi_I)}e^{i\int d^4x J(x)\phi_I(x)}\right]|0\rangle \quad (7.30)$$

を導入する.ここに,$J(x)$ は演算子ではなく普通の関数であり,場の演算子 $\phi_I(x)$ の外場といわれる.明らかに,$Z_0 = \lim_{J\to 0} Z(J)$ である.生成汎関数の名前の由来は,$J(x)$ で汎関数微分することによりグリーン関数が

$$G(x_1,x_2,\cdots,x_N) = (-i)^N \frac{1}{Z_0} \frac{\delta}{\delta J(x_1)}\cdots\frac{\delta}{\delta J(x_N)} Z(J)\bigg|_{J=0} \quad (7.31)$$

のように生成されるからである.この式から

[*1] 期待値 $\langle 0|\mathcal{T}[U(U(+\infty,-\infty)\phi_I(x_1)\cdots\phi_I(x_N)]|0\rangle$ にもこのような真空泡を含む項が存在する.これは $G(x_1,\cdots,x_N) \times Z_0$ の形に因数分解でき,$G(x_1,\cdots,x_N)$ に真空泡が存在しないことが証明できる.

$$Z(J) = Z_0 \sum_{n=0}^{\infty} \frac{i^n}{n!} \int d^4x_1 \cdots \int d^4x_n \, J(x_1) \cdots J(x_n) G(x_1, \cdots, x_n) \tag{7.32}$$

と表すことができ，N 点グリーン関数は生成汎関数の変数 $J(x)$ に関するテーラー展開係数と見なせる．

さて，関係式
$$\left(\frac{\delta}{\delta J(x)}\right)^n e^{\int d^4x \, J(x)\phi(x)} = [\phi(x)]^n \, e^{\int d^4x \, J(x)\phi(x)} \tag{7.33}$$
が成り立つから，任意関数 $f(\phi)$ に対して
$$f\left[\frac{\delta}{\delta J(x)}\right] e^{\int d^4x \, J(x)\phi(x)} = f[\phi(x)] e^{\int d^4x \, J(x)\phi(x)} \tag{7.34}$$
である．新たな生成汎関数
$$\mathcal{F}(J) \equiv \langle 0|\mathcal{T}\left[e^{i\int d^4x J(x)\phi_\text{I}(x)}\right]|0\rangle \tag{7.35}$$
を導入し，(7.34) を適用すれば，(7.30) は
$$Z(J) = \exp\left[-i\int d^4z \, V\left(-i\frac{\delta}{\delta J(z)}\right)\right] \mathcal{F}(J) \tag{7.36}$$
となる．

汎関数 $\mathcal{F}(J)$ をテーラー展開して計算する．演算子 $\phi_\text{I}(x)$ はフォック空間の生成消滅演算子で表されている．消滅演算子はフォック真空 $|0\rangle$ に作用してゼロになり，生成演算子は $\langle 0|$ に作用してゼロになる．1 次の項は，$\langle 0|\phi_\text{I}(x)|0\rangle = 0$ である．2 次の項は，自由場の伝播関数 $i\Delta_\text{F}^0(x-y) = \langle 0|\mathcal{T}[\phi_\text{I}(x)\phi_\text{I}(y)]|0\rangle$ に比例する．したがって，展開して，
$$\begin{aligned}\mathcal{F}(J) &= 1 + \frac{i^2}{2!} \int d^4x d^4y J(x)J(y)\langle 0|\mathcal{T}[\phi_\text{I}(x)\phi_\text{I}(y)]|0\rangle + \cdots \\ &= 1 - \frac{i}{2} \int d^4x d^4y J(x)\Delta_\text{F}^0(x-y)J(y) + \cdots\end{aligned} \tag{7.37}$$
を得る．これは
$$\mathcal{F}(J) = e^{-\frac{i}{2}\int d^4x d^4y J(x)\Delta_\text{F}^0(x-y)J(y)} \tag{7.38}$$
の 1 次までの展開に等しい．本書では行わないが，すべての次数でこの公式が成立することを証明できる[*1]．ゆえに，公式 (7.36) は

[*1] 証明は，たとえば，以下の書籍を参考にされたい．S. Gasiorowicz, *Elementary Particle Physics*, John Wiley & Sons Inc. (1966), pp.121–123.

$$Z(J) = \exp\left[-i\int d^4z V\left(-i\frac{\delta}{\delta J(z)}\right)\right] e^{-\frac{i}{2}\int d^4x d^4y J(x)\Delta_F^0(x-y)J(y)} \quad (7.39)$$

となる．グリーン関数の生成汎関数 $Z(J)$ を自由場の伝播関数で表すことができた．なお，本書では，11.3 節で公式 (7.39) を汎関数積分法により導出する（公式 (11.37) をみよ）．

7.4 摂　動　論

グリーン関数を計算する 1 つの方法は，相互作用項を含む指数関数をテーラー展開することである．したがって，(7.31) と (7.39) から

$$G(x_1,\cdots,x_N) = \frac{(-i)^N}{Z_0}\sum_n \frac{1}{n!}\left[-i\int d^4z V\left(-i\frac{\delta}{\delta J(z)}\right)\right]^n$$
$$\times \left.\frac{\delta}{\delta J(x_1)}\cdots\frac{\delta}{\delta J(x_N)}\mathcal{F}(J)\right|_{J=0} \quad (7.40)$$

という公式を得る．これは相互作用に関する摂動展開であり，相互作用が小さければ正当化できる．実際には，$\mathcal{F}(J)$ も指数関数を展開して計算する．

摂動公式 (7.40) の一般的な構造を説明する（図 7.1）．たとえば，$J(x_1)$ と $J(x_2)$ による微分は 2 点 x_1 と x_2 を結ぶ自由場の伝播関数 $i\Delta_F^0(x_1-x_2)$ を生成するが，これを線分で表す．また，$J(z_1)$ と $J(z_2)$ による微分は 2 点 z_1 と z_2 を結ぶ自由場の伝播関数 $i\Delta_F^0(z_1-z_2)$ を生成するが，これも線分で表す．$J(z)$ による 2 回の微分は $i\Delta_F^0(z-z) = i\Delta_F^0(0)$ を与えるが，これは点 z から出発して点 z に戻ってくる粒子の伝播であり，ループで表す．その結果，グリーン関数は $i\Delta_F^0(x_i-x_j)$, $i\Delta_F^0(z_i-x_j)$, $i\Delta_F^0(z_i-z_j)$, $i\Delta_F^0(0)$ の積になり，座標

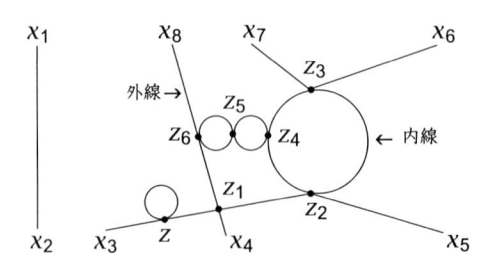

図 7.1　$\lambda\phi^4$ 模型におけるファインマン図形の例

z_i に関しては積分が行われることになる．

摂動公式 (7.40) において，外場 $J(x)$ あるいは $J(z)$ の微分により，伝播関数を表す線分とループの集まりが得られることを説明したが，これをファインマン図形という (図 7.1)．さて，グリーン関数 $G(x_1,\cdots,x_N)$ の引数である外場点 x_i から出る線分を外線，それ以外の線分を内線とよぶ．相互作用は点 z に集まる線分で表現され，この点は頂点とよばれる．ファインマン図形のうち，すべての線分とループが連結しているダイアグラムを連結図形という．これに対応するグリーン関数を連結グリーン関数とよび，$G_\mathrm{C}(x_1,\cdots,x_N)$ と記す．連結図形で，そのどれか 1 本の線分を切断すると，もはや連結していない図形になる場合に，1 粒子可約図形とよび，それ以外を 1 粒子既約図形とよぶ[*1]．1 粒子既約図形から，すべての外線を取り除いた図形に対応するグリーン関数を 1 粒子既約グリーン関数あるいは単に既約グリーン関数とよび，$G_\mathrm{IR}(x_1,\cdots,x_N)$ と記す．

ファインマン図形を書き下せば，対応するグリーン関数の項が計算できる．相互作用ハミルトニアン

$$V(\phi(z)) = \frac{\lambda}{4!}[\phi(z)]^4 \tag{7.41}$$

を採用して具体例を示す (図 7.1)．この相互作用は頂点に 4 本の線分が集まることを示す．基本公式 (7.40) は相互作用に関する摂動展開を定義しているので，摂動論とはパラメーター λ に関する展開と見なせる．展開の λ^n の項を求めるには，平面に n 個の頂点を書き，外線と内線でこれらの点を結ぶ．その図形において，線分に伝播関数を対応させる．これをすべての可能な結び方で構成した図形を足し上げることでグリーン関数が求まる．

最も基本的なグリーン関数は伝播関数と頂点関数である．伝播関数のゼロ次項は図 7.2(a) で与えられ，自由場の伝播関数に他ならない．実際，

$$\begin{aligned}G^{(0)}(x_1,x_2) &= (-i)^2 \frac{\delta}{\delta J(x_1)} \frac{\delta}{\delta J(x_2)} e^{-\frac{i}{2}\int d^4x d^4y J(x)\Delta_\mathrm{F}^0(x-y)J(y)}\bigg|_{J=0} \\ &= i\Delta_\mathrm{F}^0(x_1-x_2)\end{aligned} \tag{7.42}$$

である．次に 1 次の摂動項だが，これは 6 個の微分を含むから，$\mathcal{F}(J)$ の 3 次

[*1] 1 粒子既約図形と 1 粒子可約図形を，それぞれ，固有 (proper) 図形と非固有 (inproper) 図形とよぶ文献もある．

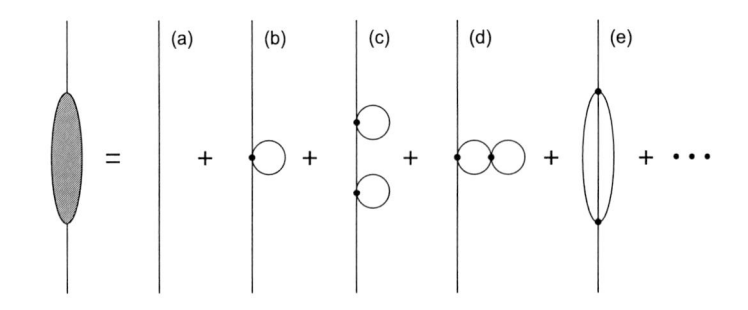

図 7.2 2 点連結グリーン関数を与えるファインマン図形
黒丸は結合定数 λ に比例する 4 点相互作用を表す.

の展開項が効く. 連結ダイアグラムは唯一存在して図 7.2(b) で与えられる. 対応する連結グリーン関数は

$$G_{\mathrm{C}}^{(1)}(x_1, x_2) = (-i\lambda)\frac{1}{2}\int d^4z\, i\Delta_{\mathrm{F}}^0(x_1-z) i\Delta_{\mathrm{F}}^0(0) i\Delta_{\mathrm{F}}^0(z-x_2) \quad (7.43)$$

である. これは, 粒子が点 x_2 から z へ伝播し, その点 z から出てそこに戻るループ伝播, さらに点 z から x_1 への伝播を表す. 同様に, 2 次以上の高次の摂動項の計算も遂行できる. 2 次までの連結図形を図 7.2 に示す.

頂点関数 Γ は相互作用の形で決まる. 具体例として扱っている ϕ^4 模型では,

$$G_{\mathrm{IR}}(x_1, x_2, x_3, x_4) = -i\Gamma(x_1, x_2, x_3, x_4) \quad (7.44)$$

で定義される. これは λ の 1 次の項から始まり, 図形 7.3(a) に対応する. 1 次の項は, 4 本の外線を取り除き

$$G_{\mathrm{IR}}^{(1)}(x_1, x_2, x_3, x_4) = -i\Gamma^{(1)}(x_1, x_2, x_3, x_4) = -i\lambda \quad (7.45)$$

である. すなわち, 頂点関数 Γ は摂動の最低次で結合定数に帰着するように定義されている.

ファインマン図形の計算は運動量空間で行うのが便利である. グリーン関数をフーリエ変換して,

$$\begin{aligned} G(p_1,\cdots,p_N)(2\pi)^4\delta(p_1+\cdots+p_N) \\ = \int d^4x_1\cdots d^4x_N\, e^{-ip_1x_1-\cdots-ip_Nx_N} G(x_1,\cdots,x_N) \end{aligned} \quad (7.46)$$

を得る. ここでデルタ関数は全体としての運動量保存を意味する. 2 点グリーン関数は伝播関数 $i\Delta_{\mathrm{F}}^0(p)$ であり,

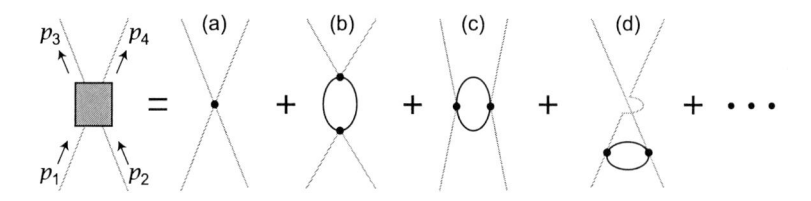

図 7.3 4 点既約グリーン関数

左辺の灰色の箱は 4 点既約グリーン関数を表す．右辺は対応する 1 次の摂動項までの既約図形を表す．既約グリーン関数は外線 (灰色の線) を含まない．

$$\begin{aligned}i\Delta_{\rm F}^0(p)(2\pi)^4\delta(p+q) &= i\int d^4x d^4y\, e^{-ipx-iqy}\Delta_{\rm F}^0(x-y) \\ &= (2\pi)^4\delta(p+q)\frac{-i}{p^2+m^2-i\epsilon}\end{aligned} \quad (7.47)$$

となるが，これは (3.46) に他ならない．

運動量空間で連結グリーン関数を計算するには，連結したファインマン図形を書き下し，以下の処方を行う．

(1) 各線分に伝播関数 $i\Delta_{\rm F}^0(p)$ を対応させる．

(2) 各頂点に相互作用 $\mathcal{H}_{\rm int}$ に応じた頂点因子を与える．例 (7.41) では，$(-i)\mathcal{H}_{\rm int} = (-i\lambda)\phi^4/4!$ であるから，$-i\lambda$ を対応させる．

(3) 各頂点に運動量保存を表すデルタ関数 $\delta(\sum_i p)$ を課し，内線の運動量 q に対してループ積分 $\int d^4q/(2\pi)^4$ を行う．

(4) ファインマン図形の対称性に応じた重み因子をかける．

(5) 外線には波動関数 $\langle p_i|\phi(0)|0\rangle$ あるいは $\langle 0|\phi(0)|p_i\rangle$ をかける．これについては 7.6 節を参照せよ．

このようにしてグリーン関数を計算する処方をファインマン則という．既約グリーン関数 $G_{\rm IR}(p_1,\cdots,p_N)$ が特に重要である．これをつくるには，1 粒子既約図形を書き下し，外線部分を取り除き，上記のファインマン則に従って計算する．

特に，2 点既約グリーン関数を

$$G_{\rm IR}(p^2) = -i\Sigma(p^2) \quad (7.48)$$

と書き，$\Sigma(p^2)$ を自己エネルギーという．1 次の自己エネルギーは図 7.4(a) に対応し

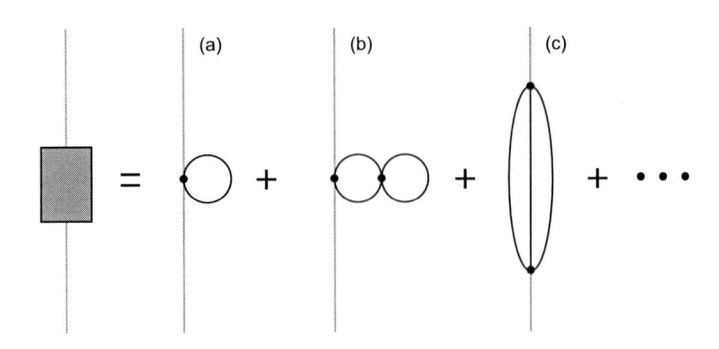

図 7.4 自己エネルギー項 $\Sigma(p^2)$
左辺の灰色の箱は自己エネルギーを表す．右辺は対応する 2 次の摂動項までの既約図形を表す．既約グリーン関数は外線 (灰色の線) を含まない．

$$-i\Sigma^{(1)}(p^2) = (-i\lambda)\frac{1}{2}[i\Delta_{\rm F}^0(0)] = -i\frac{\lambda}{2}\int\frac{d^4q}{(2\pi)^4}\frac{-i}{q^2+m^2-i\epsilon} \quad (7.49)$$

で与えられる．この表式は運動量 p によらないが，これは一般的なことではなく，具体例として扱っている ϕ^4 模型の特殊事情である．2 次の摂動項は

$$\begin{aligned}-i\Sigma^{(2)}(p^2) &= (-i\lambda)^2\frac{1}{4}\int\frac{d^4l}{(2\pi)^4}\int\frac{d^4q}{(2\pi)^4}\frac{-i}{l^2+m^2}\frac{(-i)^2}{(q^2+m^2)^2} \\ &+ (-i\lambda)^2\frac{1}{6}\int\frac{d^4l}{(2\pi)^4}\int\frac{d^4q}{(2\pi)^4}\frac{-i}{l^2+m^2}\frac{-i}{q^2+m^2}\frac{-i}{(p+q-l)^2+m^2}\end{aligned}$$
$$(7.50)$$

であるが，これは p によっている (分母の $-i\epsilon$ を省略している)．

頂点関数は図 7.3 に示すように 1 次の摂動で

$$-i\lambda[\lambda I(p)] = (-i\lambda)^2\frac{1}{2}\int\frac{d^4q}{(2\pi)^4}\frac{-i}{q^2+m^2-i\epsilon}\frac{-i}{(q+p)^2+m^2-i\epsilon} \quad (7.51)$$

とおいて

$$\Gamma(p_1,p_2,p_3,p_4) = \lambda + \lambda^2[I(p_1+p_2)+I(p_1-p_3)+I(p_1-p_4)] \quad (7.52)$$

で与えられる．右辺の 4 つの項は図 7.3(a), (b), (c), (d) に対応する．

7.5 有 効 作 用

グリーン関数の各項はファインマン図形に対応する．連結した図形をすべて集めたものが連結グリーン関数 $G_{\rm C}(x_1,\cdots,x_n)$ である．連結グリーン関数を

7.5 有効作用   117

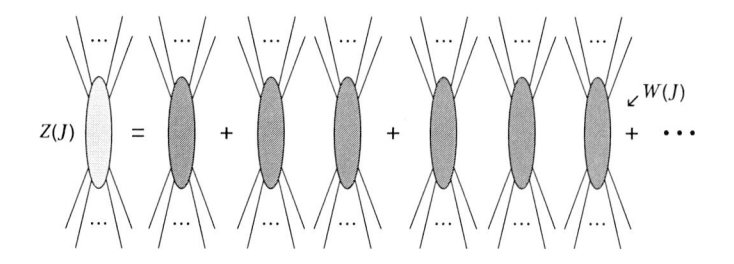

図 7.5 すべてのグリーン関数の集合 $Z(J)$ とすべての連結グリーン関数の集合 $W(J)$. 薄灰色楕円は $Z(J)$ を,濃灰色楕円は $W(J)$ を表す.

導く生成汎関数として

$$iW(J) = \sum_{n=0}^{\infty} \frac{i^n}{n!} \int d^4x_1 \cdots \int d^4x_n\, J(x_1)\cdots J(x_n) G_\mathrm{C}(x_1,\cdots,x_n) \tag{7.53}$$

を導入する.さて,生成汎関数 $Z(J)$ はすべてのグリーン関数を生成する.これは図 7.5 に示すように非連結グリーン関数をいくつ含むかで分類できる.すなわち,連結グリーン関数のみの集合,2個の連結グリーン関数の集合,$\cdots$,などなどである.これらをすべて足し上げたのが $Z(J)$ だから,

$$Z(J) = Z_0 \sum_{n=0}^{\infty} \frac{1}{n!} \left[iW(J)\right]^n = Z_0 e^{iW(J)} \tag{7.54}$$

が成り立つ.ここに,n 個の非連結グリーン関数を含む項は並べ方が $n!$ 通りあるが,すべて同じものであるから二重に数えないように,$n!$ で割っている.したがって,連結グリーン関数の生成汎関数は

$$iW(J) = \ln \frac{Z(J)}{Z_0} \tag{7.55}$$

であり,連結グリーン関数は生成汎関数生成 $Z(J)$ から

$$\begin{aligned}
G_\mathrm{C}(x_1,\cdots,x_N) &= (-i)^{N-1} \lim_{J\to 0} \frac{\delta}{\delta J(x_1)} \cdots \frac{\delta}{\delta J(x_N)} W(J) \\
&= (-i)^N \lim_{J\to 0} \frac{\delta}{\delta J(x_1)} \cdots \frac{\delta}{\delta J(x_N)} \ln \frac{Z(J)}{Z_0}
\end{aligned} \tag{7.56}$$

のように計算される.

次に,外場 $J(x)$ の存在のもとでの 1 点関数

$$\phi_\mathrm{cl}(x) = \langle 0|\phi(x)|0\rangle_J = \frac{\delta W(J)}{\delta J(x)} \tag{7.57}$$

を考える．古典場 $\phi_{\rm cl}(x)$ は外場 $J(x)$ によって決まる．その逆も真である．これら 2 つの場の役割をルジャンドル変換によって入れ換えることができる．新たな汎関数を

$$\Gamma(\phi_{\rm cl}) = W(J) - \int d^4x\, J(x)\phi_{\rm cl}(x) \tag{7.58}$$

によって定義する．定義より

$$\frac{\delta\Gamma(\phi_{\rm cl})}{\delta\phi_{\rm cl}(x)} = \frac{\delta W}{\delta J}\frac{\delta J}{\delta\phi_{\rm cl}} - J - \frac{\delta J}{\delta\phi_{\rm cl}}\phi_{\rm cl} = -J(x) \tag{7.59}$$

である．汎関数 $\Gamma(\phi_{\rm cl})$ は有効作用とよばれ，12 章で解説するように，古典的作用 $S(\phi_{\rm cl})$ を量子補正したものになっている．

有効作用 $\Gamma(\phi_{\rm cl})$ は $\phi_{\rm cl}$ の汎関数だから，$\phi_{\rm cl}$ のテーラー展開

$$\Gamma(\phi_{\rm cl}) = \sum_{n=1}^{\infty}\frac{1}{n!}\int d^4x_1\cdots d^4x_n\, G_{\rm IR}(x_1,\cdots,x_n)\phi_{\rm cl}(x_1)\cdots\phi_{\rm cl}(x_n) \tag{7.60}$$

ができる．以下にみるように，展開係数

$$G_{\rm IR}(x_1,\cdots,x_n) = \left.\frac{\delta^n}{\delta\phi_{\rm cl}(x_1)\cdots\delta\phi_{\rm cl}(x_n)}\Gamma(\phi_{\rm cl})\right|_{\phi_{\rm cl}=0} \tag{7.61}$$

は，既約グリーン関数に他ならない．

まず，最も簡単な例として 2 点関数 $G_{\rm IR}(x_1,x_2) = \delta^2\Gamma(\phi_{\rm cl})/\delta\phi_{\rm cl}(x_1)\delta\phi_{\rm cl}(x_2)$ について調べる．(7.57) と (7.59) から

$$\delta^4(x_1-x_2) = -\frac{\delta}{\delta J(x_2)}\frac{\delta\Gamma(\phi_{\rm cl})}{\delta\phi_{\rm cl}(x_1)} = -\int d^4y\, \frac{\delta^2\Gamma(\phi_{\rm cl})}{\delta\phi_{\rm cl}(y)\delta\phi_{\rm cl}(x_1)}\frac{\delta\phi_{\rm cl}(y)}{\delta J(x_2)} \tag{7.62}$$

である．ここに，$i\Delta_{\rm F}(y,x_2) = \delta\phi_{\rm cl}(y)/\delta J(x_2) \equiv \delta^2 W(J)/\delta J(y)\delta J(x_2)$ は伝播関数である．(7.60) を代入して

$$\delta^4(x_1-x_2) = -i\int d^4y_2\, G_{\rm IR}(x_1,y_2)\Delta_{\rm F}(y_2,x_2) \tag{7.63}$$

となる．運動量空間では，$G_{\rm IR}(p) = i/\Delta_{\rm F}(p)$ である．したがって，2 点既約関数 $G_{\rm IR}(p)$ は伝播関数 $\Delta_{\rm F}(p)$ の逆関数である．

3 点既約関数 $G_{\rm IR}(x_1,x_2,x_3)$ を求めるために，(7.62) を $J(x_3)$ について微分して，

$$0 = -i \int d^4 y d^4 z \frac{\delta \phi_{\rm cl}(z)}{\delta J(x_3)} \frac{\delta^3 \Gamma(\phi_{\rm cl})}{\delta \phi_{\rm cl}(z) \delta \phi_{\rm cl}(x_1) \delta \phi_{\rm cl}(y)} \Delta_{\rm F}(y, x_2)$$
$$- \int d^4 y \frac{\delta^2 \Gamma(\phi_{\rm cl})}{\delta \phi_{\rm cl}(x_1) \delta \phi_{\rm cl}(y)} \frac{\delta^2 \phi_{\rm cl}(y)}{\delta J(x_3) \delta J(x_2)}. \quad (7.64)$$

ここで，$\delta^2 \phi_{\rm cl}(y)/\delta J(x_2) \delta J(x_3) = \delta^3 W(J)/\delta J(y) \delta J(x_2) \delta J(x_3)$ は 3 点連結グリーン関数 $G_{\rm C}(y, x_2, x_3)$ であるから，

$$0 = i^2 \int d^4 y d^4 z\, G_{\rm IR}(x_1, y, z) \Delta_{\rm F}(y, x_2) \Delta_{\rm F}(z, x_3)$$
$$+ \int d^4 y\, G_{\rm IR}(x_1, y) G_{\rm C}(y, x_2, x_3) \quad (7.65)$$

を得る．これは，連結グリーン関数 $G_{\rm C}(x_1, x_2, x_3)$ について

$$G_{\rm C}(x_1, x_2, x_3)$$
$$= i^3 \int d^4 y_1 d^4 y_2 d^4 y_3\, G_{\rm IR}(y_1, y_2, y_3) \Delta_{\rm F}(y_1, x_1) \Delta_{\rm F}(y_2, x_2) \Delta_{\rm F}(y_3, x_3)$$
$$(7.66)$$

と解ける．したがって，$G_{\rm IR}(x_1, x_2, x_3)$ は，連結グリーン関数 $G_{\rm C}(x_1, x_2, x_3)$ から外線に対応する 3 つの伝播関数を取り除いたものである．一般の N 点の場合についても同様に示せる．このように有効作用は既約グリーン関数を生成する．1 ループ近似での N 点既約グリーン関数の具体例を 12.2 節に述べる．

7.6 散乱振幅

N 点グリーン関数の応用例として粒子の散乱振幅を解説する．これはファインマン図形の外線の取り扱いの解説にもなる．初期時刻 $t \to -\infty$ に状態 $|\mathfrak{S}_{\rm I}; {\rm in}\rangle$ にいた系が終了時刻 $t \to \infty$ に別な状態 $|\mathfrak{S}_{\rm F}; {\rm out}\rangle$ に移行する確率振幅 $S \equiv \langle \mathfrak{S}_{\rm F}; {\rm out} | \mathfrak{S}_{\rm I}; {\rm in} \rangle$ を考察する．これは，初期状態にいた粒子が互いに散乱して終了状態に見いだされる確率振幅なので**散乱振幅**とよぶ．初期と終了時刻においては相互作用は存在せず，ハイゼンベルグ演算子場 $\phi_{\rm H}(x)$ は自由場に帰着する，と要請する．すなわち，ハイゼンベルグ演算子場 $\phi_{\rm H}(x)$ の漸近場

$$\phi_{\rm in}(x) = \lim_{t \to -\infty} \phi_{\rm H}(x), \qquad \phi_{\rm out}(x) = \lim_{t \to \infty} \phi_{\rm H}(x) \quad (7.67)$$

は自由場である．このような場が遅延グリーン関数と先進グリーン関数を用いて具体的に構成できることはすぐ後の研究課題で学ぶ．

自由場なら，生成演算子 $a_{\rm in}^\dagger(t,\bm{p})$ と $a_{\rm out}^\dagger(t,\bm{p})$ を公式 (3.25b) に従って定義できる．
$$a_{\rm in}^\dagger(t,\bm{p}) = i\int d^3x\, [\dot{f}_p(x)\phi_{\rm in}(x) - f_p(x)\dot{\phi}_{\rm in}(x)], \tag{7.68a}$$
$$a_{\rm out}^\dagger(t,\bm{p}) = i\int d^3x\, [\dot{f}_p(x)\phi_{\rm out}(x) - f_p(x)\dot{\phi}_{\rm out}(x)]. \tag{7.68b}$$
ここに，
$$f_p(x) = \frac{1}{\sqrt{(2\pi)^3}\sqrt{2\omega_k}} e^{ipx} = \langle 0|\phi_{\rm in}(x)|\bm{p}\rangle = \langle 0|\phi_{\rm out}(x)|\bm{p}\rangle \tag{7.69}$$
は運動量 $\bm{p}$ の平面波である．初期状態と終了状態は
$$|\bm{p}_1,\bm{p}_2,\cdots;{\rm in}\rangle = a_{\rm in}^\dagger(\bm{p}_1)a_{\rm in}^\dagger(\bm{p}_2)\cdots|0\rangle, \tag{7.70a}$$
$$|\bm{q}_1,\bm{q}_2,\cdots;{\rm out}\rangle = a_{\rm out}^\dagger(\bm{q}_1)a_{\rm out}^\dagger(\bm{q}_2)\cdots|0\rangle \tag{7.70b}$$
である．これらは別々のフォック空間の元である．以上の基本的要請から
$$a_{\rm H}^\dagger(t,\bm{p}) = i\int d^3x\,[\dot{f}_p(x)\phi_{\rm H}(x) - f_p(x)\dot{\phi}_{\rm H}(x)] \tag{7.71}$$
とおくなら，$t_{\rm I} \to -\infty$, $t_{\rm F} \to +\infty$ の極限で
$$a_{\rm in}^\dagger(t_{\rm I},\bm{p}) = a_{\rm H}^\dagger(t_{\rm I},\bm{p}), \qquad a_{\rm out}^\dagger(t_{\rm F},\bm{p}) = a_{\rm H}^\dagger(t_{\rm F},\bm{p}) \tag{7.72}$$
である．

散乱振幅 $S = \langle \bm{q}_1,\bm{q}_2,\cdots;{\rm out}|\bm{p}_1,\bm{p}_2,\cdots;{\rm in}\rangle$ をグリーン関数に関係づける．まず，
$$S = \langle \bm{q}_1,\bm{q}_2,\cdots;{\rm out}|a_{\rm in}^\dagger(\bm{p}_1)|\bm{p}_2,\bm{p}_3,\cdots;{\rm in}\rangle \tag{7.73}$$
であるので，これを計算する．記号の簡略化のため，$|{\rm in}\rangle = |\bm{p}_2,\bm{p}_3,\cdots;{\rm in}\rangle$, $|{\rm out}\rangle = |\bm{q}_1,\bm{q}_2,\cdots;{\rm out}\rangle$ とおく．しからば，
$$S = \langle {\rm out}|a_{\rm in}^\dagger(\bm{p}_1)|{\rm in}\rangle = \langle {\rm out}|a_{\rm out}^\dagger(\bm{p}_1)|{\rm in}\rangle - \langle {\rm out}|\left[a_{\rm out}^\dagger(\bm{p}_1) - a_{\rm in}^\dagger(\bm{p}_1)\right]|{\rm in}\rangle. \tag{7.74}$$
終了状態に，ちょうど初期状態の運動量 $\bm{p}_1$ をもつ粒子が存在していないと仮定し，第1項をゼロとおく．ここで，(7.72) を用いて，
$$a_{\rm out}^\dagger(t_{\rm F},\bm{p}) - a_{\rm in}^\dagger(t_{\rm I},\bm{p}) = \lim \int_{t_{\rm I}}^{t_{\rm F}} dt\,\frac{\partial}{\partial t}a_{\rm H}^\dagger(\bm{p})$$
$$= i\int dt\,d^3x\,[\ddot{f}_p(x)\phi_{\rm H}(x) - f_p(x)\ddot{\phi}_{\rm H}(x)] \tag{7.75}$$
と変形する．平面波は関係式

7.6 散乱振幅

$$\ddot{f}_p(x) = \left(\nabla^2 - m^2\right) f_p(x) \tag{7.76}$$

を満たすから，これを代入し，部分積分し，$\Box = \partial^\mu \partial_\mu = -\partial_t^2 + \nabla^2$ とおいて，

$$a_{\text{out}}^\dagger(t_{\text{F}}, \boldsymbol{p}) - a_{\text{in}}^\dagger(t_{\text{I}}, \boldsymbol{p}) = i\int dt\, d^3x\, f_p(x)[(\nabla^2 - m^2)\phi_{\text{H}}(x) - \ddot{\phi}_{\text{H}}(x)]$$

$$= -i\int d^4x\, f_p(x)\left(-\Box + m^2\right)\phi_{\text{H}}(x) \tag{7.77}$$

を得る．ゆえに，$\Box_j$ は変数 x_j に作用するとして，

$$S = i\int d^4x_1\, f_p(x_1)\left(-\Box_1 + m^2\right)\langle \boldsymbol{q}_1, \boldsymbol{q}_2, \cdots ; \text{out}|\phi_{\text{H}}(x_1)|\boldsymbol{p}_2, \boldsymbol{p}_3, \cdots ; \text{in}\rangle \tag{7.78}$$

と書ける．次に，終了状態の運動量 $\boldsymbol{q}_1$ をもつ粒子に対して解析する．まず，$S =$

$$i\int d^4x_1\, f_p(x_1)\left(-\Box_1 + m^2\right)\langle \boldsymbol{q}_2, \boldsymbol{q}_3, \cdots ; \text{out}|a_{\text{out}}(\boldsymbol{q}_1)\phi_{\text{H}}(x_1)|\boldsymbol{p}_2, \boldsymbol{p}_3, \cdots ; \text{in}\rangle \tag{7.79}$$

であるが，

$$\langle \text{out}|a_{\text{out}}(\boldsymbol{q}_1)\phi_{\text{H}}(x_1)|\text{in}\rangle = \langle \text{out}|\phi_{\text{H}}(x_1)a_{\text{in}}(\boldsymbol{q}_1)|\text{in}\rangle$$

$$+ \langle \text{out}|\left[a_{\text{out}}(\boldsymbol{q}_1)\phi_{\text{H}}(x_1) - \phi_{\text{H}}(x_1)a_{\text{in}}(\boldsymbol{q}_1)\right]|\text{in}\rangle \tag{7.80}$$

と書き換える．初期状態に，ちょうど運動量 $\boldsymbol{q}_1$ をもつ粒子が存在しないと仮定し，第1項をゼロとおく．次に，$t_{\text{F}} \geq t \geq t_{\text{I}}$ だから時間順序積を用いて，(7.75)から(7.77)を導いたと同様に

$$a_{\text{out}}(t_{\text{F}}, \boldsymbol{q})\phi_{\text{H}}(x) - \phi_{\text{H}}(x)a_{\text{in}}(t_{\text{I}}, \boldsymbol{q}) = \int_{t_{\text{I}}}^{t_{\text{F}}} dt'\, \frac{\partial}{\partial t'}\mathcal{T}\left[a_{\text{H}}(t', \boldsymbol{q})\phi_{\text{H}}(x)\right]$$

$$= i\int d^4y\, f_q^*(y)\left(-\Box + m^2\right)\mathcal{T}\left[\phi_{\text{H}}(y)\phi_{\text{H}}(x)\right] \tag{7.81}$$

と表せる．すべての粒子に対して同様の解析を行い，

$$S = \prod_j \left(i\int d^4y_j\, f_{q_j}^*(y_j)\left(-\Box_j + m^2\right)\right) \prod_i \left(i\int d^4x_i\, f_{p_i}(x_i)\left(-\Box_i + m^2\right)\right)$$

$$\times \langle 0|\mathcal{T}\left[\phi_{\text{H}}(y_1)\phi_{\text{H}}(y_2)\cdots\phi_{\text{H}}(x_1)\phi_{\text{H}}(x_2)\cdots\right]|0\rangle \tag{7.82}$$

を得る．このように散乱振幅はグリーン関数がわかれば計算できる．これをレー

マン–ジマンチック–チンマーマン (LSZ) の簡約公式という.

運動量空間では

$$\begin{aligned}S =& \langle \boldsymbol{q}_1, \boldsymbol{q}_2, \cdots; \text{out} | \boldsymbol{p}_1, \boldsymbol{p}_2, \cdots; \text{in} \rangle \\ =& \prod_i \left[i \left(q_i^2 + m^2 \right) \langle \boldsymbol{q}_i | \phi_{\text{out}}(0) | 0 \rangle \right] \prod_j \left[i \left(p_j^2 + m^2 \right) \langle 0 | \phi_{\text{in}}(0) | \boldsymbol{p}_j \rangle \right] \\ & \times G(q_1, q_2, \cdots, p_1, p_2, \cdots) \end{aligned} \quad (7.83)$$

となる. ただし, (7.69) より

$$\langle 0 | \phi_{\text{out}}(0) | \boldsymbol{p} \rangle = \langle 0 | \phi_{\text{in}}(0) | \boldsymbol{p} \rangle = \frac{1}{\sqrt{(2\pi)^3} \sqrt{2\omega_k}} \quad (7.84)$$

である. したがって, 散乱振幅は既約グリーン関数に波動関数をかけて,

$$S = \prod_i \langle \boldsymbol{q}_i | \phi_{\text{out}}(0) | 0 \rangle \prod_j \langle 0 | \phi_{\text{in}}(0) | \boldsymbol{p}_j \rangle G_{\text{IR}}(q_1, q_2, \cdots, p_1, p_2, \cdots) \quad (7.85)$$

と与えられる. 2粒子状態 $|\boldsymbol{p}_1, \boldsymbol{p}_2\rangle$ から別の 2 粒子状態 $|\boldsymbol{q}_1, \boldsymbol{q}_2\rangle$ への散乱振幅は, 摂動の λ^2 の項までとって,

$$\begin{aligned}& \langle \boldsymbol{q}_1, \boldsymbol{q}_2; \text{out} | \boldsymbol{p}_1, \boldsymbol{p}_2; \text{in} \rangle \\ =& -i \langle \boldsymbol{q}_1 | \phi_{\text{out}}(0) | 0 \rangle \langle \boldsymbol{q}_2 | \phi_{\text{out}}(0) | 0 \rangle \langle 0 | \phi_{\text{in}}(0) | \boldsymbol{p}_1 \rangle \langle 0 | \phi_{\text{in}}(0) | \boldsymbol{p}_2 \rangle \\ & \times \left\{ \lambda + \lambda^2 \left[I(p_1 + p_2) + I(p_1 - p_3) + I(p_1 - p_4) \right] \right\} \end{aligned} \quad (7.86)$$

となる. 関数 $I(p)$ は (7.51) で与えられる.

研究課題：自由場に帰着する漸近場 **(7.67)** を具体的に構成せよ.

解説： 実スカラー模型 (7.1) に基づき議論する. ハイゼンベルグ方程式は

$$\partial^\mu \partial_\mu \phi_H - m^2 \phi_H - V'(\phi_H) = 0 \quad (7.87)$$

である. 遅延グリーン関数 (3.49a) と先進グリーン関数 (3.49b) を用い, 漸近場

$$\phi_{\text{in}}(x) = \phi_H(x) - \int d^4 y\, \Delta_R^0(x-y) V'(\phi_H(y)), \quad (7.88a)$$

$$\phi_{\text{out}}(x) = \phi_H(x) - \int d^4 y\, \Delta_A^0(x-y) V'(\phi_H(y)) \quad (7.88b)$$

を導入する. 実際, その定義から, 遅延グリーン関数と先進グリーン関数は

$$\lim_{x_0 \to -\infty} \Delta_R^0(x-y) = 0, \quad \lim_{x_0 \to +\infty} \Delta_A^0(x-y) = 0 \quad (7.89)$$

を満たす. よって, $\phi_{\text{in}}(x)$ と $\phi_{\text{out}}(x)$ は (7.67) を満たし, 確かに漸近場である. 次に, グリーン関数は方程式

$$(\partial^\mu \partial_\mu - m^2)\Delta^0_{\mathrm{R(A)}}(x-y) = \delta^4(x-y) \tag{7.90}$$

を満たすから,この式と (7.87) を用いて

$$(\partial^\mu \partial_\mu - m^2)\phi_{\mathrm{in(out)}}(x) = 0 \tag{7.91}$$

が直ちに導かれる.ゆえに漸近場は自由場である.

8 量子補正

相対論的場の理論で伝播関数と頂点関数の計算例を示した．これらに現れるループ積分は紫外発散している．有限な物理量を系統的に導くために，ループ積分が有限量になるように定義を変更する．これを正則化という．続いて，正則化された発散量を繰り込みにより一意的に除去し物理量を導く．

8.1 正則化

ループ積分の発散を正則化する方法として，運動量切断法と次元正則化を説明する．実スカラー ϕ^4 模型

$$\mathcal{L} = -\frac{1}{2}(\partial^\mu \phi)(\partial_\mu \phi) - \frac{m^2}{2}\phi^2 - \frac{\lambda}{4!}\phi^4 \tag{8.1}$$

を具体例として解析する．前章に引き続き，自然単位系 $(\hbar = c = 1)$ を用いる．

8.1.1 自己エネルギー

伝播関数は自己エネルギーが与えられればダイソン表示を用いて決まる．自己エネルギーの 1 次の摂動項は (7.49)，すなわち，次式である (図 7.4)．

$$\Sigma^{(1)}(p^2) = \frac{\lambda}{2} \int \frac{d^4 q}{(2\pi)^4} \frac{-i}{q^2 + m^2 - i\epsilon}. \tag{8.2}$$

この積分を例にとり，自己エネルギーの正則化を説明する．この積分には次の 2 種類の発散がある．単純に，$\epsilon = 0$ とおくと，$(q^0)^2 = \boldsymbol{q}^2 + m^2$ のとき，被積分関数の分母はゼロになり発散する．アインシュタイン公式 $(p^2 + m^2 = 0)$ が成立している点で発散しており，この特異点を**質量殻**(mass shell) という．この $i\epsilon$ 項は，複素空間で q^0 積分を行うとき特異点を避けるように積分路を指定している．積分路を実数軸から虚数軸に特異点を避けながら変更しても積分の

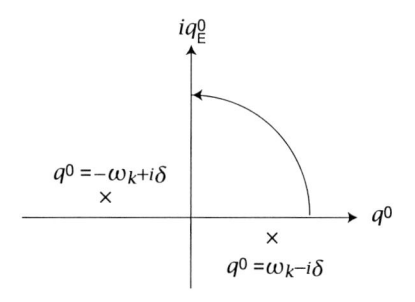

図 8.1 ウィック回転による積分路の変更
ループ積分に現れる質量殻での発散を除くため，積分路を実数軸から虚数軸に変更する．

値は変化しない (図 8.1)．このような積分路の変更をウィック(Wick) 回転という．実際に行うことは

$$q^0 = iq_{\rm E}^0 \tag{8.3}$$

と置き換え，$-\infty < q_{\rm E}^0 < \infty$ で積分を実行することである．その結果，4元運動量の大きさは，$q_{\rm E}^2 = (q_{\rm E}^0)^2 + \boldsymbol{q}^2$ で与えられ，運動量空間はユークリッド空間になる．もはや $i\epsilon$ は要らないので

$$\Sigma^{(1)}(p^2) = \frac{\lambda}{2} \int \frac{d^4 q_{\rm E}}{(2\pi)^4} \frac{1}{q_{\rm E}^2 + m^2} \tag{8.4}$$

と書いてよい．しかし，この積分は $q_{\rm E}^2$ が大きくなる領域で発散している．これを**紫外発散**という．この発散は無限に大きなエネルギーと運動量をもつ仮想過程 (virtual process) が量子力学的には可能だから起きると解釈できる．

発散を抑える直感的な方法は，積分領域を $|q_{\rm E}| \leq \Lambda$ に限定することである．これを**運動量切断法**という．積分結果は次のようになる．

$$\begin{aligned}
\Sigma^{(1)}(p^2) &= \frac{\lambda}{2} \int \frac{d^4 q_{\rm E}}{(2\pi)^4} \frac{1}{q_{\rm E}^2 + m^2} \\
&= \frac{\lambda}{32\pi^2} \left[\Lambda^2 - m^2 \ln\left(\frac{\Lambda^2}{m^2}\right) + O\left(\frac{m^4}{\Lambda^2}\right) \right].
\end{aligned} \tag{8.5}$$

自己エネルギーは，$\Lambda \to \infty$ の極限で **2** 次発散($\propto \Lambda^2$) と対数発散($\propto \ln \Lambda$) を含んでいる．このようにループ積分の紫外発散を抑えることを**正則化**という．正則化した後に物理的に意味のある有限量を取り出す操作を**繰り込み**という．

正則化には色々な方法があるが，相対論的場の理論では次元正則化を使うことが多い．これはローレンツ不変性を破らずに行うので，特に，非可換ゲージ

理論を解析するときには有用である．次元正則化とは，積分が収束する時空の次元 D でファインマン図形を計算する処方箋である．上記の自己エネルギー (8.4) では，積分が収束するのは，次元が $D < 2$ を満たすときである．この次元では積分結果は有限になる．その結果の式で $D \to 4$ とおくと発散するが，次の節で説明するように，発散部分は繰り込み操作で除去する．

次元正則化に基づく計算方法を示す．以下，記法を簡略化して，q_E^0 のインデックスを省略し q^0 と書くが，D 次元運動量空間はユークリッド空間である．

ガンマ関数の公式

$$\Gamma(\alpha) = \int_0^\infty dt\, t^{\alpha-1} e^{-t} \tag{8.6}$$

から出発する．積分変数 t を $(q^2+m^2)\,t$ に変更した式を少し変形して，

$$\frac{1}{(q^2+m^2)^\alpha} = \frac{1}{\Gamma(\alpha)} \int_0^\infty dt\, t^{\alpha-1} e^{-(q^2+m^2)t} \tag{8.7}$$

を得る．ここに，$q^2 = \sum_{n=1}^D q_n^2$ である．運動量のガウス積分は直ちに実行できる．

$$\int \frac{d^D q}{(2\pi)^D}\, e^{-q^2 t} = \prod_{n=1}^D \int \frac{dq_n}{2\pi}\, e^{-q_n^2 t} = \frac{1}{(4\pi t)^{D/2}}. \tag{8.8}$$

したがって，

$$\begin{aligned}
\int \frac{d^D q}{(2\pi)^D} \frac{1}{(q^2+m^2)^\alpha} &= \frac{1}{\Gamma(\alpha)} \int_0^\infty dt\, t^{\alpha-1} e^{-m^2 t} \frac{1}{(4\pi t)^{D/2}} \\
&= \frac{\Gamma\left(\alpha - \frac{D}{2}\right)}{\Gamma(\alpha)} \frac{1}{(4\pi)^{D/2}} (m^2)^{-(\alpha-D/2)}
\end{aligned} \tag{8.9}$$

である．上の式から下の式への移行にはガンマ関数の公式 (8.6) を用いている．

さて，自己エネルギー $\Sigma(p^2)$ を求めるために，$\alpha = 1$ とおき，

$$\Gamma\left(2 - \frac{D}{2}\right) = \left(1 - \frac{D}{2}\right) \Gamma\left(1 - \frac{D}{2}\right) \tag{8.10}$$

を用いて (直後の研究課題を参照)，

$$\int \frac{d^D q}{(2\pi)^D} \frac{1}{q^2+m^2} = \frac{2}{2-D} \frac{m^2}{(4\pi)^2} \frac{\Gamma\left(2-\frac{D}{2}\right)}{(m^2/4\pi)^{(2-D/2)}} \tag{8.11}$$

を得る．ここで，$\epsilon \equiv 2 - \frac{1}{2}D$ とおき，$\epsilon \to +0$ の極限を考える．任意の Δ に対して成り立つ公式 (直後の研究課題を参照)

$$\Gamma(\epsilon) \Delta^{-\epsilon} = \Gamma(\epsilon) - \ln \Delta + O(\epsilon^2) \tag{8.12}$$

を用いる. $\Delta = m^2/4\pi$ とおき, 1 次の摂動項として

$$\Sigma^{(1)}(p^2) = -\frac{\lambda m^2}{32\pi^2}\left[\Gamma\left(2 - \frac{D}{2}\right) + \ln\frac{4\pi}{m^2}\right] \tag{8.13}$$

という結果を得る. これは変数 D の複素平面で定義された関数であり, $D = 4$ に極をもつ. この極で発散するが, これは元のループ積分の発散に他ならない.

研究課題：公式 **(8.12)** を導け.

解説： 定義式 (8.6) より

$$\Gamma(\alpha) = \int_0^\infty dt\, t^{\alpha-1}(-e^{-t})' = [-t^{\alpha-1}e^{-t}]_0^\infty + (\alpha-1)\int_0^\infty dt\, t^{\alpha-2}e^{-t}$$
$$= (\alpha-1)\Gamma(\alpha-1) \tag{8.14}$$

である. ここで, $\alpha = 1 + \epsilon$ とおき, テーラー展開すれば,

$$\Gamma(\epsilon) = \frac{\Gamma(1+\epsilon)}{\epsilon} = \frac{\Gamma(1)}{\epsilon} + \Gamma'(1) + O(\epsilon^2) \tag{8.15}$$

である. 定義式 (8.6) より, $\Gamma(1) = \int_0^\infty dt\, e^{-t} = 1$ である. また, $\gamma_E \equiv -\Gamma'(1)$ は定数である. この γ_E をオイラー (Euler) 定数とよぶ. したがって,

$$\Gamma(\epsilon) = \epsilon^{-1} - \gamma_E + O(\epsilon^2) \tag{8.16}$$

となる. 次に,

$$\Delta^{-\epsilon} = e^{-\epsilon \ln \Delta} = 1 - \epsilon \ln \Delta + O(\epsilon^2) \tag{8.17}$$

である. これを (8.16) にかけて (8.12) が得られる.

8.1.2 頂点関数

頂点関数 Γ を次のように分解する.

$$\Gamma(p_1, p_2, p_3, p_4) = \lambda + \Lambda(p_1, p_2, p_3, p_4). \tag{8.18}$$

量子補正項は $\Lambda(p_1, p_2, p_3, p_4)$ である. 1 ループ近似では (7.52) より,

$$\Lambda(p_1, p_2, p_3, p_4) = \lambda^2\left[I(p_1+p_2) + I(p_1-p_3) + I(p_1-p_4)\right] \tag{8.19}$$

となる. ここに, $I(p)$ は (7.51) で定義されているが, 積分路の変更の後に

$$I(p) = -\frac{1}{2}\int \frac{d^4q}{(2\pi)^4}\frac{1}{q^2+m^2}\frac{1}{(q+p)^2+m^2} \tag{8.20}$$

と表せる. この計算はファインマンのパラメーター公式

$$\frac{1}{AB} = \int_0^1 dx\, \frac{1}{[A+(B-A)x]^2} \tag{8.21}$$

を用いて実行する[*1]. これを適用して,

$$I(p) = -\frac{1}{2}\int_0^1 dx \int \frac{d^4q}{(2\pi)^4} \frac{1}{[m^2 + x(q+p)^2 + (1-x)q^2]^2} \quad (8.22)$$

である. ここで次元正則化 (8.9) を行い,

$$\begin{aligned} I(p) &= -\frac{1}{2}\int_0^1 dx \int \frac{d^Dq}{(2\pi)^D} \frac{1}{[m^2 + x(q+p)^2 + (1-x)q^2]^2} \\ &= -\frac{1}{32\pi^2}\int_0^1 dx \frac{\Gamma\left(2 - \frac{D}{2}\right)(4\pi)^{2-D/2}}{[m^2 + x(1-x)p^2]^{2-D/2}} \end{aligned} \quad (8.23)$$

を得る. さらに, 展開公式 (8.12) を用いて,

$$I(p) = -\frac{1}{32\pi^2}\left[\Gamma\left(2 - \frac{D}{2}\right) + \int_0^1 dx \log\left(\frac{4\pi}{m^2 + x(1-x)p^2}\right)\right] \quad (8.24)$$

という変数 D の解析関数を得る. これは $D=4$ に極をもつが, これは頂点関数が元々もっていた発散に対応する.

8.2 繰り込み

自己エネルギーと頂点関数に現れる発散を次元正則化で分離した. 次に, この発散を系統的に取り除き, 有限な物理量を一意的に導出する必要がある. この操作を繰り込みという.

8.2.1 自己エネルギー

自己エネルギー $\Sigma(p^2)$ は伝播関数に現れるすべての 1 粒子既約なファインマン図形からなる (図 7.4). 伝播関数 $\Delta_{\rm F}(p^2)$ は, 図 8.2 に示すように, 自由場の伝播関数 $\Delta_{\rm F}^0(p^2)$ と自己エネルギー $\Sigma(p^2)$ を組み合わせて,

$$\begin{aligned} i\Delta_{\rm F} &= i\Delta_{\rm F}^0 + i\Delta_{\rm F}^0(-i\Sigma)i\Delta_{\rm F}^0 + i\Delta_{\rm F}^0(-i\Sigma)i\Delta_{\rm F}^0(-i\Sigma)i\Delta_{\rm F}^0 + \cdots \\ &= i\Delta_{\rm F}^0 + i\Delta_{\rm F}^0(-i\Sigma)\left[i\Delta_{\rm F}^0 + i\Delta_{\rm F}^0(-i\Sigma)i\Delta_{\rm F}^0 + \cdots\right] \end{aligned}$$

となる. ここで, $[\cdots]$ の部分は $i\Delta_{\rm F}(p^2)$ に他ならないから,

$$i\Delta_{\rm F} = i\Delta_{\rm F}^0 + i\Delta_{\rm F}^0(-i\Sigma)i\Delta_{\rm F} \quad (8.25)$$

[*1] 一般公式は次式で与えられる.

$$\frac{1}{A_1 A_2 \cdots A_n} = \int_0^1 dx_1 \cdots dx_n\, \delta\left(\sum_{i=1}^n x_i - 1\right)\frac{(n-1)!}{(x_1 A_1 + x_2 A_2 + \cdots + x_n A_n)^n}$$

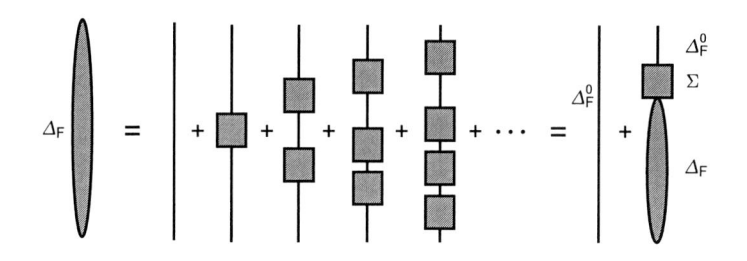

図 8.2 ダイソン方程式
伝播関数は 2 点既約ファインマン図形のシリーズで表される.

と書ける．この式は，7.1 節で導入したダイソン方程式 (7.10) に他ならない．ここに，Δ_F^0 の具体的表式を代入して，
$$\Delta_\mathrm{F}(p^2) = \frac{-1}{p^2 + m^2 - i\epsilon}\left[1 + \Sigma(p^2)\Delta_\mathrm{F}(p^2)\right] \tag{8.26}$$
となるので，$\Delta_\mathrm{F}(p^2)$ に関して解いて，ダイソン表示を得る．
$$\Delta_\mathrm{F}(p^2) = \frac{-1}{p^2 + m^2 + \Sigma(p^2) - i\epsilon}. \tag{8.27}$$
伝播関数は相互作用の影響を受けて自由場の表式 Δ_F^0 から変更されている．

ラグランジアン (8.1) に現れているパラメーター m は粒子の物理的質量と考えている．さて，物理的質量 m に対してアインシュタイン公式 $(p^2 + m^2 = 0)$ が成立している．伝播関数の極は質量殻に存在する．ゆえに，量子補正後の伝播関数 (8.27) の極は物理的に観測される粒子の質量殻を与えねばならない．さらに，質量殻での留数も自由場のそれと一致する必要がある．すなわち，質量殻で $\Delta_\mathrm{F} = \Delta_\mathrm{F}^0$ が必要である．このための必要十分条件は
$$\Sigma(p^2)|_{p^2=-m^2} = 0, \qquad \Sigma'(p^2)|_{p^2=-m^2} = 0 \tag{8.28}$$
である．これを繰り込み条件という．これは非自明な要請である．実際，ラグランジアンから導かれるファインマン図形を計算して得られる自己エネルギーを $\Sigma_\mathrm{diagram}(p^2)$ と記せば，これはこの繰り込み条件を破っている．グリーン関数として，上で今まで述べてきたファインマン図形からの寄与だけでは不十分なことを示している．そこで，理論を補正して，**相殺項**(counter term) とよばれる新たな自己エネルギー $\Sigma_\mathrm{counter}(p^2)$ を加える (図 8.3(a))．全体の自己エネルギーは
$$\Sigma(p^2) = \Sigma_\mathrm{diagram}(p^2) + \Sigma_\mathrm{counter}(p^2) \tag{8.29}$$

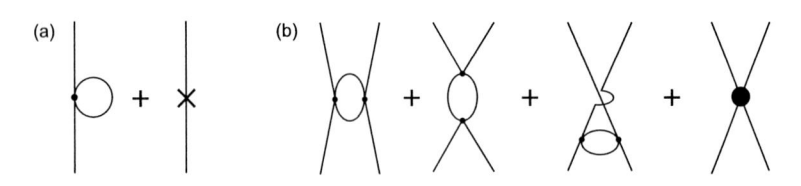

図 8.3

(a) 質量相殺項 (× 印), (b) 相互作用定数相殺項 (● 印). 自己エネルギーと頂点関数のの1 ループ補正に対する相殺項である.

である. 相殺項は繰り込み条件を満たすように決める.

これを系統的に実施するには, 自己エネルギー $\Sigma_{\text{diagram}}(p^2)$ を変数 (p^2+m^2) に関してテーラー展開する. その 0 次と 1 次の係数を明示的に書き,

$$\Sigma_{\text{diagram}}(p^2) = \delta_m + \delta_Z(p^2 + m^2) + \Sigma(p^2) \tag{8.30}$$

とおく. すなわち,

$$\delta_m = \Sigma(-m^2), \qquad \delta_Z = \Sigma'(-m^2) \tag{8.31}$$

である. ここで, $\Sigma(p^2)$ は (p^2+m^2) の 2 次以上の項をまとめたものだから, 繰り込み条件 (8.28) を満たす. 発散の次数を数えることにより $\Sigma(p^2)$ は収束関数である, と期待されるが, 実際に証明することができる.

自己エネルギー (8.30) に現れる余分な項, $\delta_m + \delta_Z(p^2 + m^2)$, を除去するには, 相殺項として

$$\Sigma_{\text{counter}}(p^2) = -\delta_Z(p^2 + m^2) - \delta_m \tag{8.32}$$

を選べばよい. この相殺項をファインマン図形として与えるラグランジアンは

$$\Delta_2 \mathcal{L} = \frac{\delta_Z}{2}\phi(x)(-\partial^\mu\partial_\mu + m^2)\phi(x) + \frac{\delta_m}{2}\phi(x)\phi(x) \tag{8.33}$$

である.

1 次摂動近似では, $\Sigma_{\text{diagram}}(p^2)$ は (8.13) で与えられるから,

$$\delta_m = -\frac{\lambda m^2}{32\pi^2}\left[\Gamma\left(2-\frac{D}{2}\right) + \ln\frac{4\pi}{m^2}\right], \qquad \delta_Z = 0, \qquad \Sigma(p^2) = 0 \tag{8.34}$$

となり, 確かに有限な物理量 $\Sigma(p^2)$ が導出できた.

8.2.2 頂点繰り込み

次に頂点関数 $\Gamma(p_1, p_2, p_3, p_4)$ を考察する．これは 2 個のスカラー粒子の相互作用強度である．元々のラグランジアンでは，粒子の運動量にはよらずに強度は λ である．しかし，1 ループ計算でみたように，量子補正を入れると運動量依存性をもつようになる．ある特定の運動量に対して相互作用の大きさが λ になる，と要請する．この点を繰り込み点，この要請を繰り込み条件という．繰り込み点の選び方には任意性があるが，ここでは $p_1 = p_2 = p_3 = p_4 = 0$ を選ぶ．すなわち，繰り込み条件として

$$\Gamma(0,0,0,0) = \lambda \tag{8.35}$$

と要請する．

頂点関数 $\Gamma(p_1, p_2, p_3, p_4)$ の量子補正部分を，(8.18) に従って，$\Lambda(p_1, p_2, p_3, p_4)$ と書く．

$$\Gamma(p_1, p_2, p_3, p_4) = \lambda + \Lambda(p_1, p_2, p_3, p_4). \tag{8.36}$$

この量子補正部分 Λ は元々のファインマン図形からくる部分 Λ_diagram と相殺項 Λ_counter からくる部分があり，

$$\Lambda(p_1, p_2, p_3, p_4) = \Lambda_\text{diagram}(p_1, p_2, p_3, p_4) + \Lambda_\text{counter}(p_1, p_2, p_3, p_4) \tag{8.37}$$

で与えられる (図 8.3(b))．

さて，量子補正 $\Lambda_\text{diagram}(p_1, p_2, p_3, p_4)$ は図 7.3 に与えた 4 点ファインマン図形を計算して求まる．これを

$$\Lambda_\text{diagram}(p_1, p_2, p_3, p_4) = \Lambda_\text{diagram}(0,0,0,0) + \Lambda(p_1, p_2, p_3, p_4) \tag{8.38}$$

と分解すれば，$\Lambda(0,0,0,0) = 0$ であり，この $\Lambda(p_1, p_2, p_3, p_4)$ を用いて (8.36) で与えられる $\Gamma(p_1, p_2, p_3, p_4)$ は繰り込み条件 (8.35) を満たす．余分な項 $\Lambda_\text{diagram}(0,0,0,0)$ は相殺項を

$$\Lambda_\text{counter} = -\Lambda_\text{diagram}(0,0,0,0) \equiv -\delta_\lambda \tag{8.39}$$

と選べば取り除かれる．この相殺項をファインマン図形として与えるラグランジアンは

$$\Delta_\lambda \mathcal{L} = \frac{\delta_\lambda}{4!} \phi^4 \tag{8.40}$$

である．

1 次摂動近似では，$\Lambda_\text{diagram}(p^2)$ は (8.19) で与えられるから，

$$\Lambda_{\text{diagram}}(0,0,0,0) = 3\lambda^2 I(0) = -\frac{3\lambda^2}{32\pi^2}\left[\Gamma\left(2-\frac{D}{2}\right) + \int_0^1 dx\,\log\left(\frac{4\pi}{m^2}\right)\right] \tag{8.41}$$

および

$$\Lambda(p_1,p_2,p_3,p_4) = \lambda^2\left[\tilde{I}(p_1+p_2) + \tilde{I}(p_1-p_3) + \tilde{I}(p_1-p_4)\right] \tag{8.42}$$

が求まる. ただし,

$$\tilde{I}(p) = I(p) - I(0) = -\frac{1}{32\pi^2}\left[\int_0^1 dx\,\log\left(\frac{m^2}{m^2+x(1-x)p^2}\right)\right] \tag{8.43}$$

である. 確かに有限な物理量 $\Lambda(p_1,p_2,p_3,p_4)$ が導出できた.

8.2.3 裸の結合定数および繰り込まれた結合定数による摂動論

元々のラグランジアンは

$$\mathcal{L} = -\frac{1}{2}(\partial^\mu\phi)(\partial_\mu\phi) - \frac{m^2}{2}\phi^2 - \frac{\lambda}{4!}\phi^4 \tag{8.44}$$

であった. しかし, 物理的に意味のある伝播関数と頂点関数を得るために, 相殺項ラグランジアン

$$\Delta\mathcal{L} = \frac{\delta_Z}{2}(\partial^\mu\phi)(\partial_\mu\phi) + \frac{\delta_m+\delta_Z m^2}{2}\phi^2 + \frac{\delta_\lambda}{4!}\phi^4 \tag{8.45}$$

を加えた. 元のラグランジアンに必要に応じて相殺項を加える処方箋は何か人為的なことを行っているようにみえるが, そうではない.

全体のラグランジアンは元のラグランジアン (8.44) に相殺項 (8.45) を加え,

$$\mathcal{L}+\Delta\mathcal{L} = -\frac{1-\delta_Z}{2}(\partial^\mu\phi)(\partial_\mu\phi) - \frac{(1-\delta_Z)m^2-\delta_m}{2}\phi^2 - \frac{(\lambda-\delta_\lambda)}{4!}\phi^4 \tag{8.46}$$

である. ここで

$$Z_\phi = 1-\delta_Z, \qquad m_0^2 = m^2 - Z_\phi^{-1}\delta_m, \qquad \lambda_0 = Z_\phi^{-2}(\lambda-\delta_\lambda) \tag{8.47}$$

とおき, 場を

$$\sqrt{Z_\phi}\phi = \phi_0 \tag{8.48}$$

とスケールすれば, 全体のラグランジアンは

$$\mathcal{L}_0 \equiv \mathcal{L}+\Delta\mathcal{L} = -\frac{1}{2}(\partial^\mu\phi_0)(\partial_\mu\phi_0) - \frac{m_0^2}{2}\phi_0^2 - \frac{\lambda_0}{4!}\phi_0^4 \tag{8.49}$$

と書き直せる. これは元のラグランジアン (8.44) と同じ格好をしている. これは裸のラグランジアンといわれ, ここに現れる諸量は裸の量といわれる.

したがって, 最初に要請したラグランジアンが裸のラグランジアン (8.49) で

あり，裸の量を繰り込み条件により物理量と発散量(相殺項)に分離して摂動論を展開した，という解釈も成り立つ．すなわち，裸のラグランジアンから出発し，自己無撞着に発散量を有限な物理量に繰り込んだ，といえる．これは，裸の結合定数による摂動論といわれ，歴史的に最初に提唱された繰り込み処方である．また，繰り込みという名前の由来である．一方，本章で紹介した相殺項を導入する処方は繰り込まれた結合定数による摂動論といわれる．

さて，ϕ^4 模型で摂動の1次で有限な物理量が得られることを具体的に示した．摂動の1次で必要になった相殺項ラグランジアンを $\Delta\mathcal{L}^{(1)}$ とおく．2次の摂動を行うには，ラグランジアン $\mathcal{L} + \Delta\mathcal{L}^{(1)}$ から出発して，ループ計算を行い，出てくる発散をすべて除去するように相殺項ラグランジアン $\Delta\mathcal{L}^{(2)}$ を導入する．これを無限に繰り返すことにより，相殺項ラグランジアン $\Delta\mathcal{L} = \sum_i \Delta\mathcal{L}^{(i)}$ が求まる．任意のラグランジアンから出発して，この方法で発散を除去することは常に可能である．こうして求まった $\Delta\mathcal{L}$ が元のラグランジアン $\mathcal{L}$ と同じ形をしているなら，同じ形の裸のラグランジアンから出発したと見なせるので，摂動計算によって物理的に正しい理論が得られた，と解釈できる．このとき繰り込み可能という．しかし，一般には相殺項ラグランジアン $\Delta\mathcal{L} = \sum_i \Delta\mathcal{L}^{(i)}$ は，出発したラグランジアン $\mathcal{L}$ に全く似ていない．この場合，このラグランジアン系は繰り込み不可能という．任意の次数において，ϕ^4 模型が (8.45) のタイプの相殺項ラグランジアンで発散が除去されることは証明されている．

8.3　不安定粒子

伝播関数の繰り込みを再考する．質量殻 ($p^2 + m^2 = 0$) 上で自己エネルギーに繰り込み条件 (8.28) を課した．しかし，繰り込み点 ($p^2 + m^2 = 0$) で自己エネルギーが複素数になるときには再考が必要になる．単純に条件を課すと，(8.31) より相殺パラメーター δ_m と δ_Z が複素数になり，相殺ラグランジアン (8.33) のエルミート性が破れてしまう．このような場合には，繰り込み条件 (8.28) は自己エネルギーの実数部分に対して課すべきである．このことは不安定粒子に対して起こる．自己エネルギーの虚数部分は粒子の寿命を決める．

具体例で不安定粒子を解析する．3点相互作用をしている2種類のスカラー粒子系を考える．ラグランジアンは

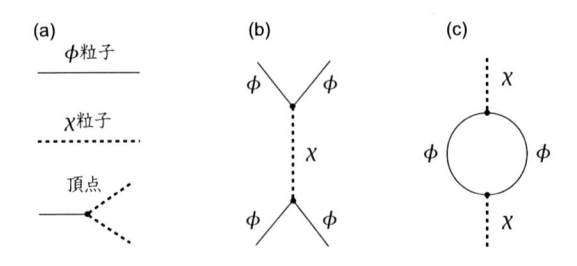

図 8.4 (a) 2 種類のスカラー粒子系ファインマン図形の構成要素, (b) 2 つの ϕ 粒子散乱のファインマン図形, (c) χ 粒子の自己エネルギーのファインマン図形

$$\mathcal{L} = -\frac{1}{2}(\partial^\mu \phi)(\partial_\mu \phi) - \frac{m_\phi^2}{2}\phi^2 - \frac{1}{2}(\partial^\mu \chi)(\partial_\mu \chi) - \frac{m_\chi^2}{2}\chi^2 + \frac{\lambda}{2}\chi\phi^2 \quad (8.50)$$

である.図 8.4(a) に示すように,ファインマン図形の構成要素は ϕ 粒子と χ 粒子の伝播関数と相互作用を表す頂点からなる.2 つの ϕ 粒子の弾性散乱を表す摂動最低次のファインマン図形を図 8.4(b) に示す.反応前の ϕ 粒子対が,中間状態において質量殻上の χ 粒子を 1 つ生成できるエネルギーをもつなら,この χ 粒子は反応前の粒子対に崩壊することができる.これは,条件 $m_\chi^2 > 4m_\phi^2$ を満たすなら起こり,χ 粒子は不安定になる.相互作用が十分小さく,寿命が長ければ,χ 粒子は共鳴 (resonance) として観測される.

この現象を定量的に扱うために相互作用を入れた伝播関数を解析する.伝播関数は自己エネルギーを用いてダイソン表示できる.χ 粒子の伝播関数は

$$\Delta_F^\chi(p^2) = \frac{-i}{p^2 + m_\chi^2 + \Sigma_\chi(p^2) - i\epsilon} \quad (8.51)$$

であり,自己エネルギーは摂動の最低次で

$$-i\Sigma_\chi(p^2) = (-i\lambda)^2 \int \frac{d^4q_1}{(2\pi)^4}\frac{d^4q_2}{(2\pi)^4} \frac{-i}{q_1^2 + m_\phi^2 - i\epsilon}\frac{-i}{q_2^2 + m_\phi^2 - i\epsilon}$$
$$\times (2\pi)^4 \delta^4(p - q_1 - q_2) \quad (8.52)$$

と求まる (図 8.4(c)).一般的に $\Sigma_\chi(p^2)$ は複素数である.虚数部は簡単に取り出せる[*1].ループ中に現れる中間状態の ϕ 粒子が質量殻上にあるとき発生するからである.コーシーの主値を表す記号を $\mathcal{P}$ として,公式

[*1] たとえば下記の参考書の 232〜237 ページを参照されたい.M.E. Peskin and D.V. Schroeder, *An Introduction to Quantum Field Theory*, Addison-Wesley (1995).

$$\frac{1}{q^2 + m^2 - i\epsilon} = \frac{\mathcal{P}}{q^2 + m^2} + i\pi\delta(q^2 + m^2) \tag{8.53}$$

を用いる．時間成分 q_i^0 に関して積分し，$E(q_i) = \sqrt{\boldsymbol{q}_i^2 + m_\phi^2}$ として，

$$2\operatorname{Im}\Sigma_\chi(p^2) = \theta(-p^2 - 4m_\phi^2)\frac{\lambda^2}{2}\int\frac{d^3q_1}{(2\pi)^3}\frac{1}{2E(q_1)}\int\frac{d^3q_2}{(2\pi)^3}\frac{1}{2E(q_2)}$$
$$\times (2\pi)^4\delta^4(p - q_1 - q_2) \tag{8.54}$$

となる．これは有限量であり，$p_0^2 > \boldsymbol{p}^2 + 4m_\phi^2$ のときゼロでない．一方，実数部は，積分路をウィック回転し，発散するループ積分を正則化し，相殺項を導入し，繰り込み条件を課し，有限量にする．特に，繰り込み条件 (8.28) は，$\operatorname{Re}\Sigma_\chi(-m_\chi^2) = 0$ となる．したがって，$\Sigma_\chi(-m_\chi^2)$ は純虚数なので

$$\Gamma \equiv \frac{1}{im_\chi}\Sigma_\chi(-m_\chi^2) = \frac{1}{m_\chi}\operatorname{Im}\Sigma_\chi(-m_\chi^2) \tag{8.55}$$

とおく．これは，$m_\chi^2 > 4m_\phi^2$ を満たすときゼロでない．

さて，伝播関数 (8.51) の極の位置は

$$p^2 + m_\chi^2 + \Sigma_\chi(p^2) = 0 \tag{8.56}$$

を解いて得られる．解を求めるため，$p^2 = -m_\chi^2$ の近傍で次のように近似する．

$$p^2 + m_\chi^2 + \Sigma_\chi(p^2) \simeq p^2 + \left[m_\chi + \frac{1}{2m_\chi}\Sigma_\chi(p^2)\right]^2$$
$$\simeq p^2 + \left[m_\chi + \frac{1}{2m_\chi}\Sigma_\chi(-m_\chi^2)\right]^2. \tag{8.57}$$

この近似は結合定数 λ が十分小さいとき有効である．(8.55) を代入して，伝播関数 (8.51) は

$$\Delta_{\mathrm{F}}^\chi(p^2) = \frac{-i}{p^2 + \left(m_\chi + \frac{i}{2}\Gamma\right)^2} \tag{8.58}$$

と近似的に表される．極の位置は粒子の固有エネルギーと見なせる．静止した χ 粒子のエネルギーは $E = m_\chi + \frac{i}{2}\Gamma$ であるから，時間発展は

$$|\psi(t)|^2 \propto \left|e^{-i\left(m_\chi + \frac{i}{2}\Gamma\right)t}\right|^2 = e^{-\Gamma t} \tag{8.59}$$

となり，虚数成分 Γ は粒子の寿命を表す．

9 量子電磁気学

相対論的電子が電磁場と相互作用している系における量子補正を解析する．生成汎関数に基づき，ファインマン則を導き，電子と光子の自己エネルギー，および，頂点関数を摂動論の 1 ループ近似で計算する．正則化と繰り込みを行い物理量を導く．自然単位系を用いる．

9.1 ファインマン則

量子電磁気学の摂動論を説明する．基本的なラグランジアンは (6.74) で与えられる．これを自由場部分 $\mathcal{L}_{\text{free}}$ と相互作用部分 $\mathcal{L}_{\text{int}}$ に分解する．

$$\mathcal{L}_{\text{free}} = -\frac{1}{4} F_{\mu\nu} F^{\mu\nu} + \bar{\psi}(x) \left[i\gamma^\mu \partial_\mu - m \right] \psi(x), \tag{9.1a}$$

$$\mathcal{L}_{\text{int}} = -e \bar{\psi}(x) \gamma^\mu \psi(x) A_\mu(x). \tag{9.1b}$$

ここに現れる量はすべて物理量であるとして，繰り込まれた結合定数による摂動論を採用する．発散を取り除く相殺項ラグランジアンは必要に応じて後で導入する．

電子場 $\psi(x)$ と電磁場 $A_\mu(x)$ に対する自由場の伝播関数

$$i S_{\text{F}}^0 (x-y)_{\alpha\beta} = \langle 0 | \mathcal{T} \left[\psi_\alpha(x) \bar{\psi}_\beta(y) \right] | 0 \rangle, \tag{9.2a}$$

$$i D_{\mu\nu}^0 (x-y) = \langle 0 | \mathcal{T} \left[A_\mu(x) A_\nu(y) \right] | 0 \rangle \tag{9.2b}$$

はすでに導いたように，運動量表示で

$$i S_{\text{F}}^0 (\boldsymbol{p}) = \frac{-i}{\slashed{p} + m - i\epsilon}, \tag{9.3a}$$

$$i D_{\mu\nu}^0 (\boldsymbol{k}) = \frac{-i}{k^2 - i\epsilon} g_{\mu\nu} \tag{9.3b}$$

である．分母の無限小量 $-i\epsilon$ は時間順序積に基づくグリーン関数であることを

示している．実際の計算はウィック回転 (8.3) の後にユークリッド空間で行うので，以下，無限小量 $-i\epsilon$ を明示的に書かない．

光子の伝播関数を含むループ積分が $k^2 = 0$ の点で発散することがある．この発散を**赤外発散**とよぶが，これは光子が質量をもたないから発生する．この発散は仮想的な質量 μ を光子に与えることで避ける．具体例は (9.41) を参照せよ．紫外発散と赤外発散はその起源が全く異なる．

電子場 $\psi_\alpha(x)$, $\bar{\psi}_\alpha(x)$ およびゲージ・ポテンシャル $A_\mu(x)$ に対して，外場 $\varsigma_\alpha(x)$, $\bar{\varsigma}_\alpha(x)$ および $J^\mu(x)$ を導入する．スカラー模型における (7.35) に対応して，生成汎関数

$$\mathcal{F}(\varsigma_\alpha, \bar{\varsigma}_\alpha, J^\mu) \equiv \langle 0|\mathcal{T}\left[e^{i\int d^4x\,[\bar{\psi}(x)\varsigma(x)+\bar{\varsigma}(x)\psi(x)+J^\mu(x)A_\mu(x)]}\right]|0\rangle \quad (9.4)$$

を導入する．相互作用ハミルトニアンは

$$V(\bar{\psi}, \psi, A_\mu) = e\bar{\psi}(x)\gamma^\mu\psi(x)A_\mu(x) \quad (9.5)$$

であるから，グリーン関数の生成汎関数は，$\delta_\varsigma \equiv \delta/\delta\varsigma(z)$, などとおき，

$$Z(\varsigma_\alpha, \bar{\varsigma}_\alpha, J^\mu) = \exp\left[-i\int d^4z\, V(i\delta_\varsigma, -i\delta_{\bar{\varsigma}}, -i\delta_{J^\mu})\right]\mathcal{F}(\varsigma_\alpha, \bar{\varsigma}_\alpha, J^\mu) \quad (9.6)$$

である．グリーン関数は，スカラー模型における (7.39) と同様に，外場に関して汎関数微分することで求まる．すなわち，

$$\langle 0|\bar{\psi}(x_1)\cdots\bar{\psi}(x_N)\psi(x'_1)\cdots\psi(x'_N)A_{\mu_1}(y_1)\cdots A_{\mu_M}(y_M)|0\rangle$$
$$= (-i)^{2N+M}\frac{1}{Z_0}\prod_i \frac{\delta}{\delta\varsigma(x_i)}\prod_j \frac{\delta}{\delta\bar{\varsigma}(x'_j)}\prod_k \frac{\delta}{\delta J^{\mu_k}(y_k)}Z(J)\bigg|_{\varsigma=\bar{\varsigma}=J=0} \quad (9.7)$$

である．計算は生成汎関数をテーラー展開して実行するのだが，電子場に対する外場 $\varsigma_\alpha(x)$ と $\bar{\varsigma}_\alpha(x)$ はグラスマン数であるので，奇数個の入れ替えに対して符号が反転することに留意する必要がある．

ファインマン図形は，電子を表す線分，光子を表す線分，および，それらのつくる頂点からなる (図 9.1(a))．電子には反粒子が存在するから，電子を表す線分は向きをもち矢印で表す．粒子は矢印方向に進み，反粒子は逆方向に進む．光子は波線で表すことにする．相互作用 (9.5) は頂点に 3 本の線分が集まることを示す．2 本は入ってくる電子と出て行く電子，1 本は光子を表す．したがって，電子の伝播を表す実線が分岐することはない．外線から入った実線は外線

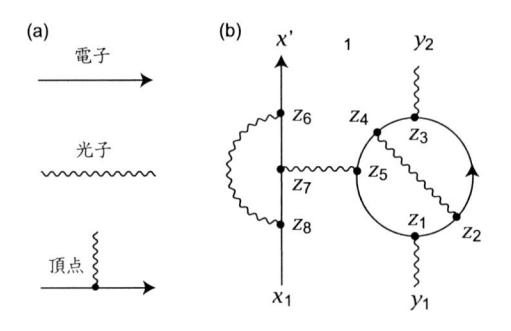

図 9.1
(a) ファインマン図形の構成要素．電子の伝播関数は iS_F^0，光子の伝播関数は $iD_{\mu\nu}^0$，頂点は $-ie\gamma^\mu$ を表す．(b) ファインマン図形の例．

に出る．内線ならループをつくる．

　図9.1(b) にファインマン図形の例を示す．摂動展開は電荷 e に関する展開と見なせる．展開の n 次の項を求めるには，平面に n 個の頂点を書き，外線と内線でこれらの点を結び，線分には伝播関数を対応させる．これをすべての可能な結び方で構成した図形に関して行い，得られる関数を足し上げることでグリーン関数が求まる．

　電子ループに関する注意がある．たとえば，図 9.1(b) は 1 つの電子ループを含む．このループ上には 5 つの相互作用点がのっている．$V_i \equiv e\bar{\psi}(z_i)\gamma^\mu\psi(z_i)A_\mu(z_i)$ および $\psi_i \equiv \psi(z_i)$ と略記して，相互作用点は，$V_5\cdots V_4\cdots V_3\cdots V_2\cdots V_1\cdots$，すなわち，

$$\bar{\psi}_5\gamma^\mu\psi_5\cdots\bar{\psi}_4\gamma^\mu\psi_4\cdots\bar{\psi}_3\gamma^\mu\psi_3\cdots\bar{\psi}_2\gamma^\mu\psi_2\cdots\bar{\psi}_1\gamma^\mu\psi_1\cdots \qquad (9.8)$$

のように並んでいる．汎関数微分 δ_ζ，$\delta_{\bar\zeta}$ はこの順に相互作用点を生成する．汎関数微分を遂行すると，(9.8) の $\cdots$ に対応して自由電子の伝播関数が現れる．問題なのは，この列の最初の $\bar\psi_5$ と最後の ψ_1 に関する伝播関数である．伝播関数は (9.2a) で定義されているから，$\psi_1\cdots\bar\psi_5$ のように並べる必要がある．このために，$\bar\psi_5$ が列の最後に現れるように汎関数微分の順序を入れ替える．この例では，9 個の ψ_i や $\bar\psi_i$ と入れ替えるので，フェルミ統計から因子 -1 がかかる．一般に，任意の電子ループでフェルミ統計から因子 -1 がかかる．

　したがって，運動量空間におけるファインマン則は以下のようになる．

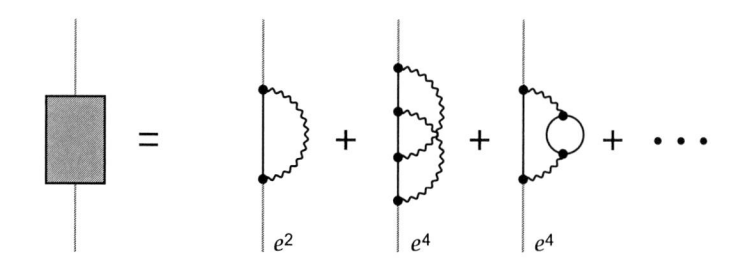

図 9.2　次数 e^4 までの電子の自己エネルギー
電子の外線 (灰色の線) は含まない.

- **(1)** 各電子の線分に伝播関数 $iS_F^0(p)$ を対応させる.
- **(2)** 各光子の線分に伝播関数 $iD_{\mu\nu}^0(p)$ を対応させる.
- **(3)** 各頂点に頂点因子 $-ie\gamma^\mu$ を対応させる.
- **(4)** フェルミオンのループ積分に対して統計因子として -1 をかける.

その他の規則はすでに議論した ϕ^4 模型と同じである. すなわち,

- **(5)** 各頂点に運動量保存を表すデルタ関数 $\delta(\sum_i p)$ を課し, 内線の運動量 q に対してループ積分 $\int d^4q/(2\pi)^4$ を行う.
- **(6)** ファインマン図形の対称性に応じた重み因子をかける.
- **(7)** 外線には波動関数をかける.

ファインマン則に基づき計算したグリーン関数は発散しているので, 正則化し, 相殺項を加え, 繰り込みを行う. 相殺項として, 電子に関するもの $\Delta_3\mathcal{L}$, 光子に関するもの $\Delta_2\mathcal{L}$, 相互作用に関するもの $\Delta_1\mathcal{L}$ の 3 つが必要である.

9.2　電子の自己エネルギー

電子の 2 点関数, すなわち, 相互作用を含む伝播関数を摂動論に基づき計算する. これは図 9.2 に示す電子の自己エネルギー $\Sigma(p)$ を用いて,

$$iS_F(p) = iS_F^0(p) + iS_F^0(p)[-i\Sigma(p)]iS_F^0(p) + \cdots$$
$$= iS_F^0(p)\left[1 + \Sigma(p)S_F(p)\right] \tag{9.9}$$

とダイソン方程式の形に表される (図 8.2). これを $S_F(p)$ に関して解き, (9.3a) を代入し, 電子の伝播関数に対するダイソン表示を得る.

$$S_{\mathrm{F}}(p) = \frac{S_{\mathrm{F}}^0(p)}{1 - S_{\mathrm{F}}^0(p)\Sigma(p)} = \frac{-1}{\slashed{p} + m + \Sigma(p) - i\epsilon}. \tag{9.10}$$

量子補正で伝播関数は変化しているが，物理的条件として質量殻で $S_{\mathrm{F}}(p) = S_{\mathrm{F}}^0(p)$ とならねばならない．このための必要十分条件は

$$\Sigma(p)|_{\slashed{p}=-m} = 0, \qquad \left.\frac{\partial \Sigma}{\partial \slashed{p}}\right|_{\slashed{p}=-m} = 0 \tag{9.11}$$

である．これが繰り込み条件である．

自己エネルギー $\Sigma(p)$ はラグランジアン (9.1) からくる部分 $\Sigma_{\mathrm{diagram}}(p)$ と必要に応じて追加する相殺項 $\Sigma_{\mathrm{counter}}(p)$ からくる部分からなる．

$$\Sigma(p) = \Sigma_{\mathrm{diagram}}(p) + \Sigma_{\mathrm{counter}}(p). \tag{9.12}$$

相殺項は以下のようにして決まる．まず，ファインマン図形から $\Sigma_{\mathrm{diagram}}(p)$ を計算する．これを質量殻 ($\gamma^\mu p_\mu + m = 0$) の周りでテーラー展開し，

$$\Sigma_{\mathrm{diagram}}(p) = \delta m + \delta_2 (\slashed{p} + m) + \Sigma(p) \tag{9.13}$$

とおく．すなわち，

$$\delta m = \Sigma_{\mathrm{diagram}}|_{\slashed{p}=-m}, \qquad \delta_2 = \left.\frac{\partial \Sigma_{\mathrm{diagram}}}{\partial \slashed{p}}\right|_{\slashed{p}=-m} \tag{9.14}$$

である．こうして得られた $\Sigma(p)$ は繰り込み条件を満たすから求めるものである．余計な項は，$\delta m + \delta_2 (\slashed{p} + m)$，であるが，これは相殺項を

$$\Sigma_{\mathrm{counter}}(p) = -\delta_2 (\slashed{p} + m) - \delta m \tag{9.15}$$

と選べば取り除かれる．9.5 節で 1 次摂動近似でこのことを確かめる．相殺項ラグランジアンは

$$\Delta_3 \mathcal{L} = \delta_2 \bar{\psi}(x)(-i\slashed{\partial} + m)\psi(x) + \delta m \bar{\psi}(x)\psi(x) \tag{9.16}$$

である．

9.3 光子の自己エネルギー

光子の自己エネルギーを $\Pi_{\alpha\beta}(p)$ と記す．光子は質量をもたない．量子補正を行っても質量はゼロのままである．図 8.2 と同様に，光子の伝播関数も自己エネルギーのシリーズで表される．電子に対するダイソン方程式 (9.9) と同様な方程式が書き下せる．ただし，テンソルとしてのインデックスをもち，

9.3 光子の自己エネルギー

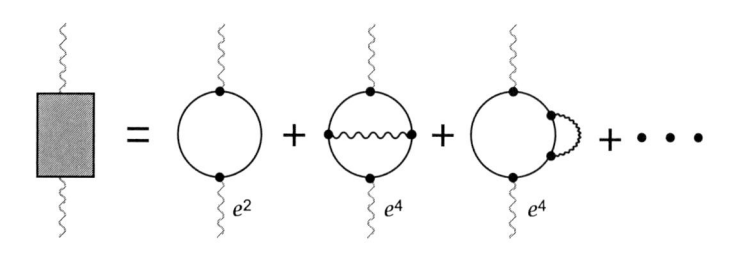

図 9.3 次数 e^4 までの光子の自己エネルギー
光子の外線 (灰色の波線) は含まない.

$$iD_{\mu\nu}(k) = iD^0_{\mu\nu}(k) + iD^0_{\mu\alpha}(k)[-i\Pi_{\alpha\beta}(k)]iD_{\beta\nu}(k) \tag{9.17}$$

である. 自己エネルギーは図 9.3 に示す. すぐ後の研究課題で議論するように, 自己エネルギーは $k^\mu \Pi_{\mu\nu} = 0$ を満たすので, そのテンソル構造は

$$\Pi_{\mu\nu}(k) = \left(g_{\mu\nu}k^2 - k_\mu k_\nu\right)\Pi(k^2) \tag{9.18}$$

である. ゆえに, 実質的な自己エネルギーは $\Pi(k^2)$ である. そこで, $g_{\mu\nu}$ に比例する項に着目して,

$$D_{\mu\nu}(k) = -\frac{g_{\mu\nu}}{k^2} - \Pi(k^2)D_{\mu\nu}(k) + k_\mu k_\nu\text{-terms} \tag{9.19}$$

のように整理する. これを解いて

$$D_{\mu\nu}(k) = -\frac{g_{\mu\nu}}{k^2}\frac{1}{1+\Pi(k^2)} + k_\mu k_\nu\text{-terms} \tag{9.20}$$

というダイソン表示を得る. さて, 伝播関数に対する物理的条件として質量殻で $D_{\mu\nu}(k) = D^0_{\mu\nu}(k)$ とならねばならない. このための必要十分条件は

$$\Pi(0) = 0 \tag{9.21}$$

である. これが繰り込み条件である.

自己エネルギー $\Pi(k^2)$ には, ラグランジアン (9.1) からくる部分 $\Pi_{\text{diagram}}(k^2)$ と必要に応じて追加する相殺項からくる部分 $\Pi_{\text{counter}}(k^2)$ がある.

$$\Pi(k^2) = \Pi_{\text{diagram}}(k^2) + \Pi_{\text{counter}}(k^2). \tag{9.22}$$

ファインマン図形から $\Pi_{\text{diagram}}(k^2)$ を計算する. これを

$$\Pi_{\text{diagram}}(k^2) = \Pi_{\text{diagram}}(0) + \Pi(k^2) \tag{9.23}$$

と分解すれば, こうして得られた $\Pi(k^2)$ は繰り込み条件 (9.21) を満たすから求めるものである. 余計な項 $\Pi_{\text{diagram}}(0)$ は相殺項を

$$\Pi_{\text{counter}}(k^2) = -\delta_3 \equiv -\Pi(0) \tag{9.24}$$

と選べば取り除かれる．9.5 節で 1 次摂動近似でこのことを確かめる．テンソル構造をもつ自己エネルギーへの相殺項は

$$\Pi_{\mu\nu}^{\text{counter}}(k) = -\delta_3 \left(g_{\mu\nu}k^2 - k_\mu k_\nu\right) \tag{9.25}$$

となり，相殺項ラグランジアンは

$$\Delta_2 \mathcal{L} = \frac{\delta_3}{2} A^\mu(x) [g_{\mu\nu}\partial^2 - \partial_\mu \partial_\nu] A^\nu(x) = \frac{\delta_3}{4} F_{\mu\nu} F^{\mu\nu} \tag{9.26}$$

である．

光子の伝播関数の物理的意味を考える．電荷間には光子を交換することで力が発生する．静止状態の電荷の配置に対しては，量子補正した光子の伝播関数として，(9.20) から

$$D(\boldsymbol{k}) = \frac{1}{\boldsymbol{k}^2} \frac{1}{1 + \Pi(\boldsymbol{k}^2)} \tag{9.27}$$

を採用すればよい．したがって，電荷 $q = \pm e$ によるクーロンポテンシャルは

$$V(r) = \int \frac{d^3k}{(2\pi)^3} e^{i\boldsymbol{k}\boldsymbol{x}} \frac{q}{|\boldsymbol{k}|^2 \left[1 + \Pi(\boldsymbol{k}^2)\right]} \tag{9.28}$$

である．非常に遠方では $|\boldsymbol{k}| = 0$ の成分が寄与するから，$\Pi(0) = 0$ を用いて，

$$\lim_{r \to \infty} V(r) = \int \frac{d^3k}{(2\pi)^3} e^{i\boldsymbol{k}\boldsymbol{x}} \frac{q}{|\boldsymbol{k}|^2} = \frac{q}{4\pi r} \tag{9.29}$$

となる．確かに，q が物理的電荷として観測されることになる．量子補正 $\Pi(\boldsymbol{k}^2)$ は近距離で効く．具体例は (9.54) 以下を参照せよ．

研究課題：自己エネルギーが $k^\mu \Pi_{\mu\nu}(k) = 0$ を満たすことを示せ．

解説：自己エネルギーは

$$\Pi_{\mu\nu}(k) = \int d^4p \cdots \text{Tr}\left[S_{\text{F}}^0(k+p)\gamma_\mu S_{\text{F}}^0(p) \cdots \gamma_\nu \cdots\right] \tag{9.30}$$

の形をしている (図 9.3)．さて，自由電子の伝播関数 $S_{\text{F}}^0(p) = -1/(\not{p}+m)$ に対して，関係式

$$S_{\text{F}}^0(p+k) - S_{\text{F}}^0(p) = -S_{\text{F}}^0(p+k) k^\mu \gamma_\mu S_{\text{F}}^0(p) \tag{9.31}$$

が成立することを簡単に確かめられる．これをワード (Ward) 恒等式という．ワード恒等式を (9.30) に代入して，

$$k^\mu \Pi_{\mu\nu}(k) = \int d^4p \cdots \left\{\text{Tr}[S_{\text{F}}^0(k+p) \cdots \gamma_\nu \cdots] - \text{Tr}[S_{\text{F}}^0(p) \cdots \gamma_\nu \cdots]\right\} \tag{9.32}$$

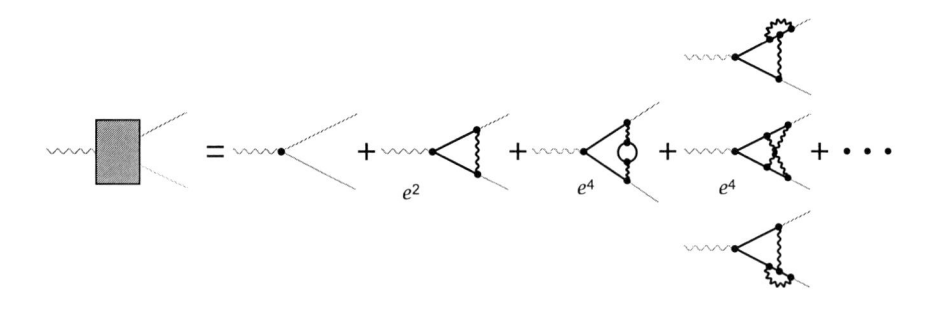

図 9.4 次数 e^4 までの頂点関数
電子の外線 (灰色の線) と光子の外線 (灰色の波線) は含まない.

と書き直せる. 右辺の2つの項は, それぞれ, 頂点 γ_ν に結合する外線が1本の図形を表し, この外線の運動量は運動量保存からゼロでなければならない. このことは右辺の第1項で $k+p \to p$ などの変数変換をすれば, 第2項と完全に一致することを意味している. これは具体的な図形に対して容易にチェックできる. ゆえに, $k^\mu \Pi_{\mu\nu}(k) = 0$ である.

9.4 頂点関数

頂点関数を与えるグリーン関数は

$$G^\mu(x,y,z) = \langle 0 | \mathcal{T} \left[\bar\psi(x)\psi(y)A^\mu(z) \right] | 0 \rangle \tag{9.33}$$

である. このグリーン関数から外線につながる電子と光子の伝播関数を取り除いたもののフーリエ変換が頂点関数 $-i\Gamma^\mu(p,q)$ を与える. 量子補正による部分 $\Lambda^\mu(p,q)$ を分離して,

$$\Gamma^\mu(p,q) = e\gamma^\mu + \Lambda^\mu(p,q) \tag{9.34}$$

とおく. 相互作用の強さは量子補正後には電子と光子の運動量に依存する. ある点で, それが元々の強さ e に等しいと要請する. これを繰り込み点という. 自然な繰り込み点は光子の運動量がゼロで, 電子が質量殻にいる場合である. 繰り込み条件として

$$\Lambda^\mu(p,p)|_{\not{p}=-m} = 0 \tag{9.35}$$

を課す.

量子補正は与えられたラグランジアン (9.1) からくる部分 $\Lambda^\mu_{\text{diagram}}$ と相殺項 Λ_{counter} からくる部分がある.

$$\Lambda^\mu(p,q) = \Lambda^\mu_{\text{diagram}}(p,q) + \Lambda_{\text{counter}}(p,q). \tag{9.36}$$

さて，図 9.4 に示すような 3 点ファインマン図形より頂点関数 $\Gamma^\mu_{\text{diagram}}(p,q)$ が求まる．量子補正部分を $\Lambda^\mu_{\text{diagram}}(p,q)$ と記せば，

$$\Gamma^\mu_{\text{diagram}}(p,q) = e\gamma^\mu + \Lambda^\mu_{\text{diagram}}(p,q) \tag{9.37}$$

である．ここで，

$$\Lambda^\mu_{\text{diagram}}(p,q) = \Lambda^\mu_{\text{diagram}}(p,p)\Big|_{\not{p}=-m} + \Lambda^\mu(p,q) \tag{9.38}$$

と分解すれば，この $\Lambda^\mu(p,q)$ は繰り込み条件を満たすから求めるものである．余分な項は，$\delta_1 \equiv \Lambda^\mu_{\text{diagram}}(p,p)\Big|_{\not{p}=-m}$ であるが，これは相殺項を

$$\Lambda^\mu_{\text{counter}}(k^2) = -\delta_1 = -\Lambda^\mu_{\text{diagram}}(p,p)\Big|_{\not{p}=-m} \tag{9.39}$$

と選べば取り除かれる．この相殺項を与えるラグランジアンは

$$\Delta_1 \mathcal{L} = \delta_1 \bar{\psi}(x)\gamma^\mu \psi(x) A_\mu(x) \tag{9.40}$$

である．

9.5　正則化と繰り込み

9.5.1　電子の自己エネルギー

電子の自己エネルギー $\Sigma(p)$ の 1 ループ図形は図 9.5(a) で与えられる．本節では具体的計算を実行する．ファインマン則に従って書き下すと，

$$-i\Sigma_{\text{diagram}}(p) = (-ie)^2 \int \frac{d^4k}{(2\pi)^4} \frac{-i}{k^2+\mu^2} \gamma^\mu \frac{-i}{\not{p}-\not{k}+m} \gamma_\mu \tag{9.41}$$

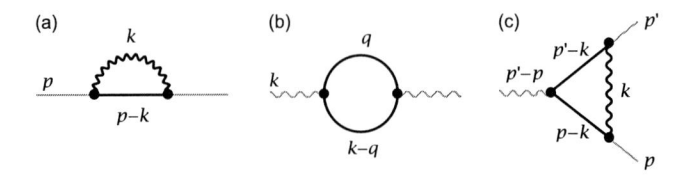

図 9.5　電子と光子の自己エネルギー，および頂点関数の 1 ループのファインマン図形 電子の外線 (灰色の線) と光子の外線 (灰色の波線) は含まない．

9.5 正則化と繰り込み

である.ここに積分の赤外発散を避けるために光子に小さな質量 μ を与えている.次元正則化 (8.9) を適用し,少し計算[*1)]した後に,

$$\Sigma_{\text{diagram}}(p) = \frac{e^2}{(4\pi)^2} \int_0^1 dx \, [Dm + (D-2)(1-x)\not{p}]$$
$$\times \frac{\Gamma\left(2 - \frac{D}{2}\right)(4\pi)^{2-D/2}}{[(1-x)\mu^2 + xm^2 + x(1-x)p^2]^{2-D/2}} \quad (9.42)$$

という結果を得る.展開公式 (8.12) を用いると,$D = 4$ の近傍で,この式は

$$\Sigma_{\text{diagram}}(p) = \frac{e^2}{16\pi^2}[4m + \not{p}]\,\Gamma\left(2 - \frac{D}{2}\right)$$
$$- \frac{e^2}{8\pi^2} \int_0^1 dx \, [2m + (1-x)\not{p}] \ln\left[\frac{(1-x)\mu^2 + xm^2 + x(1-x)p^2}{4\pi}\right]$$
$$(9.43)$$

となる.繰り込み条件 (9.14) から

$$\delta m = \frac{3me^2}{16\pi^2} \Gamma\left(2 - \frac{D}{2}\right) - \frac{me^2}{8\pi^2} \int_0^1 dx \, (1+x) \ln\left[\frac{(1-x)\mu^2 + x^2 m^2}{4\pi}\right],$$

$$\delta_2 = \frac{e^2}{16\pi^2} \Gamma\left(2 - \frac{D}{2}\right) - \frac{e^2}{8\pi^2} \int_0^1 dx \, (1-x) \ln\left[\frac{(1-x)\mu^2 + x^2 m^2}{4\pi}\right]$$
$$- \frac{e^2}{4\pi^2} \int_0^1 dx \, \frac{x(1-x)(1+x)m^2}{(1-x)\mu^2 + x^2 m^2} \quad (9.44)$$

を得る.したがって,繰り込まれた自己エネルギーは (9.13) から

$$\Sigma(p) = -\frac{e^2}{2\pi^2} \int_0^1 dx \, [2m + (1-x)\not{p}] \ln\left[\frac{(1-x)\mu^2 + xm^2 + x(1-x)p^2}{4\pi}\right]$$
$$+ (2m + \not{p}) \frac{e^2}{2\pi^2} \int_0^1 dx \, (1-x) \ln\left[\frac{(1-x)\mu^2 + x^2 m^2}{4\pi}\right]$$
$$+ (m + \not{p}) \frac{e^2}{\pi^2} \int_0^1 dx \, (1-x) \ln\left[\frac{x(1-x)(1+x)m^2}{(1-x)\mu^2 + x^2 m^2}\right] \quad (9.45)$$

となる.光子の仮想質量を $\mu = 0$ とおくと,積分の端点 $x = 0$ で発散する.これは赤外発散であり繰り込みとは無関係である.物理的な原因は,光子の質量がゼロなため,無限小のエネルギーをもつ光子の数を制御できないからである.

[*1)] D 次元空間での γ 行列の計算に以下の公式を用いる.

$$\gamma^\mu \gamma_\mu = -D, \quad \gamma^\mu \gamma^\alpha \gamma_\mu = (D-2)\gamma^\alpha, \quad \gamma^\mu \gamma^\alpha \gamma^\beta \gamma_\mu = (4-D)\gamma^\alpha \gamma^\beta + 4g^{\alpha\beta},$$
$$\gamma^\mu \gamma^\alpha \gamma^\beta \gamma^\nu \gamma_\mu = (D-4)\gamma^\alpha \gamma^\beta \gamma^\nu + 2\gamma^\nu \gamma^\beta \gamma^\alpha.$$

9.5.2　光子の自己エネルギー

光子の自己エネルギー $\Pi_{\mu\nu}(k)$ の 1 ループ図形は図 9.5(b) で与えられる．ファインマン則に従って書き下す．

$$-i\Pi_{\mu\nu}^{\text{diagram}}(k) = (-ie)^2 \int \frac{d^4q}{(2\pi)^4} (-1) \text{Tr}\left[\gamma_\mu \frac{-i}{\not{q}-\not{k}+m} \gamma_\nu \frac{-i}{\not{q}+m}\right]. \tag{9.46}$$

以下の公式を用いて D 次元空間での γ 行列の計算を行う．

$$\text{Tr}(\gamma^\alpha\gamma^\beta) = -Dg^{\alpha\beta}, \quad \text{Tr}(\gamma^\alpha\gamma^\beta\gamma^\mu\gamma^\nu) = D(g^{\alpha\beta}g^{\mu\nu} - g^{\alpha\mu}g^{\beta\nu} + g^{\alpha\nu}g^{\mu\beta}). \tag{9.47}$$

奇数個の γ 行列のトレースはゼロになる．少し計算した後に

$$\Pi_{\mu\nu}^{\text{diagram}}(k) = -(k_\mu k_\nu - k^2 g_{\mu\nu}) \frac{e^2}{2\pi^2} \int_0^1 dx \frac{\Gamma\left(2-\frac{D}{2}\right) x(1-x)}{[x(1-x)k^2 + m^2]^{2-D/2}} \tag{9.48}$$

という結果を得る．展開公式 (8.12) を用いると，$D=4$ の近傍で，この式は

$$\Pi_{\text{diagram}}(k^2) = \frac{e^2}{12\pi^2}\Gamma\left(2-\frac{D}{2}\right) - \frac{e^2}{2\pi^2}\int_0^1 dx\, x(1-x) \ln\left[x(1-x)k^2 + m^2\right] \tag{9.49}$$

を与える．繰り込み条件 (9.23) から

$$\delta_3 = \Pi_{\text{diagram}}(0) = \frac{e^2}{12\pi^2}\Gamma\left(2-\frac{D}{2}\right) - \frac{e^2}{2\pi^2}\int_0^1 dx\, x(1-x)\ln m^2 \tag{9.50}$$

を得る．繰り込まれた自己エネルギーは

$$\Pi(k^2) = \Pi_{\text{diagram}}(k^2) - \Pi_{\text{diagram}}(0)$$
$$= -\frac{2\alpha}{\pi}\int_0^1 dx\, x(1-x) \ln\left[\frac{m^2 + x(1-x)k^2}{m^2}\right] \tag{9.51}$$

である．ここに，微細構造定数[*1)]

$$\alpha = \frac{e^2}{4\pi} \sim \frac{1}{137} \tag{9.52}$$

を導入した．

自己エネルギー $\Pi(k^2)$ の解析構造をみる．対数関数はその引数が負になる点 (分岐点) からブランチ・カットをもち，$\Pi(k^2)$ は複素数になる．その条件は

$$m^2 + x(1-x)k^2 < 0 \tag{9.53}$$

[*1)]　この章では自然単位系を用いている．微細構造定数を SI 単位系に直すには 81 ページの研究課題の換算を用いて，まず，$\alpha = e^2/4\pi\varepsilon_0$ と書き直す．次に，c と $\hbar$ を回復して，$\alpha = (e^2/4\pi\varepsilon_0)c^n\hbar^m$ とおく．ベキ数 n と m は微細構造定数 α が次元をもたないように決める．28 ページの研究課題を参照し，$[e^2/\varepsilon_0] = ML^3T^{-2}$ であるから，$\alpha = \varepsilon^2/4\pi\varepsilon_0\hbar c$ を得る．

である．ここに，$x(1-x) \leq 1/4$ だから，カットの始まる点は，$k^2 = -k_0^2 + \boldsymbol{k}^2 = -4m^2$，すなわち，$k_0^2 \geq 4m^2$，である．この点は光子から電子・陽電子対発生が起こる臨界点である．

> 研究課題：クーロン・エネルギーの量子補正を計算し，水素原子へ応用せよ．

解説：静止している電荷間のクーロン・ポテンシャル $V(r)$ は (9.28) で与えられる．十分遠距離 ($r \gg 1/m$) で $V(r)$ に寄与するのは，$\boldsymbol{k}^2 \ll m^2$ の運動量領域である．電荷 e と $-e$ の間のクーロン・エネルギーは，$\Pi(\boldsymbol{k}^2)$ を $\boldsymbol{k}^2 = 0$ の周りで展開して，

$$E(r) = \int \frac{d^3 k}{(2\pi)^3} e^{i\boldsymbol{k}\boldsymbol{x}} \frac{-e^2}{|\boldsymbol{k}|^2 \left[1 + \Pi(\boldsymbol{k}^2)\right]} \simeq -\frac{\alpha}{r} - \frac{4\alpha^2}{15m^2} \delta(\boldsymbol{x}) \quad (9.54)$$

となる．したがって，エネルギー補正は

$$\Delta E = \int d^3 x \, |\mathfrak{S}(x)|^2 \left(-\frac{4\alpha^2}{15m^2} \delta(\boldsymbol{x})\right) = -\frac{4\alpha^2}{15m^2} |\mathfrak{S}(0)|^2 \quad (9.55)$$

であるが，これは S 波にしか寄与しない．S 波水素原子への補正として

$$\Delta E = -\frac{4\alpha^2}{15m^2} \cdot \frac{\alpha^3 m^3}{8\pi} = -\frac{\alpha^5 m}{30\pi} = -1.123 \times 10^{-7} \mathrm{eV} \quad (9.56)$$

を得る．より詳しい計算を行うと

$$E(r) = \int \frac{d^3 k}{(2\pi)^3} e^{i\boldsymbol{k}\boldsymbol{x}} \frac{-e^2}{|\boldsymbol{k}|^2 \left[1 + \Pi(\boldsymbol{k}^2)\right]}$$

$$\simeq -\frac{\alpha}{r} \left(1 + \frac{\alpha}{4\sqrt{\pi}} \frac{e^{-2mr}}{(mr)^{3/2}} + \cdots\right) \quad (9.57)$$

となる．この量子補正をユーリング (Uehling) 効果という．補正が重要なのは電子のコンプトン波長 $1/m$ 以下に対してである．点電荷の静電ポテンシャルが，真空分極により，クーロン・ポテンシャルからずれたと解釈できる．

> 研究課題：短距離極限でのクーロン・ポテンシャルを計算せよ．

解説：十分短距離 ($r \ll 1/m$) でクーロン・ポテンシャル $V(r)$ に寄与するのは，$\boldsymbol{k}^2 \gg m^2$ の運動量領域である．自己エネルギー (9.51) で，$k^2 \gg m^2$ の極限を計算する．$m_*^2 = \exp(5/3) m^2$ として，

$$\Pi(k^2) = -\frac{\alpha}{3\pi} \ln\left(\frac{k^2}{m_*^2}\right) + O\left(\frac{m^2}{k^2}\right)$$

となる．したがって，有効電荷を

$$e_{\text{eff}}(\boldsymbol{k}^2) = \frac{e}{\left[1 - \frac{\alpha}{3\pi}\ln\left(\frac{\boldsymbol{k}^2}{m_*^2}\right)\right]} \tag{9.58}$$

として，電荷 $-e$ によるクーロン・ポテンシャル (9.28) は

$$V(r) = -\int \frac{d^3k}{(2\pi)^3}\, e^{i\boldsymbol{k}\boldsymbol{x}} \frac{e_{\text{eff}}(\boldsymbol{k}^2)}{\boldsymbol{k}^2} \tag{9.59}$$

で与えられる．近距離に行けば行くほど，有効電荷の値は大きくなる．これは電荷の周りの真空分極の雲を通り抜けて裸の電荷に近づくからと解釈できる．

研究課題：自己エネルギー $\Pi(k^2)$ の虚数部を計算せよ．

解説： 対数関数の引数が負になる領域で自己エネルギー $\Pi(k^2)$ は複素数になる．与えられた k^2 に対して，虚数部を出す積分変数 x の領域は (9.53) より，

$$\frac{1}{2} - \frac{1}{2}\sqrt{1 + \frac{4m^2}{k^2}} \equiv x_1 < x < x_2 \equiv \frac{1}{2} + \frac{1}{2}\sqrt{1 + \frac{4m^2}{k^2}} \tag{9.60}$$

である．また，任意の Δ に対して，$\operatorname{Im}\ln(-|\Delta| \pm i\varepsilon) = \pm \pi$ だから，

$$\begin{aligned}
\operatorname{Im}\Pi(k^2 \pm i\varepsilon) &= -\frac{\alpha}{3\pi}(\pm\pi)\int_{x_1}^{x_2} dx\, x(1-x) \\
&= \mp \frac{\alpha}{3}\sqrt{1 + \frac{4m^2}{k^2}}\left(1 - \frac{2m^2}{k^2}\right)
\end{aligned} \tag{9.61}$$

となる．この虚数部は，光学定理により，電子・陽電子散乱断面積を決める．

9.5.3 頂点関数

頂点関数の 1 ループ補正を計算する．まず，$\Gamma_\mu(p',p) = e\gamma_\mu + \Lambda_\mu(p',p)$ とおき，量子補正項を分離する．図 9.5 の図形は

$$\begin{aligned}
&-i\Lambda_\mu^{\text{diagram}}(p',p) \\
&= (-ie)^3 \int \frac{d^4k}{(2\pi)^4} \left[\frac{i}{k^2 + \mu^2}\gamma^\alpha \frac{-i}{\not{p}' - \not{k} + m}\gamma_\mu \frac{-i}{\not{p} - \not{k} + m}\gamma_\alpha\right]
\end{aligned} \tag{9.62}$$

を与える．具体的な計算は複雑なので参考書[*1)]に委ね，ここでは結果のみを述べる．質量殻上の電子に対しては

[*1)] 計算は下記の参考書に詳しい．C. Itzykson and J.B. Zuber, *Quantum Field Theory*, McGraw-Hill (1980); M.E. Peskin and D.V. Schroeder, *An Introduction to Quantum Field Theory*, Addison-Wesley (1995).

$$\bar{u}(\boldsymbol{p}',s')\Gamma^\mu u(\boldsymbol{p},s)$$
$$=e\bar{u}(\boldsymbol{p}',s')\left[\gamma^\mu F_1(k^2)+i\frac{e}{2m}\sigma^{\mu\nu}(p'_\nu-p_\nu)F_2(k^2)\right]u(\boldsymbol{p},s)$$
$$=e\bar{u}(\boldsymbol{p}',s')\left[\frac{e}{2m}(p'^\mu+p^\mu)F_1+i\frac{e}{2m}\sigma^{\mu\nu}(p'_\nu-p_\nu)(F_1+F_2)\right]u(\boldsymbol{p},s) \tag{9.63}$$

が成り立つ. 1ループ補正で形状因子 $F_1(k^2)$ と $F_2(k^2)$ は

$$\begin{aligned}F_1(k^2)=&1+\frac{\alpha}{2\pi}\int_0^1 dxdydz\,\delta(x+y+z-1)\\&\times\left[\ln\left(\frac{m^2(1-z)^2}{m^2(1-z)^2+k^2xy}\right)\right.\\&\quad+\frac{m^2(1-4z+z^2)+k^2(1-x)(1-y)}{m^2(1-z)^2+k^2xy+\mu^2 z}\\&\quad\left.-\frac{m^2(1-4z+z^2)}{m^2(1-z)^2+\mu^2 z}\right],\end{aligned} \tag{9.64}$$

$$F_2(k^2)=\frac{\alpha}{2\pi}\int_0^1 dxdydz\,\delta(x+y+z-1)\left[\frac{2m^2 z(1-z)}{m^2(1-z)^2+k^2xy}\right] \tag{9.65}$$

となる. ゆえに,

$$F_1(0)=1,$$
$$F_2(0)=\frac{\alpha}{2\pi}\int_0^1 dxdydz\,\delta(x+y+z-1)\frac{2z}{1-z}=\frac{\alpha}{2\pi} \tag{9.66}$$

を得る. 自由電子に対する形状因子は (6.82) で示したように, $F_1=1$ と $F_2=0$ である. したがって, 磁気回転比 (g 因子) に対する量子補正として

$$a_{\text{th}}\equiv\frac{g-2}{2}=\frac{\alpha}{2\pi}=0.00116 \tag{9.67}$$

という結論を得る. 量子補正は e^8 の次数までの計算が行われているが, その結果は

$$a_{\text{th}}\equiv\frac{g-2}{2}=0.001159652176 \tag{9.68}$$

である. 一方, 実験値は

$$a_{\text{exp}}\equiv\frac{g-2}{2}=0.001159652181 \tag{9.69}$$

である. 理論と実験の一致は非常によい. 量子電磁気学において摂動論はきわめてよい近似理論であることがわかった.

10 非相対論的電子の場の理論

　固体物性に現れる電子に対しては非相対論的場の理論を用いる．結晶は全体として中性であり，その構成要素は電子とイオン化した原子である．電子間にはクーロン相互作用が働く．電子と原子の間に働くクーロン相互作用は電子とフォノンとの相互作用として定式化される．

10.1　物質の中の電子

　量子場の理論は物性物理の解析にも力を発揮する[*1]．ただし，大きな違いがある．まず，電子は非相対論的である．非相対論的エネルギーの電子が真空を分極することはない．光子も真空を分極することはない．しかし，物体の基底状態には電子や原子が無数に存在しているので，この電子や原子と相互作用することで真空の分極に似た量子補正が発生する．

　一般に物質中の相互作用は真空中のそれと比べてはるかに複雑である．真空中の粒子は，素粒子として識別し，その質量などを正確に測れる．こうして測定された質量などは素粒子固有のものである．また，散乱を記述する際，相互作用を漸近的に切ることにより得られる自由粒子という概念を用いた．しかし，物質中に現れる量子を解析するために相互作用を切る，ということは原理的に不可能である．特に，物質中の粒子の集団運動がつくる励起は相互作用が存在するから可能な現象である．格子振動を量子化したフォノンや，格子状に並ん

[*1] 物性物理では「量子場の理論」は「多体物理」として解説されている．参考書としては下記を推薦する．G.D. Mahan, *Many-Particle Physics*, 3rd Edition, Kluwer Academic (2000); A. フェッター, J. D. ワレッカ (松原武生, 藤井勝彦訳), 多粒子系の量子論 (理論編), マグロウヒル (1987).

でいるスピンの揺らぎを量子化したマグノンがその例である．これらは物質中を伝播するが，真空中に取り出すことはできない．

物質中では粒子という概念自体が必ずしも自明ではない．ところが，複雑な相互作用があるにもかかわらず，あたかも自由粒子系のごとく見なせる場合がある．すなわち，あたかも各粒子が特定の運動量，エネルギーをもち，互いに独立に運動しているように振る舞い，さらに，着目している粒子以外は背景の真空のごとく扱える場合がある．たとえば，格子上の原子や電子を背景として扱い，フォノンやマグノンを粒子のごとく扱うことができる．このような粒子は相互作用の効果を繰り込んだものである．これを**相互作用の衣を着た粒子という意味で準粒子**[*1]という．準粒子に対してはファインマン図形などの場の理論的解析が有効である．準粒子が，素粒子 (電子など) に相互作用の衣を着せたものなら，裸の質量などは対応する素粒子の物理的質量などである．相対論的場の理論とは異なり，摂動論に現れるループ積分には自然な運動量切断が存在し，相互作用の繰り込みに発散量は出てこない．準粒子の繰り込まれた質量を有効質量という．有効質量は一般に物質に依存する．

絶対温度ゼロでフェルミ縮退している電子系を考える．金属がその例である．電子はパウリの排他律を満たしつつ，最低エネルギー状態から順番に量子状態を充填してゆく．フェルミ準位 (ε_F) 以下のエネルギー状態はすべて占有される．フェルミ準位の電子の波数ベクトルの大きさ (k_F) をフェルミ波数とよび，運動量空間で $|\bm{k}| = k_F$ がつくる面をフェルミ面とよぶ．低エネルギーではフェルミ面近傍の電子しか励起しないから，このような電子が主として固体の性質を決める．このような電子は繰り込まれた質量をもつ準粒子と見なせる．繰り込まれた誘電率は遮蔽効果を与え，クーロン力は短距離力のようにみえる．また，電子間のフォノン媒介引力は電子対 (クーパー対) を生成し，これはボース準粒子として場の理論的に扱える．電子対のボース凝縮は BCS 超伝導を導く．本章と次章で，絶対温度ゼロから始め，有限温度での量子場理論を考察する．BCS 超伝導の場の理論的導出は 12 章で行う．

[*1] 準粒子は，フェルミ液体論の基礎として，ランダウが提唱した概念である．高密度の液体ヘリウム 3 は強い相関をもつ物質であり，1 つの原子は周りの原子も一緒に引き連れて動こうとする．ランダウはこの複合体を準粒子とよんだ．液体ヘリウム 3 の有効質量は，相互作用の衣のために，裸のヘリウム 3 原子より数倍重たくなっている．

物性物理では，一般的に体積 $V = L^3$ に閉じこめられている系を扱い，便宜的に場には周期的境界条件 $\psi(t, \bm{x} + \bm{L}) = \psi(t, \bm{x})$ を課す．空間が十分に大きければ，中心付近で起こる現象は空間の端で課した条件によらないからである．このような箱形規格化では，フーリエ変換の代わりにフーリエ級数を用いる．場 $\psi(t, \bm{x})$ は，(3.69) の代わりに

$$\psi(t, \bm{x}) = \frac{1}{\sqrt{V}} \sum_{\bm{k}} e^{i\bm{k}\bm{x}} c_{\bm{k}}(t) \tag{10.1}$$

と展開される．周期的境界条件のために波数ベクトルは離散的になる．

$$k_i = \frac{2\pi}{L} n_i, \qquad n_i = 0, \pm 1, \pm 2, \cdots. \tag{10.2}$$

逆変換は，(3.71) の代わりに，

$$c_{\bm{k}}(t) = \frac{1}{\sqrt{V}} \int_V d^3x \, e^{-i\bm{k}\bm{x}} \psi(t, \bm{x}) \tag{10.3}$$

となる．(反) 交換関係は

$$[c_{\bm{k}}(t), c_{\bm{l}}^\dagger(t)]_\pm = \frac{1}{V} \int_V d^3x \, e^{-i(\bm{k}-\bm{l})\bm{x}} = \delta_{\bm{k},\bm{l}} \tag{10.4}$$

である．フーリエ変換の公式は次式で与えられる．

$$U_{\bm{k}} = \int_V d^3x \, e^{-i\bm{k}\bm{x}} U(\bm{x}), \qquad U(\bm{x}) = \frac{1}{V} \sum_{\bm{k}} e^{i\bm{k}\bm{x}} U_{\bm{k}}. \tag{10.5}$$

演算子の次元について注意する．箱形規格化では，演算子 $c_{\bm{k}}$ は無次元であり，交換関係にはクロネッカーのデルタ $\delta_{\bm{k},\bm{l}}$ が現れる．一方，無限空間では，演算子 $c_{\bm{k}}$ は次元をもち，交換関係にはディラックのデルタ関数 $\delta(\bm{k}-\bm{l})$ が現れる．次元の違いは空間の体積 V が保障する．それぞれの規格化は次の規則で入れ替えられる．

$$\int \frac{d^3k}{(2\pi)^3} \iff \frac{1}{V} \sum_{\bm{k}}, \qquad (2\pi)^3 \delta(\bm{k}-\bm{l}) \iff V \delta_{\bm{k},\bm{l}}. \tag{10.6}$$

体積が十分に大きいなら，上記の規則でデルタ関数を用いる無限空間規格化に移行して計算を実行する方が簡単である．

研究課題：フェルミ波数 k_F を電子密度の関数として求めよ．

解説：フェルミ波数 k_F は，そこまでの量子状態数が系の総電子数 N_e に等しいとして求められる．波数 $d\bm{k}$ の中に含まれる状態数は，系の体積を V として，$2 \times [V/(2\pi)^3] d\bm{k}$ である．ここに，2 はスピン自由度である．したがって，フェルミ波数までの状態数は

$$\frac{2V}{(2\pi)^3} \int_{|\boldsymbol{k}| \leq k_\mathrm{F}} d\boldsymbol{k} = 4\pi \frac{2V}{(2\pi)^3} \int_0^{k \leq k_\mathrm{F}} k^2 dk = \frac{2V k_\mathrm{F}^3}{3\pi^2} = N_\mathrm{e}$$

である．よって，フェルミ波数 k_F は電子密度 N_e/V の関数として，

$$k_\mathrm{F} = \left(\frac{3\pi^2 N_\mathrm{e}}{2V}\right)^{1/3} \tag{10.7}$$

で与えられる．典型的な例として，銀中の自由電子に対して，$k_\mathrm{F} \sim 1.2 \times 10^{10}\,\mathrm{m}^{-1}$, $v_\mathrm{F} = \hbar k_\mathrm{F}/m \sim 1.4 \times 10^6\,\mathrm{m/sec}$, $\hbar\omega_\mathrm{F} = \hbar^2 k_\mathrm{F}^2/2m \sim 5.5\,\mathrm{eV}$ である．フェルミ温度は $T_\mathrm{F} = \hbar\omega_\mathrm{F}/k_\mathrm{B} \sim 6.4 \times 10^4\,\mathrm{K}$ である．

10.2 電子と光子の相互作用

10.2.1 フェルミ縮退

絶対温度ゼロではフェルミ準位より下の電子状態 $(E \leq \varepsilon_\mathrm{F})$ は占有されており，一方，上の電子状態 $(E > \varepsilon_\mathrm{F})$ は空いている．ゆえに基底状態は

$$c_{\boldsymbol{k}}|0\rangle = 0 \quad (\varepsilon_{\boldsymbol{k}} > \varepsilon_\mathrm{F} \text{に対して}), \quad c_{\boldsymbol{k}}^\dagger|0\rangle = 0 \quad (\varepsilon_{\boldsymbol{k}} \leq \varepsilon_\mathrm{F} \text{に対して}) \tag{10.8}$$

で与えられる．$\varepsilon_{\boldsymbol{k}} < \varepsilon_\mathrm{F}$ である $c_{\boldsymbol{k}}$ が基底状態 $|0\rangle$ に作用すると，そこにある電子を消滅させる．その結果，基底状態中にホール (空孔) が1つできたことになる．基底状態 $|0\rangle$ と比べて，$c_{\boldsymbol{k}}|0\rangle$ は運動量が $-\hbar\boldsymbol{k}$ で，正電荷をもつ状態であることになる．空孔は正電荷をもつので正孔ともいう．ゆえに，$d_{\boldsymbol{k}}^\dagger \equiv c_{-\boldsymbol{k}}$ は運動量が $\hbar\boldsymbol{k}$ のホールの生成演算子と見なすこともできる．このような系では

$$\hbar\tilde{\omega}_{\boldsymbol{k}} \equiv \tilde{\varepsilon}_{\boldsymbol{k}} \equiv \varepsilon_{\boldsymbol{k}} - \varepsilon_\mathrm{F} \tag{10.9}$$

とおき，エネルギーの原点をフェルミ準位 ε_F にとるのが便利である．すなわち，基底状態ではすべての負エネルギー状態が占有されている．6.3節で解説したディラックの海と似ているので，これをフェルミの海という．

エネルギーの原点を変更したハミルトニアンは

$$\tilde{H} \equiv H - \varepsilon_\mathrm{F} N \tag{10.10}$$

と表される．電子数 $N = \int d^3k\, c_{\boldsymbol{k}}^\dagger c_{\boldsymbol{k}}$ が保存するなら，ハミルトニアン $\tilde{H}$ は変更前の H と定数しか異ならないから同じ物理系を記述している．電子場の平面波展開 (10.1) を

$$\psi(t,\boldsymbol{x}) = \frac{1}{\sqrt{V}} \sum_{\varepsilon_{\boldsymbol{k}} > \varepsilon_\mathrm{F}} c_{\boldsymbol{k}} e^{i(-\tilde{\omega}_{\boldsymbol{k}} t + \boldsymbol{k}\boldsymbol{x})} + \frac{1}{\sqrt{V}} \sum_{\varepsilon_{\boldsymbol{k}} \leq \varepsilon_\mathrm{F}} d_{\boldsymbol{k}}^\dagger e^{-i(-\tilde{\omega}_{\boldsymbol{k}} t + \boldsymbol{k}\boldsymbol{x})} \tag{10.11}$$

と書き換え，これをハミルトニアン (10.10) に代入し，

$$\tilde{H} \equiv H - \varepsilon_\mathrm{F} N = \sum_{\varepsilon_{\boldsymbol{k}} > \varepsilon_\mathrm{F}} \hbar\tilde{\omega}_{\boldsymbol{k}} c_{\boldsymbol{k}}^\dagger c_{\boldsymbol{k}} + \sum_{\varepsilon_{\boldsymbol{k}} \le \varepsilon_\mathrm{F}} \hbar|\tilde{\omega}_{\boldsymbol{k}}| d_{\boldsymbol{k}}^\dagger d_{\boldsymbol{k}} \tag{10.12}$$

を得る．ホールはエネルギー $\hbar|\tilde{\omega}_{\boldsymbol{k}}| > 0$ をもっている．

> 研究課題：ハミルトニアン $\tilde{H} \equiv H - \varepsilon_\mathrm{F} N$ の表式 **(10.12)** を導け．

解説： 導出は以下のように行う．

$$\tilde{H} = H - \varepsilon_\mathrm{F} N = \sum_{\varepsilon_{\boldsymbol{k}} > \varepsilon_\mathrm{F}} (\varepsilon_{\boldsymbol{k}} - \varepsilon_\mathrm{F}) c_{\boldsymbol{k}}^\dagger c_{\boldsymbol{k}} + \sum_{\varepsilon_{\boldsymbol{k}} \le \varepsilon_\mathrm{F}} (\varepsilon_{\boldsymbol{k}} - \varepsilon_\mathrm{F}) c_{\boldsymbol{k}}^\dagger c_{\boldsymbol{k}}. \tag{10.13}$$

ここで，反交換関係より $c_{\boldsymbol{k}}^\dagger c_{\boldsymbol{k}} = -c_{\boldsymbol{k}} c_{\boldsymbol{k}}^\dagger + 1$ だから，

$$\sum_{\varepsilon_{\boldsymbol{k}} \le \varepsilon_\mathrm{F}} (\varepsilon_{\boldsymbol{k}} - \varepsilon_\mathrm{F}) c_{\boldsymbol{k}}^\dagger c_{\boldsymbol{k}} = \sum_{\varepsilon_{\boldsymbol{k}} \le \varepsilon_\mathrm{F}} |\varepsilon_{\boldsymbol{k}} - \varepsilon_\mathrm{F}| c_{\boldsymbol{k}} c_{\boldsymbol{k}}^\dagger + \sum_{\varepsilon_{\boldsymbol{k}} \le \varepsilon_\mathrm{F}} (\varepsilon_{\boldsymbol{k}} - \varepsilon_\mathrm{F}) \tag{10.14}$$

となる．最後の項は基底状態のエネルギーを与えるが，定数だから無視してよい．また，$\varepsilon_{\boldsymbol{k}} < \varepsilon_\mathrm{F}$ に対して $c_{\boldsymbol{k}} c_{\boldsymbol{k}}^\dagger = d_{-\boldsymbol{k}}^\dagger d_{-\boldsymbol{k}}$ である．さらに，$\varepsilon_{\boldsymbol{k}} = \varepsilon_{-\boldsymbol{k}}$ だから (10.12) が得られる．

10.2.2 電子のグリーン関数

電子のグリーン関数は，スペクトル関数 $S_{\psi\psi^\dagger}(\omega,\boldsymbol{k}) = \sum_\xi |\langle\omega,\boldsymbol{k},\xi|\psi^\dagger(0)|0\rangle|^2$ および $S_{\psi^\dagger\psi}(\omega,\boldsymbol{k}) = \sum_\xi |\langle\omega,\boldsymbol{k},\xi|\psi(0)|0\rangle|^2$ を用いて，(3.92) で与えられる．自由場に対して計算してみよう．演算子 $\psi^\dagger$ によって基底状態から生成されるのは $\tilde{\varepsilon}_{\boldsymbol{k}} > 0$ のとき 1 個の電子のみであり，演算子 ψ によって生成されるのは $\tilde{\varepsilon}_{\boldsymbol{k}} < 0$ のとき 1 個のホールのみである．平面波展開式 (10.11) を代入して

$$S_{\psi\psi^\dagger}(\omega,\boldsymbol{k}) = \delta(\omega - \tilde{\omega}_{\boldsymbol{k}})\theta(\tilde{\omega}_{\boldsymbol{k}}), \tag{10.15a}$$

$$S_{\psi^\dagger\psi}(\omega,\boldsymbol{k}) = \delta(\omega + \tilde{\omega}_{\boldsymbol{k}})\theta(-\tilde{\omega}_{\boldsymbol{k}}), \tag{10.15b}$$

$$\rho(\omega,\boldsymbol{k}) = S_{\psi\psi^\dagger}(\omega,\boldsymbol{k}) + S_{\psi^\dagger\psi}(-\omega,-\boldsymbol{k}) = \delta(\omega - \tilde{\omega}_{\boldsymbol{k}}) \tag{10.15c}$$

を得る．スペクトル関数 $\rho(\omega,\boldsymbol{k})$ はエネルギーが $\hbar\omega$ で運動量が $\hbar\boldsymbol{k}$ の状態の状態密度を表している．

遅延グリーン関数，先進グリーン関数，因果グリーン関数 (伝播関数) は (3.92) より

$$G_{\mathrm{R}}^0(\omega, \boldsymbol{k}) \equiv G_{\psi\psi^\dagger}^{\mathrm{R}}(\omega, \boldsymbol{k}) = \frac{1}{\omega - \tilde{\omega}_{\boldsymbol{k}} + i\epsilon}, \tag{10.16a}$$

$$G_{\mathrm{A}}^0(\omega, \boldsymbol{k}) \equiv G_{\psi\psi^\dagger}^{\mathrm{A}}(\omega, \boldsymbol{k}) = \frac{1}{\omega - \tilde{\omega}_{\boldsymbol{k}} - i\epsilon}, \tag{10.16b}$$

$$G_{\mathrm{F}}^0(\omega, \boldsymbol{k}) \equiv G_{\psi\psi^\dagger}^{\mathrm{F}}(\omega, \boldsymbol{k}) = \frac{\theta(\tilde{\omega}_{\boldsymbol{k}})}{\omega - \tilde{\omega}_{\boldsymbol{k}} + i\epsilon} + \frac{\theta(-\tilde{\omega}_{\boldsymbol{k}})}{\omega - \tilde{\omega}_{\boldsymbol{k}} - i\epsilon} \tag{10.16c}$$

と求まる.

実際には電子はスピンをもつので，電子場 $\Psi(t,\boldsymbol{x})$ は 2 成分スピノールであり，各成分 $\psi_\sigma(t,\boldsymbol{x})$ に対して上記の議論が成り立つ．非自明な交換関係は

$$\{\psi_\sigma(t,\boldsymbol{x}), \psi_{\sigma'}^\dagger(t,\boldsymbol{y})\} = \delta_{\sigma\sigma'}\delta(\boldsymbol{x}-\boldsymbol{y}) \tag{10.17}$$

である．自由場のハミルトニアンは

$$H_{\text{electron}} = \frac{\hbar^2}{2m}\sum_\sigma \int d^3x\, \boldsymbol{\nabla}\psi_\sigma^\dagger(t,\boldsymbol{x})\boldsymbol{\nabla}\psi_\sigma(t,\boldsymbol{x})$$

$$= \sum_\sigma \sum_{\boldsymbol{k}} \frac{(\hbar\boldsymbol{k})^2}{2m} c_\sigma^\dagger(\boldsymbol{k})c_\sigma(\boldsymbol{k}) \tag{10.18}$$

で与えられる．ここに，$c_\sigma(\boldsymbol{k})$ はスピン σ の電子の消滅演算子で

$$\{c_\sigma(\boldsymbol{k}), c_{\sigma'}(\boldsymbol{k}')\} = \{c_\sigma^\dagger(\boldsymbol{k}), c_{\sigma'}^\dagger(\boldsymbol{k}')\} = 0,$$

$$\{c_\sigma(\boldsymbol{k}), c_{\sigma'}^\dagger(\boldsymbol{k}')\} = \delta_{\sigma\sigma'}\delta(\boldsymbol{k}-\boldsymbol{k}') \tag{10.19}$$

を満たす．電子のグリーン関数は各成分に対して (10.16) で与えられる．ファインマン図形で電子は矢印をもつ線で表し，$iG_{\mathrm{F}}^0(\omega,\boldsymbol{k})\delta_{\sigma\sigma'}$ を割り当てる．

自由電子の伝播関数に関する重要な性質を述べる．1 粒子密度行列を

$$\rho(\boldsymbol{x},\boldsymbol{x}';t) \equiv \langle 0|\psi^\dagger(t,\boldsymbol{x})\psi(t,\boldsymbol{x}')|0\rangle$$

$$= -\lim_{\Delta t \to +0}\langle 0|\mathcal{T}\left[\psi(t,\boldsymbol{x}')\psi^\dagger(t+\Delta t,\boldsymbol{x})\right]|0\rangle \tag{10.20}$$

で定義する．これは伝播関数 (10.16c) を用いて

$$\rho(\boldsymbol{x},\boldsymbol{x}';t) = -\frac{i}{V}\lim_{\Delta t \to +0}\int_{-\infty}^\infty \frac{d\omega}{2\pi}\sum_{\boldsymbol{k}} G_{\mathrm{F}}^0(\omega,\boldsymbol{k})e^{i\omega\Delta t + i\boldsymbol{k}(\boldsymbol{x}-\boldsymbol{x}')} \tag{10.21}$$

と表される．ここで $\Delta t > 0$ だから，積分路は上半平面で閉じることができる．上半面に極 $\omega = \omega_{\boldsymbol{k}}$ が存在するから，その寄与として積分は

$$\rho(\boldsymbol{x},\boldsymbol{x}';t) = \frac{1}{V}\sum_{\boldsymbol{k}} e^{i\boldsymbol{k}(\boldsymbol{x}-\boldsymbol{x}')}\theta(-\tilde{\varepsilon}_{\boldsymbol{k}}) \tag{10.22}$$

となる．(10.21) と (10.22) を比較して，

$$\lim_{\Delta t \to +0} \int_{-\infty}^{\infty} \frac{d\omega}{2\pi i} G_{\mathrm{F}}^0(\omega, \boldsymbol{k}) e^{i\omega \Delta t} = \theta(-\tilde{\varepsilon}_{\boldsymbol{k}}) \tag{10.23}$$

という関係式を得る.

> 研究課題：自由場の伝播関数を，その定義式
> $$iG_{\mathrm{F}}^0(x - x') = \langle 0|\mathcal{T}\left[\psi(t,\boldsymbol{x})\psi^\dagger(t',\boldsymbol{x}')\right]|0\rangle$$
> に平面波展開 (10.11) を代入して具体的に計算し求めよ.

解説：$t > t'$ に対しては，(3.78) と同様に，公式 (3.44) を用いて，

$$\theta(t-t')\langle 0|\psi(t,\boldsymbol{x})\psi^\dagger(t',\boldsymbol{x}')|0\rangle$$
$$= \frac{1}{V}\theta(t-t')\sum_{\boldsymbol{k}} e^{-i\tilde{\omega}_{\boldsymbol{k}}(t-t')} e^{i\boldsymbol{k}(\boldsymbol{x}-\boldsymbol{x}')} \langle 0|c_{\boldsymbol{k}} c_{\boldsymbol{k}}^\dagger|0\rangle$$
$$= \frac{i}{V}\int_{-\infty}^{\infty} \frac{d\omega}{2\pi} \sum_{\boldsymbol{k}} \frac{1}{\omega - \tilde{\omega}_{\boldsymbol{k}} + i\epsilon} e^{-i\omega(t-t')+i\boldsymbol{k}(\boldsymbol{x}-\boldsymbol{x}')} \langle 0|c_{\boldsymbol{k}} c_{\boldsymbol{k}}^\dagger|0\rangle \tag{10.24}$$

である. 一方, $t < t'$ に対しては

$$-\theta(t'-t)\langle 0|\psi^\dagger(t',\boldsymbol{x}')\psi(t,\boldsymbol{x})|0\rangle$$
$$= -\frac{1}{V}\theta(t'-t)\sum_{\boldsymbol{k}} e^{-i\tilde{\omega}_{\boldsymbol{k}}(t-t')} e^{i\boldsymbol{k}(\boldsymbol{x}-\boldsymbol{x}')} \langle 0|c_{\boldsymbol{k}}^\dagger c_{\boldsymbol{k}}|0\rangle$$
$$= -\frac{i}{V}\int_{-\infty}^{\infty} \frac{d\omega}{2\pi} \sum_{\boldsymbol{k}} \frac{1}{\omega + \tilde{\omega}_{\boldsymbol{k}} + i\epsilon} e^{i\omega(t-t')+i\boldsymbol{k}(\boldsymbol{x}-\boldsymbol{x}')} \langle 0|c_{\boldsymbol{k}}^\dagger c_{\boldsymbol{k}}|0\rangle$$
$$= \frac{i}{V}\int_{-\infty}^{\infty} \frac{d\omega}{2\pi} \sum_{\boldsymbol{k}} \frac{1}{\omega - \tilde{\omega}_{\boldsymbol{k}} - i\epsilon} e^{-i\omega(t-t')+i\boldsymbol{k}(\boldsymbol{x}-\boldsymbol{x}')} \langle 0|c_{\boldsymbol{k}}^\dagger c_{\boldsymbol{k}}|0\rangle \tag{10.25}$$

である. 最後の式に移るとき, $\omega \to -\omega$ と積分変数を変えた. さて, 絶対温度ゼロでは

$$\langle 0|c_{\boldsymbol{k}} c_{\boldsymbol{k}}^\dagger|0\rangle = \theta(\tilde{\varepsilon}_{\boldsymbol{k}}), \qquad \langle 0|c_{\boldsymbol{k}}^\dagger c_{\boldsymbol{k}}|0\rangle = \theta(-\tilde{\varepsilon}_{\boldsymbol{k}}) \tag{10.26}$$

である. したがって, 波数空間で (10.16c) を得る.

10.2.3　光子の自己エネルギー

絶対温度ゼロでの光子による電子散乱を定性的に考察しよう. 電子はフェルミ球に詰まっている. 光子はフェルミ波数以下の電子 (フェルミの海の中の電子) と散乱する. フェルミ球は充塡されているから, パウリの排他律により, 散乱した電子はフェルミ球の外に飛び出す. その結果, フェルミ球内にホールが

10.2 電子と光子の相互作用

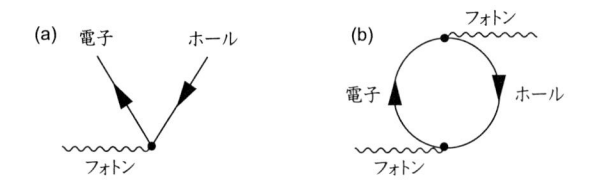

図 10.1 (a) フォトンによる電子・ホール対生成，(b) フォトンの自己エネルギー．クーロン力は瞬間力だから，フォトンの伝播は水平な波として表す．

1つ，フェルミ球外に電子が1つできる．したがって，これは光子による電子・ホール対生成と見なせる (図 10.1(a))．この過程は，9章で述べた光子の電子・反電子対生成に対応している．さらに，できた電子とホールは対消滅できる (図 10.1(b))．これは光子の自己エネルギーを発生させる．9章との対応は明白であるが，明らかな違いがある．素粒子過程では光子は真空を分極させ，任意の運動量の電子・反電子対を生成できる．しかし，非相対論的理論では，光子はすでに存在している電子を散乱するだけである．この散乱過程を電子・ホール対生成と解釈するのである．したがって，電子の運動量の上限値は $\hbar k_F$ である．運動量に上限があるから，摂動計算に現れる電子の運動量のループ積分は発散しない．

これらのことに留意すれば，絶対温度ゼロでのファインマン則は，量子電磁気学と場合と比べて，電子の伝播関数が非相対論的になるだけの違いである．なお，ファインマン図形を書く際，時間は下から上に流れているとしているので，クーロン力を媒介する光子の伝播は水平な波として表す (図 10.1)．

光子の伝播関数に対する量子補正は，9章で示したように，(9.20) で与えられる．固体中の電子は光速に比べれば静止していると見なしてよいから，伝播関数として (9.27) を採用してよい．SI 単位系では

$$D(\boldsymbol{k}) = \frac{1}{\varepsilon_0 \boldsymbol{k}^2} \frac{1}{1 + \Pi_{\mathrm{non}}(\boldsymbol{k})} \equiv \frac{1}{\varepsilon(\boldsymbol{k})\boldsymbol{k}^2} \tag{10.27}$$

である．ここに，自己エネルギーを $\Pi_{\mathrm{non}}(\boldsymbol{k})$ と記したが，これは上記の電子・ホール対生成・対消滅によるものである．したがって，量子補正を受けた誘電率は

$$\varepsilon(\boldsymbol{k}) \equiv \varepsilon_0 [1 + \Pi_{\mathrm{non}}(\boldsymbol{k})] \tag{10.28}$$

となる.

自己エネルギー $\Pi_\text{non}(\boldsymbol{k})$ を摂動の e^2 項までの近似で計算してみよう. ファインマン図形は図 10.1(b) に与えた. 体積が大きい極限を考え, 無限空間規格化を用いる. ファインマン則に従えば, 電子の伝播関数 (10.16c) を用いて,

$$\Pi_\text{non}(\boldsymbol{k}) = (-1)2e^2 \frac{i}{\hbar} \int \frac{d\omega d^3 q}{(2\pi)^4} G_\text{F}^0(\omega, \boldsymbol{q}) G_\text{F}^0(\omega, \boldsymbol{q}+\boldsymbol{k}) \tag{10.29}$$

となる. ただし, 交換する光子のエネルギーはゼロとしている. 係数 (-1) はフェルミオン・ループに, 係数 2 はスピン自由度に由来する.

留数の定理を用いて積分 (10.29) において $d\omega$ 積分を行う. G_F^0 は (10.16c) で与えられる 2 項を含むので, (10.29) の被積分関数は 4 項からなる. その中の 2 項は実軸の同じ側にある. これらの項からの寄与は, 積分路をその反対側の半平面で閉じることができるので, ゼロになる. 他の 2 項は実軸の両側にある. 留数の定理により

$$\begin{aligned}\Pi_\text{non}(\boldsymbol{k}) =& \frac{2e^2}{\hbar} \int \frac{d^3 q}{(2\pi)^3} \theta(|\boldsymbol{q}+\boldsymbol{k}| - k_\text{F}) \theta(k_\text{F} - q) \\ & \times \left(\frac{1}{\omega_{\boldsymbol{q}} - \omega_{\boldsymbol{q}+\boldsymbol{k}} + i\epsilon} - \frac{1}{\omega_{\boldsymbol{q}+\boldsymbol{k}} - \omega_{\boldsymbol{q}} - i\epsilon} \right)\end{aligned} \tag{10.30}$$

となる. $\omega_{\boldsymbol{q}+\boldsymbol{k}} > \omega_{\boldsymbol{q}}$ だから積分は実数になる. 計算結果[*1] は

$$\Pi_\text{non}(\boldsymbol{q}) = \frac{e^2 m}{\pi^2 \hbar^2 |\boldsymbol{q}|} \left[\frac{1}{2}\left(k_\text{F}^2 - \frac{\boldsymbol{q}^2}{4}\right) \ln\left|\frac{k_\text{F} + (|\boldsymbol{q}|/2)}{k_\text{F} - (|\boldsymbol{q}|/2)}\right| + \frac{q k_\text{F}}{2} \right] \tag{10.31}$$

である. あるいは, $x = |\boldsymbol{q}|/2k_\text{F}$ とおけば,

$$F(x) = 1 + \frac{1-x^2}{2x} \ln\left|\frac{1+x}{1-x}\right| \tag{10.32}$$

として, $\Pi_\text{non}(\boldsymbol{q}) = (mk_\text{F}/2\pi^2 \hbar^2) F(x)$ となる. この関数 $F(x)$ をコーン (Kohn) 関数という.

研究課題：低エネルギー光子に対して誘電率を計算し，電子間のクーロン・エネルギーを求めよ．

解説： 低エネルギーの光子に対しては $x = q/2k_\text{F} \ll 1$ としてよいので, $F(x) \simeq F(0) = 2$ と近似する. この近似で誘電率 (10.28) は

$$\varepsilon(\boldsymbol{q}) \equiv \varepsilon_0 \left(1 + \frac{q_\text{T}^2}{q^2}\right), \qquad q_\text{T}^2 = \frac{e^2 m k_\text{F}}{\varepsilon_0 \pi^2 \hbar^2} = \frac{3\rho e^2}{2\varepsilon_0 \varepsilon_\text{F}} \tag{10.33}$$

[*1] 具体的な計算は，150 ページの注に挙げたフェッターらの文献の 4 章に詳しい．

10.2 電子と光子の相互作用

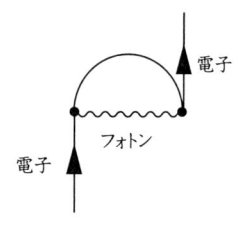

図 10.2 1 ループ近似での電子のフォトンによる自己エネルギー

となる．q_T をトーマス (Thomas)–フェルミ波数という．この誘電率を用いると，グリーン関数 (10.27) は

$$D(\boldsymbol{q}) = \frac{1}{\varepsilon_0(\boldsymbol{q}^2 + q_T^2)} \quad (10.34)$$

となる．フーリエ変換を行い，電子間のクーロン・エネルギーは

$$(-e)^2 D(\boldsymbol{x}) = \frac{e^2}{4\pi\varepsilon_0} \frac{e^{-q_T r}}{r} \quad (10.35)$$

となる．電子間距離 $r = |\boldsymbol{x}|$ が $1/q_T$ を超えると，クーロン相互作用は急速に弱くなる．これは分極した電子の周りの媒質による遮蔽効果と考えられる．このような効果をトーマス–フェルミの遮蔽効果という．

10.2.4 電子の自己エネルギー

光子との相互作用により電子の伝播関数が受ける量子補正を計算する．自己エネルギーを $\Sigma_{\text{non}}(\omega, \boldsymbol{k})$ として，次のダイソン方程式を得る．

$$iG_F(\omega, \boldsymbol{k}) = iG_F^0(\omega, \boldsymbol{k}) + iG_F^0(\omega, \boldsymbol{k})[-i\Sigma_{\text{non}}(\omega, \boldsymbol{k})]iG_F(\omega, \boldsymbol{k}) \quad (10.36)$$

これは相対論的表式 (9.9) に対応する．これを解き，(10.16c) を代入し，

$$\begin{aligned}G_F(\omega, \boldsymbol{k}) &= \frac{G_F^0(\omega, \boldsymbol{k})}{1 - G_F^0(\omega, \boldsymbol{k})\Sigma_{\text{non}}(\omega, \boldsymbol{k})} \\ &= \frac{\theta(\tilde{\omega}_{\boldsymbol{k}})}{\omega - \tilde{\omega}_{\boldsymbol{k}} - \Sigma_{\text{non}}(E, \boldsymbol{k}) + i\epsilon} + \frac{\theta(-\tilde{\omega}_{\boldsymbol{k}})}{\omega - \tilde{\omega}_{\boldsymbol{k}} - \Sigma_{\text{non}}(E, \boldsymbol{k}) - i\epsilon}\end{aligned} \quad (10.37)$$

という電子の伝播関数に対するダイソン表示が求まる．

自己エネルギー $\Sigma_{\text{non}}(\boldsymbol{k})$ を摂動の e^2 項までの近似で計算する．ファインマン図形は図 10.2 に与えた．体積が大きい極限を考え，無限空間規格化を用いる．ファインマン則に従えば，電子と光子の伝播関数を用いて，

$$\Sigma_{\text{non}}(\boldsymbol{k}) = e^2 \lim_{\Delta t \to +0} \int \frac{d\omega d^3 q}{(2\pi)^4} G_{\text{F}}^0(\omega, \boldsymbol{k} - \boldsymbol{q}) D(\boldsymbol{q}) e^{i\omega \Delta t} \tag{10.38}$$

となる．光子の伝播関数 $D(\boldsymbol{q})$ として量子補正を受けた (10.34) を使うことで，よりよい近似での自己エネルギーが計算できる．さて，(10.23) に従えば，電子の伝播関数 $G_{\text{F}}^0(\omega, \boldsymbol{k} - \boldsymbol{q})$ のエネルギー積分は電子の分布関数である．この結果を (10.38) に代入して，絶対温度ゼロでは

$$\Sigma_{\text{non}}(\boldsymbol{k}) = e^2 \int \frac{d^3 q}{(2\pi)^3} \theta(\varepsilon_{\text{F}} - \varepsilon_{\boldsymbol{k}-\boldsymbol{q}}) D(\boldsymbol{q}) \tag{10.39}$$

となる．これは $k = |\boldsymbol{k}|$ のみの関数である．

伝播関数 $G_{\text{F}}(\omega, \boldsymbol{k})$ の極は

$$E(\boldsymbol{k}) \equiv \hbar\omega = \frac{\hbar^2 \boldsymbol{k}^2}{2m} + \Sigma_{\text{non}}(\boldsymbol{k}) - \varepsilon_{\text{F}} \tag{10.40}$$

で与えられる．これが電子の分散関係である．相互作用しているにもかかわらず，フェルミ球近傍の電子は準粒子として扱える．その分散関係の主たる部分は，電子の質量とフェルミ準位が繰り込まれて，

$$E(\boldsymbol{k}) = \frac{\hbar^2 \boldsymbol{k}^2}{2m_{\text{eff}}} - \varepsilon_{\text{F}}^{\text{eff}} \tag{10.41}$$

となると期待される．

エネルギー $E(\boldsymbol{k})$ を微分して，(10.40) と (10.41) から

$$\frac{\partial E(\boldsymbol{k})}{\partial k} = \frac{\hbar^2 k}{m} + \frac{\Sigma_{\text{non}}(\boldsymbol{k})}{\partial k} = \frac{\hbar^2 k}{m_{\text{eff}}} \tag{10.42}$$

を得る．この式をフェルミ面で評価して，

$$\frac{1}{m_{\text{eff}}} = \frac{1}{m} + \frac{1}{\hbar^2 k_{\text{F}}} \left.\frac{\Sigma_{\text{non}}(\boldsymbol{k})}{\partial k}\right|_{k=k_{\text{F}}} \tag{10.43}$$

と有効質量が求まる．有効フェルミ準位は

$$\varepsilon_{\text{F}}^{\text{eff}} = \varepsilon_{\text{F}} - \Sigma_{\text{non}}(\boldsymbol{k})|_{k=k_{\text{F}}} + \frac{k_{\text{F}}}{2} \left.\frac{\Sigma_{\text{non}}(\boldsymbol{k})}{\partial k}\right|_{k=k_{\text{F}}} \tag{10.44}$$

である．

研究課題：有効質量 m_{eff} を具体的に計算せよ．

解説： 表式 (10.39) より

$$\frac{\Sigma_{\text{non}}(\boldsymbol{k})}{\partial \boldsymbol{k}} = e^2 \int \frac{d^3 q}{(2\pi)^3} \delta(\varepsilon_{\text{F}} - \varepsilon_{\boldsymbol{k}-\boldsymbol{q}}) D(\boldsymbol{q}) \frac{\partial \varepsilon_{\boldsymbol{k}-\boldsymbol{q}}}{\partial \boldsymbol{k}} \tag{10.45}$$

となる．積分変数を $\boldsymbol{q}$ から $\boldsymbol{k} - \boldsymbol{q}$ に変換し，量子補正されたクーロン相互作用 (10.34) を $D(\boldsymbol{k} - \boldsymbol{q})$ として用い，

$$\frac{\Sigma_{\text{non}}(\boldsymbol{k})}{\partial \boldsymbol{k}} = \frac{e^2 \hbar^2}{m\varepsilon_0} \int \frac{d^3 q}{(2\pi)^3} \delta(\varepsilon_{\text{F}} - \varepsilon_{\boldsymbol{q}}) \frac{\boldsymbol{q}}{(\boldsymbol{k} - \boldsymbol{q})^2 + q_{\text{T}}^2} \tag{10.46}$$

となる．ここで，

$$\delta(\varepsilon_{\text{F}} - \varepsilon_{\boldsymbol{q}}) = \frac{2m}{\hbar^2}\delta(k_{\text{F}}^2 - q^2) = \frac{m}{\hbar^2 k_{\text{F}}}\delta(k_{\text{F}} - q) \tag{10.47}$$

である．計算は，z 軸を $\boldsymbol{k}$ 方向にとると簡単になる．その結果，(10.43) は

$$\begin{aligned}\frac{1}{m_{\text{eff}}} &= \frac{1}{m} + \frac{e^2}{4\pi^2 \hbar^2 k_{\text{F}} \varepsilon_0} \int_{-1}^{1} \frac{x\,dx}{2(1-x) + q_{\text{T}}^2/k_{\text{F}}^2} \\ &= \frac{1}{m} - \frac{e^2}{4\pi^2 \hbar^2 k_{\text{F}} \varepsilon_0} \left[1 + \frac{1}{2}\left(1 + \frac{q_{\text{T}}^2}{2k_{\text{F}}^2}\right) \ln \frac{q_{\text{T}}^2}{4k_{\text{F}}^2 + q_{\text{T}}^2}\right]\end{aligned} \tag{10.48}$$

と求まる．ここで求めた電子の有効質量は演習問題としては有用であるが，実際の物質中では，次に述べるフォノンからの寄与に比べて重要でないことがわかっている．

10.3 電子とフォノンの相互作用

金属は結晶格子を組むイオン化した原子と遊離した自由電子からなる．原子はその平均的位置 (格子点) の周りで振動している．振動の量子をフォノンという．電子はイオン化した原子ともクーロン相互作用を行う．電子がイオン化した原子を引きつけ，原子が平均的位置からずれると，クーロン・エネルギーが変化する．この効果は電子・フォノン相互作用として定式化できる．この相互作用が金属の電気抵抗の原因である．金属に外から電場をかけると金属中の電子は電場と反対方向に加速される．加速した電子はフォノンを放出してエネルギーを失い定常電流が流れるのである．

原子は 3 次元空間の 3 つの方向に独立に振動できるから，結晶の単位胞の中に原子が r 個あると，フォノンの自由度は単位胞あたり $3r$ である．そのうち 3 個は，原子がすべて同一方向に振動するモードであり，結晶全体を減衰することなく伝わる．これは，音響型 (acoustic) フォノン[*1)]といわれ，波動方程式 (3.1) で記述される．残りの $3(r-1)$ 個は光学型 (optical) フォノン[*2)]といわれ，単位胞の中の電子の相対的な運動に起因する．低エネルギーでは音響型フォノ

[*1)] 音波程度の低い振動数の波に関係するモードであることからこの名前がついている．
[*2)] 結晶が，正負の電荷をもつイオンから構成される場合，正負のイオンが逆の向きに動くモードである．この振動は赤外光と強く相互作用をするためこの名前がつけられている．

ンだけを考えればよい．これは 3 成分ベクトル場 $\phi_i(t,\boldsymbol{x})$ で記述される．2 成分は横波フォノンを，1 成分は縦波フォノンを記述する．

音響型フォノン場 ϕ_i と電子場 ψ の相互作用を書き下したい．これは，上記の電子・原子間クーロン相互作用の微視的解析から導かれるが，ここではハミルトニアンの対称性に立脚した一般的な議論を行う．指導原理は空間の回転に対するハミルトニアンの不変性である．パウリ行列を σ_i と表記するなら，電子場からつくれるスカラー量とベクトル量は $\Psi^\dagger\Psi$ および $\Psi^\dagger\sigma_i\Psi$ である．また，ベクトル場 ϕ_i からつくれるスカラー量は $\partial_i\phi_i$ である．したがって，両者からなるスカラー量は $\Psi^\dagger\Psi\partial_i\phi_i$ か $\Psi^\dagger\sigma_i\Psi\phi_i$ である．後者の相互作用はフォノンの放出や吸収でスピンを反転させる．電子・原子間クーロン相互作用ではスピンは反転しないから，電子・フォノン相互作用として採用可能なハミルトニアンは

$$H_{\rm int} = g_{\rm ep}\int d^3x\,\Psi^\dagger(t,\boldsymbol{x})\Psi(t,\boldsymbol{x})\partial_i\phi_i(t,\boldsymbol{x}) \tag{10.49}$$

である．結合定数 $g_{\rm ep}$ については (10.65) を参照せよ．運動量空間では，フォノン場は $\boldsymbol{q}\cdot\boldsymbol{\phi}$ の形で電子場と相互作用する．フォノンの進行方向は $\boldsymbol{q}$ だから，進行方向と垂直な横波成分は $\boldsymbol{q}\cdot\boldsymbol{\phi}$ に寄与しない．したがって，場 $\xi(t,\boldsymbol{x})\equiv\partial_i\phi_i(t,\boldsymbol{x})$ は縦波フォノンのみからなる．

> 研究課題：フォノンの運動量には上限がある．これを求めよ．

解説：結晶中に単位胞が $N_{\rm ion}$ あれば，縦波フォノン数は $N_{\rm ion}$ 個存在する．これは縦波フォノンの全状態数である．さて，波数 $d\boldsymbol{q}$ の中に含まれる状態数は，系の体積を V として，$[V/(2\pi)^3]d\boldsymbol{q}$ である．したがって，ある波数 $q_{\rm D}$ までの状態数は

$$\frac{V}{(2\pi)^3}\int_{|\boldsymbol{q}|\leq q_{\rm D}}d\boldsymbol{q} = 4\pi\frac{V}{(2\pi)^3}\int_0^{q\leq q_{\rm D}}q^2 dq = \frac{Vq_{\rm D}^3}{6\pi^2} = N_{\rm ion} \tag{10.50}$$

である．これは縦波フォノンの総数 $N_{\rm ion}$ に一致しなければならない．したがって，

$$q_{\rm D} = \left(\frac{6\pi^2 N_{\rm ion}}{V}\right)^{1/3} \tag{10.51}$$

である．典型的な例で，$q_{\rm D}\sim 10^{10}\,{\rm m}^{-1}$ となる．音速を $v_{\rm s}\sim 10^3\,{\rm m/sec}$ とすれば，デバイ振動数は $\omega_{\rm D} = v_{\rm s}q_{\rm D}\sim 10^{13}\,{\rm sec}^{-1}$，対応するエネルギーは $\hbar\omega_{\rm D}\sim 10^{-2}\,{\rm eV}$ である．また，デバイ温度は $T_{\rm D} = \hbar\omega_{\rm D}/k_{\rm B}\sim 10^2\,{\rm K}$ である．

10.3.1 フォノンの伝播関数

音響型フォノンの速度を v_s とすれば,そのラグランジアンは

$$\mathcal{L}_\mathrm{phonon} = \frac{\rho_0}{2} \sum_{i=1}^{3} [\dot{\phi}_i^2 - v_\mathrm{s}^2 (\boldsymbol{\nabla}\phi_i)^2] \tag{10.52}$$

で与えられる.ここに, ρ_0 は質量密度である.ラグランジアンが与えられれば正準量子化が行える.非自明な交換関係として

$$[\phi_i(t,\boldsymbol{x}), \dot{\phi}_j(t,\boldsymbol{y})] = i\rho_0^{-1}\hbar \delta_{ij}\delta(\boldsymbol{x}-\boldsymbol{y}) \tag{10.53}$$

が導かれる.縦波フォノンのみが寄与するから,フォノン場として $\xi(t,\boldsymbol{x}) \equiv \partial_i \phi_i(t,\boldsymbol{x})$ を採用した方が実用的である.交換関係は

$$[\xi(t,\boldsymbol{x}), \dot{\xi}(t,\boldsymbol{y})] = -i\rho_0^{-1}\hbar \nabla^2 \delta(\boldsymbol{x}-\boldsymbol{y}) \tag{10.54}$$

となる.

平面波展開は,

$$\omega_q = v_\mathrm{s}|\boldsymbol{q}| \tag{10.55}$$

として,

$$\xi(t,\boldsymbol{x}) = \frac{i}{\sqrt{V}} \sum_{\boldsymbol{q}} |\boldsymbol{q}| \sqrt{\frac{\hbar}{2\rho_0 \omega_q}} \left[a_{\boldsymbol{q}} e^{i(\boldsymbol{q}\boldsymbol{x}-\omega_q t)} - a_{\boldsymbol{q}}^\dagger e^{-i(\boldsymbol{q}\boldsymbol{x}-\omega_q t)} \right] \tag{10.56}$$

である.ここに, $a_{\boldsymbol{q}}$ は縦波フォノンの消滅演算子で

$$[a_{\boldsymbol{q}}, a_{\boldsymbol{q}'}] = [a_{\boldsymbol{q}}^\dagger, a_{\boldsymbol{q}'}^\dagger] = 0, \qquad [a_{\boldsymbol{q}}, a_{\boldsymbol{q}'}^\dagger] = \delta_{\boldsymbol{q},\boldsymbol{q}'} \tag{10.57}$$

を満たす.これらの式は (3.15), (3.18), (3.21), (3.26) において,スカラー場 ϕ をスケール変換して直ちに得られる.フォノンのハミルトニアンは

$$H = \sum_{\boldsymbol{q}} \hbar \omega_q\, a_{\boldsymbol{q}}^\dagger a_{\boldsymbol{q}} \tag{10.58}$$

である.

電子・フォノンの相互作用ハミルトニアン (10.49) は

$$g_q = g_\mathrm{ep} |\boldsymbol{q}| \sqrt{\frac{\hbar V}{2\rho_0 \omega_q}} \tag{10.59}$$

とおいて

$$H_\mathrm{int} = \frac{1}{V} \sum_{\boldsymbol{q}} g_q c_{\boldsymbol{k}+\boldsymbol{q}}^\dagger(t) c_{\boldsymbol{k}}(t) [a_{\boldsymbol{q}} + a_{-\boldsymbol{q}}^\dagger] \tag{10.60}$$

と書き換えられる.

伝播関数を

$$i\hbar D_{\mathrm{F}}^0(x-x') = \langle 0|\mathcal{T}\left[\xi(\boldsymbol{x},t)\xi(\boldsymbol{x}',t')\right]|0\rangle \tag{10.61}$$

で定義すれば，(3.43) に対応して

$$iD_{\mathrm{F}}^0(t,\boldsymbol{q}) = \frac{\omega_q}{2\rho_0 v_{\mathrm{s}}^2}\left[\theta(t)\exp\left(-i\omega_q t\right) + \theta(-t)\exp\left(i\omega_q t\right)\right] \tag{10.62}$$

を得る．3.2.2 項で行ったと全く同様な計算を行い，運動量空間で

$$\begin{aligned}D_{\mathrm{F}}^0(q) &= \frac{\omega_q}{2\rho_0 v_{\mathrm{s}}^2}\left(\frac{1}{\omega-\omega_q+i\epsilon} - \frac{1}{\omega+\omega_q-i\epsilon}\right) \\ &= \frac{1}{2\rho_0 v_{\mathrm{s}}^2}\frac{2\omega_q^2}{\omega^2-\omega_q^2+i\epsilon}\end{aligned} \tag{10.63}$$

を得る．

なお，微視的な議論によれば，相互作用ハミルトニアン (10.60) に現れる結合定数は

$$g_q = \frac{Ze^2}{\varepsilon_0}\frac{|\boldsymbol{q}|}{\boldsymbol{q}^2+q_{\mathrm{T}}^2}\sqrt{\frac{N\hbar}{2M\omega_q}} \tag{10.64}$$

で与えられることが知られている．これは，電子とイオン原子 (電荷は Ze) との相互作用が (10.34) に従い湯川ポテンシャル $V_q = -\frac{Ze^2}{\varepsilon_0}\frac{1}{\boldsymbol{q}^2+q_{\mathrm{T}}^2}$ で与えられることを用いて導かれる．したがって，対称性に基づき導いた相互作用ハミルトニアン (10.49) は十分滑らかなフォノン場の配位 ($|\boldsymbol{q}| \ll q_{\mathrm{T}}$) に対して正しく，結合定数は

$$g_{\mathrm{ep}} = \frac{Ze^2}{\varepsilon_0}\frac{1}{q_{\mathrm{T}}^2}\frac{N}{V} \tag{10.65}$$

で与えられることになる．

電子とフォノン相互作用による電子の自己エネルギーの計算は，電子と光子相互作用と同様に計算可能である．しかし，計算は複雑なので本書では行わない．

研究課題：電子はフォノンを交換して力を及ぼす (図 **10.3**)．フォノンのエネルギーが十分小さい極限で電子間に働く相互作用を求めよ．

解説：光子交換によるクーロン力が伝播関数 (10.27) から導かれたと同様に，フォノン交換による力は伝播関数 (10.63)，すなわち，

$$D_{\mathrm{F}}^0(q) = \frac{1}{2\rho_0 v_{\mathrm{s}}^2}\frac{2\omega_q^2}{\omega^2-\omega_q^2+i\epsilon} \tag{10.66}$$

から導かれる．フェルミ面近傍の電子のみが関与するから，相互作用の後にもフェルミ面近傍に止まり，交換するフォノンのエネルギー $\hbar\omega$ は小さい．十分

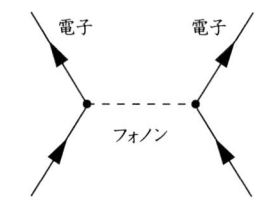

図 10.3 フォノン交換による電子間引力を与えるファインマン図形

小さく，$\omega^2 < \omega_q^2$ なら，これは引力を与える．近似的に $\omega \approx 0$ とするなら，伝播関数 (10.63) は

$$D_{\rm F}^0(0, \boldsymbol{q}) = -\frac{1}{\rho_0 v_{\rm s}^2} \tag{10.67}$$

と近似できる．フーリエ変換して，2 個の電子間には

$$-\frac{g_{\rm ep}^2}{\rho_0 v_{\rm s}^2}\delta^3(\boldsymbol{x} - \boldsymbol{y}) \tag{10.68}$$

という接触相互作用が働いていることになる．接触相互作用が可能なのは異なるスピンをもつ電子のみだから，相互作用は，$g = g_{\rm ep}^2/\rho_0 v_{\rm s}^2$ とおいて

$$\mathcal{H} = -g\psi_\downarrow^\dagger(\boldsymbol{x})\psi_\uparrow^\dagger(\boldsymbol{x})\psi_\uparrow(\boldsymbol{x})\psi_\downarrow(\boldsymbol{x}) \tag{10.69}$$

と表されることになる．このフォノン媒介引力が超伝導を導くハミルトニアンとして 5.6 節で触れた (5.108)，および，詳しい理論を展開する 12.5 節での (12.56) である．

10.4 有限温度での量子場の理論

前節までは絶対温度ゼロでの量子場理論を解説してきたので，有限温度の量子場理論への拡張の概要を説明する．固体は無数の粒子で構成されており，その中で着目する粒子の相互作用による量子効果が問題になる．粒子のゼロ点振動には新しい点はない．しかし，有限温度 T では無数の状態が熱的に励起されており，この取り扱いが必要になる．

ハミルトニアン H で記述される系のエネルギー固有状態の完全系を $\{|n\rangle; n = 0, 1, 2, \cdots\}$ とする．状態 $|n\rangle$ のエネルギーを E_n とすれば，この状態は確率 $e^{-\beta E_n}$ で励起されている．ゆえに，熱平衡系における物理量 A の観測値は

$$\langle A \rangle = \frac{1}{Z_0} \sum_n \langle n|A|n \rangle e^{-\beta E_n} \equiv \frac{1}{Z_0} \mathrm{Tr}[e^{-\beta H} A] \qquad (10.70)$$

で与えられる．ここに，

$$Z_0 = \sum_n e^{-\beta E_n} = \sum_n \langle n|e^{-\beta H}|n \rangle \equiv \mathrm{Tr}[e^{-\beta H}] \qquad (10.71)$$

は規格化定数である．絶対温度ゼロ $(\beta \to \infty)$ では，最低エネルギー状態を $|0\rangle$ として，$\langle A \rangle \to \langle 0|A|0 \rangle$ となるから，通常の場の理論の観測値に帰着する．

上記の系は厳密にいうなら正準集団である．粒子数が変化しうる大正準集団では，μ を化学ポテンシャル，N を粒子数として，ハミルトニアン H の代わりに $K = H - \mu N$ を用いる必要がある．以下の解析で，必要に応じて，H を K で入れ替えるとの了解のもとに H を用いる．

このような有限温度の場の理論への拡張は実は単純である．各種の物理量は相関関数から導けるので，有限温度での相関関数を定義すればよい．自然な定義は，(3.83) の代わりに

$$S_{AB}(x,y) = \langle A(x)B(y) \rangle \equiv \frac{1}{Z_0} \mathrm{Tr}[e^{-\beta H} A(x)B(y)] \qquad (10.72)$$

を採用することである．ここで，記号の簡単化のため，$x = (t, \boldsymbol{x})$ とおいている．相関関数に関して 3.5 節のすべての公式がそのまま成立することは直ちに確かめられる．時間と空間の平行移動対称性から，(3.87) を代入し，$[H, P_\mu] = 0$ を用いて，

$$S_{AB}(x,y) = \frac{1}{Z_0} \mathrm{Tr}[e^{-\beta H} e^{-iP(x-y)/\hbar} A(0) e^{iP(x-y)/\hbar} B(0)]$$
$$= S_{AB}(x-y, 0) \equiv S_{AB}(x-y) \qquad (10.73)$$

となることも明らかである．

有限温度の相関関数に対して新たな公式が導かれる．これらは

$$S_{BA}(\omega, \boldsymbol{x}) = e^{-\beta \hbar \omega} S_{AB}(\omega, \boldsymbol{x}), \qquad (10.74a)$$

$$\rho_{AB}(\omega, \boldsymbol{x}) = (1 \mp e^{-\beta \hbar \omega}) S_{AB}(\omega, \boldsymbol{x}) = (e^{\beta \hbar \omega} \mp 1) S_{BA}(\omega, \boldsymbol{x}) \qquad (10.74b)$$

である．相関関数のレーマン表示 (3.92) に (10.74b) を代入して，関係式

$$G^{\mathrm{F}}_{AB}(\omega, \boldsymbol{k}) = \frac{1}{1 \mp e^{-\beta \hbar \omega}} G^{\mathrm{R}}_{AB}(\omega, \boldsymbol{k}) + \frac{1}{(e^{\beta \hbar \omega} \mp 1)} G^{\mathrm{A}}_{AB}(\omega, \boldsymbol{k}) \qquad (10.75)$$

が導かれる．温度ゼロの極限で，これは

$$G^{\mathrm{F}}_{AB}(\omega, \boldsymbol{k}) = \theta(\omega) G^{\mathrm{R}}_{AB}(\omega, \boldsymbol{k}) + \theta(-\omega) G^{\mathrm{A}}_{AB}(\omega, \boldsymbol{k}) \qquad (10.76)$$

10.4 有限温度での量子場の理論

という新しい関係式を与える.

具体的な相関関数の計算に関しては，次章以降で導入する虚数時間形式を用いる方が便利である．この点については，11.2節で議論するが，特に，(11.17) を参照されたい．

研究課題：(10.74) を証明せよ．

解説： まず，(10.74a) を証明する．トレースの性質より

$$\langle A(x)B(y)\rangle = \frac{1}{Z_0}\text{Tr}[e^{-\beta H}A(x)B(y)]$$
$$= \frac{1}{Z_0}\text{Tr}[e^{-\beta H}e^{\beta H}B(y)e^{-\beta H}A(x)] \quad (10.77)$$

を得る．ここで，ハミルトニアンが時間の平行移動演算子であるから，

$$e^{\beta H}B(t,\boldsymbol{y})e^{-\beta H} = B(t-i\beta\hbar,\boldsymbol{y}) \quad (10.78)$$

となる．フーリエ変換し，積分変数の変換を行うと，

$$\int dt\, e^{i\omega t}B(t-i\beta\hbar,\boldsymbol{y}) = \int dt\, e^{i\omega(t+i\beta\hbar)}B(t,\boldsymbol{y})$$
$$= e^{-\beta\hbar\omega}\int dt\, e^{i\omega t}B(t,\boldsymbol{y}) \quad (10.79)$$

となり，係数 $e^{-\beta\hbar\omega}$ が導かれる．(10.74b) は定義式 (3.84a) から (10.74a) を用いて明らかである．

11 汎関数積分量子化

正準量子化と等価な汎関数積分量子化を解説する．このために虚数時間形式を用いた有限温度のグリーン関数を導入する．生成汎関数は，虚数時間の開始時刻と終了時刻の場の配位に周期的 (ボソン系) あるいは反周期的 (フェルミオン系) 境界条件を付けて，汎関数積分することで求まる．

11.1 虚数時間形式

汎関数積分量子化[*1)]を解説するための準備として虚数時間形式と有限温度の場の理論 (松原形式) を紹介する．時間発展は公式 (1.9) で記述される．状態 $|\mathfrak{S}_\mathrm{I}\rangle$ から時間 t 後に状態 $|\mathfrak{S}_\mathrm{F}\rangle$ への遷移確率は

$$\langle \mathfrak{S}_\mathrm{F}|\exp[-iHt/\hbar]|\mathfrak{S}_\mathrm{I}\rangle = \sum_n e^{-iE_n t/\hbar}\langle \mathfrak{S}_\mathrm{F}|n\rangle\langle n|\mathfrak{S}_\mathrm{I}\rangle$$

で与えられる．ここで，

$$t = -i\hbar\tau \tag{11.1}$$

によって虚数時間[*2)]に移行する．基底状態 $|0\rangle$ のエネルギーを E_0 とし，

$$f(\tau) = \sum_n e^{-E_n \tau}\langle \mathfrak{S}_\mathrm{F}|n\rangle\langle n|\mathfrak{S}_\mathrm{I}\rangle = e^{-E_0 \tau}\sum_n e^{-(E_n - E_0)\tau}\langle \mathfrak{S}_\mathrm{F}|n\rangle\langle n|\mathfrak{S}_\mathrm{I}\rangle \tag{11.2}$$

という関数を考える．この関数は，$E_n - E_0 > 0$ だから，パラメーター領域 $\tau > 0$ で収束する．ゆえに，この領域で計算を実行し，得られた解析関数 $f(\tau)$

[*1)] 量子力学では経路積分量子化という．場の理論では経路積分量子化とも汎関数積分量子化ともいう．より進んだ学習と応用には下記の書籍を参考されたい．M.S. スワンソン (青山秀明，川村浩之，和田信也訳)，経路積分法：量子力学から場の理論へ，吉岡書店 (1996)．

[*2)] 一般に虚数時間へは，$t = -i\tau$ によって移行するが，有限温度での表式の簡単化のため，本書ではプランク定数 $\hbar$ を入れて定義している．

を実時間に解析接続するのが正しい遷移確率の計算方法である.

汎関数積分法で解析を行うには, (11.25) で説明する理由により, 有限温度 T でのグリーン関数の公式

$$G_\beta(x_1, \cdots x_N) = \frac{\text{Tr}\left(e^{-\beta H} \mathcal{T}\left[\phi_\text{H}(x_1) \cdots \phi_\text{H}(x_N)\right]\right)}{\text{Tr}\left(e^{-\beta H}\right)} \tag{11.3}$$

を用いるとわかりやすい. ここに, k_B をボルツマン定数として, $\beta = 1/k_\text{B}T$ である. トレースの定義により, ハミルトニアンの固有状態からなる完全系 $|n\rangle$ を用い, $e^{\beta E_0}$ を分子と分母にかけて,

$$G_\beta(x_1, \cdots, x_N) = \frac{\sum_n e^{-\beta(E_n - E_0)} \langle n|\mathcal{T}\left[\phi_\text{H}(x_1) \cdots \phi_\text{H}(x_N)\right]|n\rangle}{\sum_n e^{-\beta(E_n - E_0)}} \tag{11.4}$$

となる. ここで, 絶対温度ゼロの極限 ($T \to 0$) すなわち $\beta \to +\infty$ の極限をとると, すべての $E_n > E_0$ の状態からの寄与はゼロになるので, 従来のグリーン関数の定義 (7.13) に一致する. したがって, グリーン関数 (11.3) が計算できれば, 絶対温度ゼロのみならず有限温度での物理量もわかる.

演算子 $e^{-\beta H} = \exp[-\int_0^\beta d\tau\, H]$ は虚数時間形式での時間発展演算子と見なせる. 外場 $J(x)$ が存在するときの時間発展演算子は

$$U_\beta(J) = \mathcal{T}\left[\exp\left(\int_0^\beta d\tau \int d^3x\, (-\mathcal{H} + J\phi)\right)\right] \tag{11.5}$$

である. これを汎関数微分し, 虚数時間順序を考慮して,

$$\lim_{J \to 0} \frac{\delta}{\delta J(x_1)} \cdots \frac{\delta}{\delta J(x_n)} \text{Tr} U_\beta(J) = \text{Tr}\left(e^{-\beta H} \mathcal{T}\left[\phi_\text{H}(x_1) \cdots \phi_\text{H}(x_N)\right]\right) \tag{11.6}$$

を得る. したがって, 生成汎関数は $Z_\beta(J) = \text{Tr} U_\beta(J)$ で与えられることになる.

11.2 温度グリーン関数

グリーン関数の公式 (11.3) の引数に現れる粒子座標の時間成分は虚数時間 τ である. 簡単な場合として, まず, 虚数時間形式における相関関数を解析する. 特に重要なのは周期的境界条件および半周期的境界条件という概念である.

ハイゼンベルグ描像での演算子は (1.10) で定義されるが, これを虚数時間形式 (11.1) で表すと,

$$A(\tau, \boldsymbol{x}) \equiv e^{\tau H} A(0, \boldsymbol{x}) e^{-\tau H} \tag{11.7}$$

となる．スペクトル関数は，(10.72) において，$A(t,\boldsymbol{x})$ と $B(t',\boldsymbol{y})$ を $A(\tau,\boldsymbol{x})$ と $B(\tau',\boldsymbol{y})$ に置き換えて得られる．(10.73) に対応して，

$$S_{AB}(\tau,\boldsymbol{x};\tau',\boldsymbol{y}) = S_{AB}(\tau-\tau',\boldsymbol{x}-\boldsymbol{y};0,0) \equiv S_{AB}(\tau-\tau',\boldsymbol{x}-\boldsymbol{y}) \quad (11.8)$$

である．記法の簡略化のため位置座標は省く．因果相関関数 (3.84d) は

$$\mathcal{G}_{AB}(\tau,\tau') = -[\theta(\tau-\tau')S_{AB}(\tau,\tau') \pm \theta(\tau'-\tau)S_{BA}(\tau',\tau)] \quad (11.9)$$

となる．特に，演算子 A と B がオイラー–ラグランジュ方程式に従う場の場合，これを温度グリーン関数という．ここに $\pm$ の上 (下) はボース場 (フェルミ場) に対して適用される．いま，$\tau < \tau' < \tau+\beta$ とすれば，

$$\mathcal{G}_{AB}(\tau,\tau') = \mp \frac{1}{Z_0}\mathrm{Tr}[e^{-\beta H}B(\tau')A(\tau)] = \mp \frac{1}{Z_0}\mathrm{Tr}[e^{-\beta H}e^{\beta H}A(\tau)e^{-\beta H}B(\tau')]$$

$$= \mp \frac{1}{Z_0}\mathrm{Tr}[e^{-\beta H}A(\tau+\beta)B(\tau')] = \pm\mathcal{G}_{AB}(\tau+\beta,\tau') \quad (11.10)$$

となる．これは虚数時間 τ に関して周期 β の周期性があることを示している．同様に，τ' に関する周期性も導かれる．フェルミ場に対しては1周期で符号が反転するので反周期性があるという．温度グリーン関数には(反) 周期的境界条件が課されている．この点については 11.3 節と 11.4 節も参照されたい．

位置座標成分を復活させて，相関関数 $\mathcal{G}_{AB}(\tau-\tau',\boldsymbol{x}-\boldsymbol{y})$ を

$$\mathcal{G}_{AB}(\tau,\boldsymbol{x}) = \frac{1}{\beta}\sum_n e^{-i\hbar\omega_n\tau}\mathcal{G}_{AB}(\omega_n,\boldsymbol{x}) \quad (11.11)$$

とフーリエ級数展開する．絶対温度ゼロでのフーリエ変換と比較して，

$$\int \frac{dk_0}{2\pi} \iff \frac{1}{\beta}\sum_n \quad (11.12)$$

という対応が成り立つことがわかる．これは空間座標の対応 (10.6) に類似している．さて，(11.11) で $\mathcal{G}_{AB}(\boldsymbol{x},\tau+\beta) = \pm\mathcal{G}_{AB}(\boldsymbol{x},\tau)$ を要請すると，

$$\omega_n = \begin{cases} 2n\pi/\hbar\beta & (\text{ボソンに対して}) \\ (2n+1)\pi/\hbar\beta & (\text{フェルミオンに対して}) \end{cases} \quad (11.13)$$

となる．これを松原振動数という．フーリエ係数は

$$\mathcal{G}_{AB}(\omega_n,\boldsymbol{x}) = \frac{\hbar}{2}\int_{-\beta}^{\beta} d\tau\, e^{i\hbar\omega_n\tau}\mathcal{G}_{AB}(\tau,\boldsymbol{x}) \quad (11.14)$$

である．これは

$$\mathcal{G}_{AB}(\omega_n,\boldsymbol{x}) = \hbar\int_0^{\beta} d\tau\, e^{i\hbar\omega_n\tau}\mathcal{G}_{AB}(\tau,\boldsymbol{x}) \quad (11.15)$$

と変形できる (直後の研究課題を参照)．

温度グリーン関数もレーマン表示ができる (直後の研究課題を参照).
$$\mathcal{G}_{AB}(\omega_n, \boldsymbol{k}) = \int_{-\infty}^{\infty} \frac{d\omega'}{2\pi} \frac{\rho_{AB}(\omega', \boldsymbol{k})}{i\omega_n - \omega'}. \tag{11.16}$$
(3.84) と比較して,
$$G_{AB}^{\mathrm{R}}(\omega, \boldsymbol{k}) = \mathcal{G}_{AB}(\omega_n, \boldsymbol{k})|_{i\omega_n = \omega + i\epsilon},$$
$$G_{AB}^{\mathrm{A}}(\omega, \boldsymbol{k}) = \mathcal{G}_{AB}(\omega_n, \boldsymbol{k})|_{i\omega_n = \omega - i\epsilon} \tag{11.17}$$
と書ける. 温度グリーン関数が求まれば, 振動数空間で解析接続して, 実時間での遅延グリーン関数や先進グリーン関数が求められるのである. 一方, 温度グリーン関数は摂動論で計算できる. 以上の有限温度理論を松原形式という.

研究課題：公式 **(11.15)** を導け.

解説： 最初に (反) 周期性 (11.10) を用いる.
$$\int_{-\beta}^{0} d\tau\, e^{i\hbar\omega_n \tau} \mathcal{G}_{AB}(\tau, \boldsymbol{x}) = \pm \int_{-\beta}^{0} d\tau\, e^{i\hbar\omega_n \tau} \mathcal{G}_{AB}(\tau + \beta, \boldsymbol{x}). \tag{11.18}$$
次に積分変数の変換を行う.
$$\int_{-\beta}^{0} d\tau\, e^{i\hbar\omega_n \tau} \mathcal{G}_{AB}(\tau, \boldsymbol{x}) = \pm e^{-i\hbar\omega_n \beta} \int_{0}^{\beta} d\tau\, e^{i\hbar\omega_n \tau} \mathcal{G}_{AB}(\tau, \boldsymbol{x}). \tag{11.19}$$
最後に松原振動数 (11.13) に対して $e^{-i\hbar\omega_n \beta} = \mp 1$ を用いる.
$$\int_{-\beta}^{0} d\tau\, e^{i\hbar\omega_n \tau} \mathcal{G}_{AB}(\tau, \boldsymbol{x}) = \int_{0}^{\beta} d\tau\, e^{i\hbar\omega_n \tau} \mathcal{G}_{AB}(\tau, \boldsymbol{x}). \tag{11.20}$$
したがって, (11.15) が得られる.

研究課題：公式 **(11.16)** を導け.

解説： 記号を単純化して位置座標 $\boldsymbol{x}$ を書かない. (11.9) と (11.15) より
$$\mathcal{G}_{AB}(\omega_n) = -\frac{\hbar}{Z_0} \int_{0}^{\beta} d\tau\, e^{i\hbar\omega_n \tau} \mathrm{Tr}[e^{-\beta H} A(\tau) B(0)]$$
$$\pm \frac{\hbar}{Z_0} \int_{0}^{\beta} d\tau'\, e^{-i\hbar\omega_n \tau'} \mathrm{Tr}[e^{-\beta H} B(\tau') A(0)] \tag{11.21}$$
であるが, 完全系を演算子 A と B の間に挟み, $H|m\rangle = \hbar\omega_m |m\rangle$ とおき,
$$\mathcal{G}_{AB}(\omega_n) = \frac{1}{Z_0} \sum_{lm} \frac{e^{-\beta\hbar\omega_l} \mp e^{-\beta\hbar\omega_m}}{i\omega_n + \omega_l - \omega_m} \langle l|A|m\rangle \langle m|B|l\rangle \tag{11.22}$$
とまとめられる. 一方, スペクトル関数は定義により

$$\rho_{AB}(\omega) = \frac{1}{Z_0}\int_{-\infty}^{\infty} dt\, e^{i\omega t}\mathrm{Tr}[A(t)B(0)] \mp \frac{1}{Z_0}\int_{-\infty}^{\infty} dt\, e^{i\omega t}\mathrm{Tr}[B(0)A(t)]$$
(11.23)

であるが，完全系を演算子 A と B の間に挟んで，
$$\rho_{AB}(\omega) = \frac{2\pi}{Z_0}\sum_{lm}\delta(\omega+\omega_l-\omega_m)(e^{-\beta\hbar\omega_l}\mp e^{-\beta\hbar\omega_m})\langle l|A|m\rangle\langle m|B|l\rangle$$
(11.24)

となる．(11.22) と (11.24) を比較して (11.16) が得られる．

11.3 ボース場の汎関数積分

11.3.1 周期的境界条件

ボース場の演算子 $\phi_\mathrm{H}(x)$ の固有状態を $|\phi(x)\rangle$ と書く．すなわち，$\phi_\mathrm{H}(x)|\phi(x)\rangle = \phi(x)|\phi(x)\rangle$ である．生成汎関数 $Z_\beta(J)$ は，固有状態の完全系 $\int d\phi(x)\,|\phi(x)\rangle\langle\phi(x)| = 1$ を用いて，
$$\begin{aligned}Z_\beta(J) &= \sum_n \langle n|U_\beta(J)|n\rangle = \int d\phi \sum_n \langle n|\phi\rangle\langle\phi|U_\beta(J)|n\rangle \\ &= \int d\phi \sum_n \langle\phi|U_\beta(J)|n\rangle\langle n|\phi\rangle = \int d\phi(x)\,\langle\phi(x)|U_\beta(J)|\phi(x)\rangle\end{aligned}$$
(11.25)

と変形できる．ここに，$\langle\phi(x)|U_\beta(J)|\phi(x)\rangle$ は，時刻 $\tau=0$ に $\phi(x)$ である場の配位が時間とともに変化して，時刻 $\tau=\beta$ で場の配位 $\phi(x)$ に戻ってくる遷移確率振幅を表している．生成汎関数が (11.25) のように書けたのは，トレースを用いてグリーン関数を定義している故である．この公式を導くために有限温度のグリーン関数 (11.3) を導入した．

付録 A.2 で導出するように，ϕ_ini から ϕ_fin への遷移確率振幅は，外場を含むラグランジアン $\mathcal{L}_J(\phi) = \mathcal{L}(\phi) + J\phi$ からつくられる古典的作用[*1)]
$$S_J(\phi) = \hbar\int_0^\beta d\tau d^3x\,\mathcal{L}_J(\phi)$$
(11.26)

を用いて，
$$\langle\phi_\mathrm{fin}(\boldsymbol{x})|U_\beta(J)|\phi_\mathrm{ini}(\boldsymbol{x})\rangle = \int_{\phi(0,\boldsymbol{x})=\phi_\mathrm{ini}(\boldsymbol{x})}^{\phi(\beta,\boldsymbol{x})=\phi_\mathrm{fin}(\boldsymbol{x})}\mathcal{D}\phi\,\exp\left[\frac{1}{\hbar}S_J(\phi)\right]$$
(11.27)

[*1)] 虚時間形式へ $t=-i\hbar\tau$ で移行しているので作用に係数 $\hbar$ が入っている．

という汎関数積分公式で与えられる．したがって，生成汎関数 $Z_\beta(J)$ は，周期的境界条件 $\phi(\beta, \boldsymbol{x}) = \phi(0, \boldsymbol{x})$ を課して，境界条件に現れる関数 $\phi(x)$ についても汎関数積分した

$$Z_\beta(J) = \int \mathcal{D}\phi \, \exp\left[\frac{1}{\hbar} S_J(\phi)\right] \tag{11.28}$$

で与えられる．古典的作用 $S_J(\phi)$ の汎関数積分で量子場の理論が得られることになるので，これを**汎関数積分量子化法**という．

本節では汎関数積分公式 (11.28) から導かれる摂動論が 7.4 節で解説した正準量子化に基づく摂動論と一致していることを示す．また，汎関数積分の具体的計算法を紹介する．

遷移確率振幅公式 (11.27) の物理的解釈は次のようである．配位 $\phi(x)$ の実現確率振幅は $e^{S_J(\phi)/\hbar}$ で与えられ，初期配位と終了配位を結ぶすべての経路について $e^{S_J(\phi)/\hbar}$ を足し上げたのが遷移確率振幅を与えるということである．古典近似は，$\hbar \to 0$ とする極限であり，この極限で積分に寄与する配位は，$\mathcal{L}_J(\phi)$ の停留点，すなわちオイラー–ラグランジュ方程式の解 (古典解) になる．これは最小作用の原理に他ならない．この古典的配位の周りの量子揺らぎを取り入れたものが量子論ということなる．この点に関しては 12 章で敷衍する．以下，スペースの節約のため，$\int_\beta = \int_o^\beta d\tau \int d^3x$ と略記する．

摂動展開を行うために，ラグランジアンを自由場部分と相互作用部分に分解し，

$$\begin{aligned}Z_\beta(J) &= \int \mathcal{D}\phi \, \exp\left[\int_\beta \{\mathcal{L}(\phi) + J(x)\phi(x)\}\right] \\ &= \int \mathcal{D}\phi \, \exp\left[-\int_\beta V(\phi)\right] \exp\left[\int_\beta \{\mathcal{L}^{\text{free}}(\phi) + J(x)\phi(x)\}\right]\end{aligned} \tag{11.29}$$

とおく．ここに現れる

$$S_J^{\text{free}}[\phi] \equiv \int_\beta \{\mathcal{L}^{\text{free}}(\phi) + J(x)\phi(x)\} \tag{11.30}$$

は外場を導入した自由場の作用である．したがって，

$$Z_\beta^{\text{free}}(J) = \int \mathcal{D}\phi \, \exp\left(S_J^{\text{free}}[\phi]\right) \tag{11.31}$$

として，次式のように生成汎関数は変形される．

$$Z_\beta(J) = \exp\left[-\int_\beta V\left(\frac{\delta}{\delta J(x)}\right)\right] Z_\beta^{\text{free}}[J]. \tag{11.32}$$

これは正準量子化での公式 (7.36) の虚数時間版である．

次に，(11.32) から正準量子化での基本的公式 (7.39) の虚数時間版を導く．そのために生成汎関数 $Z_\beta^{\text{free}}[J]$ を解析する．以下，自然単位系を用いて，スカラー場模型 (11.33) を考える．虚数時間形式における自由場ラグランジアンは

$$\mathcal{L}^{\text{free}}(\phi) = -\frac{1}{2}(\partial_\tau \phi)^2 - \frac{1}{2}(\boldsymbol{\nabla}\phi)^2 - \frac{m^2}{2}\phi^2 \quad (11.33)$$

である．自由場の作用 $S_J^{\text{free}}[\phi]$ で部分積分を行う．周期的境界条件 $\phi(0) = \phi(\beta)$ が課されているから境界からの寄与はなく，微分演算子

$$M(x) = -\partial_\tau^2 - \boldsymbol{\nabla}^2 + m^2 \quad (11.34)$$

を用いて

$$S_J^{\text{free}}(J) = \int_o^\beta d\tau d^3x \left\{ -\frac{1}{2}\phi(x)M(x)\phi(x) + J(x)\phi(x) \right\} \quad (11.35)$$

となる．汎関数積分 (11.31) は実行できて，

$$Z_\beta^{\text{free}}(J) = Z_\beta^{\text{free}}(0) \exp\left[\frac{1}{2}\int_\beta J(x)\Delta_{\text{F}}^0(x-y)J(y)\right] \quad (11.36)$$

となる (直後の研究課題を参照)．結局，全体の生成汎関数 (11.28) として

$$Z_\beta(J) = Z_\beta(0) \exp\left[-\int_\beta V\left(\frac{\delta}{\delta J(x)}\right)\right] \exp\left[\frac{1}{2}\int_\beta J(x)\Delta_{\text{F}}^0(x-y)J(y)\right] \quad (11.37)$$

を得る．これは正準形式における生成汎関数 (7.39) の虚数時間版であり，連結グリーン関数に対して同一の摂動論を生成する．

> 研究課題：汎関数積分 (11.31) を実行して公式 (11.36) を導け．

解説：汎関数積分変数を $\phi(x)$ から

$$\phi(x) = \phi'(x) + \int_\beta \Delta_{\text{F}}^0(x-y)J(y) \quad (11.38)$$

に変更する．ここに，$\Delta_{\text{F}}^0(x)$ は微分演算子 $M(x)$ のグリーン関数である．

$$M(x)\Delta_{\text{F}}^0(x-y) = \delta(\boldsymbol{x}-\boldsymbol{y})\delta(\tau_x - \tau_y). \quad (11.39)$$

(11.38) を $\phi(x)M(x)\phi(x)$ に代入し次の変形を行う．

$$\phi(x)M(x)\phi(x) = \left[\phi'(x) + \int_\beta \Delta_{\text{F}}^0(x-y)J(y)\right][M(x)\phi'(x) + J(x)]$$
$$= \phi'(x)M(x)\phi'(x) + 2J(x)\phi'(x) + \int_\beta J(x)\Delta_{\text{F}}^0(x-y)J(y). \quad (11.40)$$

これを (11.35) に代入し整理して，自由場に関する生成汎関数 (11.31) は

$$Z_\beta^{\text{free}}(J) = \int \mathcal{D}\phi' \exp\left[-\frac{1}{2}\int_\beta \phi'(x)M(x)\phi'(x) + \frac{1}{2}\int_\beta J(x)\Delta_F^0(x-y)J(y)\right]$$

$$= Z_\beta^{\text{free}}(0) \exp\left[\frac{1}{2}\int_\beta J(x)\Delta_F^0(x-y)J(y)\right] \tag{11.41}$$

となる．なお，$\beta \to \infty$ の極限で，方程式 (11.39) の解は運動量空間で

$$\Delta_F^0(x-y) = \int \frac{d^4p}{(2\pi)^4} e^{ip(x-y)} \frac{1}{p^2 + m^2} \tag{11.42}$$

となる．ただし，xp はユークリッド空間でのスカラー積で $xp = p_0\tau + \boldsymbol{xp}$ で与えられる．これは伝播関数のユークリッド空間での表式である．

11.3.2 分配関数

ボース場に対する汎関数積分の実行方法を解説する．外場のないときの生成汎関数 (11.31)，すなわち，自由ボース場に対する分配関数

$$Z_\beta^{\text{free}} = \int \mathcal{D}\phi \exp\left[-\frac{1}{2}\int_\beta \phi(\tau,\boldsymbol{x})M(\tau,\boldsymbol{x})\phi(\tau,\boldsymbol{x})\right] \tag{11.43}$$

を計算する．ここに，$M(\tau,\boldsymbol{x})$ は微分演算子 (11.34) である．ガウス積分して

$$Z_\beta^{\text{free}} = \frac{1}{\sqrt{\det M}} = \exp\left[-\frac{1}{2}\operatorname{Tr}\ln M\right] \tag{11.44}$$

となる．なお，統計力学では

$$\Omega = -\frac{V}{\beta}\ln Z_\beta = \frac{V}{2\beta}\operatorname{Tr}\ln M \tag{11.45}$$

を大正準ポテンシャルという．

具体的な表式を得るため，固有値方程式

$$M(\tau,\boldsymbol{x})\phi_{n;\boldsymbol{k}}(\tau,\boldsymbol{x}) = m_n(\boldsymbol{k})\phi_{n;\boldsymbol{k}}(\tau,\boldsymbol{x}) \tag{11.46}$$

を解く．自由場なので，分散関係は

$$E_{\boldsymbol{k}} \equiv \hbar\omega_k = c\sqrt{\hbar^2\boldsymbol{k}^2 + m^2c^2} \tag{11.47}$$

であり，固有関数と固有値は

$$\phi_{n;\boldsymbol{k}}(\tau,\boldsymbol{x}) = \cos[\omega_n\tau - \boldsymbol{k}\cdot\boldsymbol{x} + \alpha], \qquad m_n(\boldsymbol{k}) = \omega_n^2 + E_{\boldsymbol{k}}^2 \tag{11.48}$$

と直ちに求まる．周期的境界条件，$\phi_{n;\boldsymbol{k}}(0,\boldsymbol{x}) = \phi_{n;\boldsymbol{k}}(\beta,\boldsymbol{x})$，を課して

$$\omega_n = \frac{2\pi}{\beta}n, \qquad n = 0, \pm 1, \pm 1, \cdots \tag{11.49}$$

となるが，これは松原振動数 (11.13) に他ならない．固有値を代入して

$$\operatorname{Tr}\ln M = \sum_{n=-\infty}^{\infty}\sum_{\boldsymbol{k}}\ln(\omega_n^2+E_{\boldsymbol{k}}^2) = \sum_{n=-\infty}^{\infty}\sum_{\boldsymbol{k}}\ln\left[\left(\frac{2\pi}{\beta}n\right)^2+E_{\boldsymbol{k}}^2\right] \tag{11.50}$$

という結果を得る (直後の研究課題を参照).

続いて, (11.50) でモード n に対する和を実行する. 大正準ポテンシャル (11.45) の運動量成分 $\boldsymbol{k}$ は

$$\frac{\Omega_{\boldsymbol{k}}}{V} = \frac{1}{2\beta}\sum_{n=-\infty}^{\infty}\ln\left[\left(\frac{2\pi}{\beta}n\right)^2+E_{\boldsymbol{k}}^2\right] \tag{11.51}$$

である. この和は発散している. 発散部分を分離するために, $E_{\boldsymbol{k}}$ で微分して,

$$\frac{1}{V}\frac{\partial\Omega_{\boldsymbol{k}}}{\partial E_{\boldsymbol{k}}} = \frac{E_{\boldsymbol{k}}}{\beta}\sum_{n}\frac{1}{\left(\frac{2\pi}{\beta}n\right)^2+E_{\boldsymbol{k}}^2} = \frac{E_{\boldsymbol{k}}}{\beta}\left(\frac{\beta}{2\pi}\right)^2\sum_{n}\frac{1}{n^2+(\beta E_{\boldsymbol{k}}/2\pi)^2} \tag{11.52}$$

を得る. ここに現れている和は公式

$$\sum_{n=-\infty}^{\infty}\frac{1}{n^2+z^2} = \frac{\pi}{z}\coth\pi z \tag{11.53}$$

を用いて実行され,

$$\frac{1}{V}\frac{\partial\Omega_{\boldsymbol{k}}}{\partial E_{\boldsymbol{k}}} = \frac{1}{2}\coth\frac{\beta}{2}E_{\boldsymbol{k}} \tag{11.54}$$

となる. これを積分し, $C_{\boldsymbol{k}}$ を積分定数として

$$\frac{\Omega_{\boldsymbol{k}}}{V} = \frac{1}{\beta}\ln\sinh\frac{\beta E_{\boldsymbol{k}}}{2}+C_{\boldsymbol{k}} = \frac{1}{2}E_{\boldsymbol{k}}+\frac{1}{\beta}\ln\left(1-e^{-\beta E_{\boldsymbol{k}}}\right)+C_{\boldsymbol{k}} \tag{11.55}$$

を得る. 元の式に存在した発散は積分定数 $C_{\boldsymbol{k}}$ に分離された.

第 1 項 $\frac{1}{2}E_{\boldsymbol{k}} = \frac{1}{2}\hbar\omega$ は基底状態におけるゼロ点エネルギー (3.31) である. ゼロ点エネルギーとパラメーター $C_{\boldsymbol{k}}$ を加えてゼロとなるようにエネルギーの原点を選ぶ. 有限温度での励起モードは第 2 項で記述され, その寄与は

$$Z_{\beta}^{\text{free}} = \exp\left[-\sum_{\boldsymbol{k}}\ln\left(1-e^{-\beta E_{\boldsymbol{k}}}\right)\right] = \prod_{\boldsymbol{k}}\frac{1}{1-e^{-\beta E_{\boldsymbol{k}}}} \tag{11.56}$$

である. これはよく知られたボソンの分配関数である. 体積 V が十分大きく格子間隔 a の系に対して, 運動量の和を積分に変えて ((10.6) を参照),

$$Z_{\beta}^{\text{free}} = \exp\left[-V\int_{-\pi/a}^{\pi/a}\frac{d^3k}{(2\pi/a)^3}\ln\left(1-e^{-\beta E_{\boldsymbol{k}}}\right)\right] \tag{11.57}$$

となる.

> 研究課題：実際に汎関数積分 (11.43) を実行して公式 (11.50) を導け．

解説：任意のスカラー関数 $\phi(\tau,\boldsymbol{x})$ は正規直交完全系を張る固有関数 (11.48) で展開できる．

$$\phi(\tau,\boldsymbol{x}) = \sum_{n;\boldsymbol{k}} a_{n;\boldsymbol{k}} \phi_{n;\boldsymbol{k}}(\tau,\boldsymbol{x}). \tag{11.58}$$

正規直交条件は

$$\int_0^\beta d\tau \int d^3x\, \phi_{n';\boldsymbol{k}'}(\tau,\boldsymbol{x})\phi_{n;\boldsymbol{k}}(\tau,\boldsymbol{x}) = \delta_{nn'}\delta_{\boldsymbol{k}\boldsymbol{k}'} \tag{11.59}$$

である．展開式を汎関数積分 (11.43) に代入する．すべての場の配位 ϕ について積分することは，すべての展開係数 a_n に関して通常の積分を行うことである．ゆえに，積分を実行して[*1]

$$Z_\beta^{\text{free}} = \prod_{n;\boldsymbol{k}} \int \frac{da_{n;\boldsymbol{k}}}{\sqrt{2\pi}} \exp\left[-\frac{1}{2}a_{n;\boldsymbol{k}}^2 m_n(\boldsymbol{k})\right] = \prod_{n;\boldsymbol{k}} \sqrt{\frac{1}{m_n(\boldsymbol{k})}} \equiv \frac{1}{\sqrt{\det M}} \tag{11.60}$$

を得る．これは

$$Z_\beta^{\text{free}} = \prod_{n;\boldsymbol{k}} [m_n(\boldsymbol{k})]^{-1/2} = \exp\left\{\sum_{n;\boldsymbol{k}} \ln [m_n(\boldsymbol{k})]^{-1/2}\right\} \equiv \exp\left[-\frac{1}{2}\mathrm{Tr}\ln M\right] \tag{11.61}$$

とも表される．ここで，$\mathrm{Tr}\ln M = \sum_{n=-\infty}^\infty \sum_{\boldsymbol{k}} \ln [m_n(\boldsymbol{k})]$ に (11.48) を代入して (11.50) を得る．

11.4 フェルミ場の汎関数積分

11.4.1 反周期的境界条件

フェルミ場の演算子 $\psi_{\mathrm{H}}(x)$ の固有状態を $|\psi(x)\rangle$ と書く．すなわち，$\psi_{\mathrm{H}}(x)|\psi(x)\rangle = \psi(x)|\psi(x)\rangle$ である．生成汎関数 $Z_\beta(J,J^*)$ は固有状態の完全系 (1.70) を用いて次のように変形できる．

$$Z_\beta(J,J^*) = \mathrm{Tr}\, U_\beta(J,J^*) = \int d\psi^* d\psi\, e^{-\psi^*\psi} \langle -\psi|U_\beta(J,J^*)|\psi\rangle. \tag{11.62}$$

[*1] 積分測度を $da_{n;\boldsymbol{k}}/\sqrt{2\pi}$ としたのは計算結果を簡単にするためである．たとえば，$da_{n;\boldsymbol{k}}$ とすれば，無限大の定数が (11.50) に加わる．これはエネルギーの原点の選び方の自由度に吸収できる．

行列要素 $\langle -\psi | U_\beta(J, J^*) | \psi \rangle$ が現れているのは，グラスマン数に特有の性質 (1.81) のためである．この $\langle -\psi | U_\beta(J, J^*) | \psi \rangle$ は，時刻 $\tau = 0$ に $\psi(x)$ である場の配位が時間とともに変化して，時刻 $\tau = \beta$ に場の配位 $-\psi(x)$ に戻ってくる確率振幅を表している．したがって，フェルミ場に対する生成汎関数は，$\psi(\beta, \boldsymbol{x}) = -\psi(0, \boldsymbol{x})$ という反周期的境界条件を課して，汎関数積分公式

$$Z_\beta(J, J^*) = \int d\psi^* d\psi \, \exp\left[\int_\beta \{\mathcal{L}(\psi, \psi^*) + J(x)\psi(x) + J^*(x)\psi^*(x)\}\right] \tag{11.63}$$

で与えられる．

例として，接触相互作用 (10.69) を導入した非相対論的場の模型を考える．虚数時間形式ではラグランジアンは

$$\mathcal{L} = \sum_{\sigma=\uparrow\downarrow}\left[\psi_\sigma^\dagger \frac{\partial}{\partial \tau}\psi_\sigma - \frac{\hbar^2}{2m}\boldsymbol{\nabla}\psi_\sigma^\dagger \boldsymbol{\nabla}\psi_\sigma + \mu \psi_\sigma^\dagger \psi_\sigma\right] - g\psi_\downarrow^\dagger \psi_\uparrow^\dagger \psi_\uparrow \psi_\downarrow \tag{11.64}$$

である．虚数時間ラグランジアン (11.64) を自由場部分 $\mathcal{L}^{\text{free}}(\psi, \psi^*)$ と相互作用部分に分解する．外場を導入した自由場系の生成汎関数を

$$Z_\beta^{\text{free}}(J, J^*) = \int d\psi^* d\psi \, \exp\left[\int_\beta \{\mathcal{L}^{\text{free}}(\psi, \psi^*) + J(x)\psi(x) + J^*(x)\psi^*(x)\}\right] \tag{11.65}$$

とおく (スピン・インデックスを省略している)．相互作用している系の生成汎関数は

$$Z_\beta(J, J^*) = \exp\left[-g\int_\beta \frac{\delta}{\delta J_\downarrow^*(x)}\frac{\delta}{\delta J_\uparrow^*(x)}\frac{\delta}{\delta J_\uparrow(x)}\frac{\delta}{\delta J_\downarrow(x)}\right] Z_\beta^{\text{free}}(J, J^*) \tag{11.66}$$

である．

11.4.2 分配関数

フェルミ場に対する汎関数積分の実行方法を解説する．外場のないときの生成汎関数 (11.65)，すなわち，自由フェルミ場に対する分配関数を計算する．単純のためスピン自由度は無視する．これは，$M^\pm(\tau, \boldsymbol{x})$ を微分演算子

$$M^\pm = \pm \partial_\tau - \frac{\hbar^2}{2m}\boldsymbol{\nabla}^2 - \mu \tag{11.67}$$

として，

11.4 フェルミ場の汎関数積分

$$Z_\beta^{\text{free}} = \int \mathcal{D}\psi^* \mathcal{D}\psi \exp\left[-\int_0^\beta d\tau \int d^3x\, \psi^*(\tau,\boldsymbol{x})M^+(\tau,\boldsymbol{x})\psi(\tau,\boldsymbol{x})\right]$$
$$= \int \mathcal{D}\psi^* \mathcal{D}\psi \exp\left[\int_0^\beta d\tau \int d^3x\, \psi(\tau,\boldsymbol{x})M^-(\tau,\boldsymbol{x})\psi^*(\tau,\boldsymbol{x})\right] \quad (11.68)$$

で与えられる．上記の2つの公式は同値である．これはグラスマン数に関するガウス積分なので実行できる．

$$Z_\beta^{\text{free}} = \det M^+ = \det M^- = \sqrt{\det M^+ M^-} = \frac{1}{2}\text{Tr}\ln M^+ M^-. \quad (11.69)$$

演算子 $M(\tau,x) \equiv M^+(\tau,x)M^-(\tau,x)$ の固有値と固有関数を考える．

$$M(\tau,x)f_n(\tau,\boldsymbol{x}) = m_n(\boldsymbol{k})f_n(\tau,\boldsymbol{x}). \quad (11.70)$$

非相対論的自由場なので，分散関係は

$$E_{\boldsymbol{k}} = \frac{\hbar^2 \boldsymbol{k}^2}{2m} - \mu \quad (11.71)$$

であり，固有関数と固有値は

$$f_n(\tau,\boldsymbol{x}) = e^{i(\omega_n \tau - \boldsymbol{k}\cdot\boldsymbol{x})}, \qquad m_n(\boldsymbol{k}) = \omega_n^2 + E_{\boldsymbol{k}}^2 \quad (11.72)$$

と直ちに求まる．反周期的境界条件，$f_n(0;x) = -f_n(\beta;x)$，を課すことにより

$$\omega_n = \frac{2\pi}{\beta}\left(n + \frac{1}{2}\right) \quad (11.73)$$

と求まる．これはフェルミ場に対する松原振動数 (11.13) に他ならない．固有値を代入して

$$\text{Tr}\ln M = \sum_{n=-\infty}^{\infty}\sum_{\boldsymbol{k}} \ln(\omega_n^2 + E_{\boldsymbol{k}}^2) = \sum_{n=-\infty}^{\infty}\sum_{\boldsymbol{k}} \left(\frac{2\pi}{\beta}\left(n+\frac{1}{2}\right)\right)^2 + E_{\boldsymbol{k}}^2$$
$$(11.74)$$

という結果を得る (直後の研究課題を参照)．

続いて，公式 (11.74) でモード n に対する和を実行する．大正準ポテンシャル Ω は (11.45) で与えられ，その運動量成分 $\boldsymbol{k}$ は

$$\frac{\Omega_{\boldsymbol{k}}}{V} = -\frac{1}{2\beta}\sum_{n=-\infty}^{\infty} \ln\left[\left(\frac{2\pi}{\beta}\left(n+\frac{1}{2}\right)\right)^2 + E_{\boldsymbol{k}}^2\right] \quad (11.75)$$

である．この和は発散している．発散部分を分離するために，$E_{\boldsymbol{k}}$ で微分して，

$$\frac{1}{V}\frac{\partial \Omega}{\partial E_{\bm{k}}} = -\frac{2E_{\bm{k}}}{\beta}\sum_n \frac{1}{\left(\frac{2\pi}{\beta}\left(n+\frac{1}{2}\right)\right)^2 + E_{\bm{k}}^2}$$

$$= -\frac{2E_{\bm{k}}\beta}{(2\pi)^2}\sum_n \frac{1}{\left(n+\frac{1}{2}\right)^2 + (\beta/2\pi)^2 E_{\bm{k}}^2} \tag{11.76}$$

となる．ここに現れている和は公式

$$\sum_{n=-\infty}^{\infty} \frac{1}{\left(n+\frac{1}{2}\right)^2 + z^2} = \frac{\pi}{z}\tanh \pi z \tag{11.77}$$

を用いて実行され，

$$\frac{1}{V}\frac{\partial \Omega}{\partial E_{\bm{k}}} = -\tanh\frac{\beta E_{\bm{k}}}{2} \tag{11.78}$$

となる．これを積分して

$$\frac{\Omega_{\bm{k}}}{V} = -\frac{1}{\beta}\ln\cosh\frac{\beta E_{\bm{k}}}{2} = -\frac{1}{2}E_{\bm{k}} - \frac{1}{\beta}\ln\left(1+e^{-\beta E_{\bm{k}}}\right) \tag{11.79}$$

を得る．第1項の値 $(-E_{\bm{k}}/2)$ はゼロ点のエネルギーである．励起モードからの寄与は

$$Z_\beta^{\text{free}} = \exp\left[\sum_{\bm{k}} \ln\left(1+e^{-\beta E_{\bm{k}}}\right)\right] = \prod_{\bm{k}}\left(1+e^{-\beta E_{\bm{k}}}\right) \tag{11.80}$$

である．これはよく知られたフェルミオンの分配関数である．体積 V が十分大きい格子間隔 a の系に対して，運動量の和を積分に変えて，

$$Z_\beta^{\text{free}} = \exp\left[V\int_{-\pi/a}^{\pi/a}\frac{d^3k}{(2\pi/a)^3}\ln\left(1+e^{-\beta E_{\bm{k}}}\right)\right] \tag{11.81}$$

となる．

研究課題：実際に汎関数積分 (11.68) を実行して公式 (11.69) を導け．

解説： 固有値方程式

$$M^{\pm}(\tau,\bm{x})\psi_n^{\pm}(\tau,\bm{x}) = m_n^{\pm}(\bm{k})\psi_n^{\pm}(\tau,\bm{x}) \tag{11.82}$$

の固有値と固有関数が求まったとすれば，任意のグラスマン場は

$$\psi(\tau,\bm{x}) = \sum_{n;\bm{k}} \lambda_{n;\bm{k}}^{\pm} \psi_n^{\pm}(\tau,\bm{x}) \tag{11.83}$$

と展開できる．分配関数は

$$Z_\beta^{\text{free}} = \prod_{n;\bm{k}} \int d\lambda_{n;\bm{k}}^{\pm *} d\lambda_{n;\bm{k}}^{\pm}\, e^{-m_n^{\pm}(\bm{k})\lambda_{n;\bm{k}}^{\pm *}\lambda_{n;\bm{k}}^{\pm}} \tag{11.84}$$

というグラスマン数に関する積分に帰着する．指数を展開して積分は実行できる．

$$Z_\beta^{\text{free}} = \prod_{n;\boldsymbol{k}} m_n^\pm(\boldsymbol{k}) \equiv \det M^\pm. \tag{11.85}$$

これは公式 (11.69) である.

12 有効作用と古典場

有効作用は古典場の関数である．この古典場が系の秩序パラメーターになることがしばしばある．有効作用で微分展開を行い，2次の微分まで採ったのがギンズブルグ–ランダウ模型である．応用として，量子効果でダイナミカルに起こる対称性の自発的破れや高温での対称性の回復を議論する．また，BCS超伝導の有効理論を導く．

12.1 有効ラグランジアン

連結グリーン関数の生成汎関数 $W(J)$ にルジャンドル変換を行い有効作用とよばれる生成汎関数 $\Gamma(\phi_{\rm cl})$ を (7.58) で導入した．古典場 $\phi_{\rm cl}(x)$ は (7.57) で定義したように

$$\phi_{\rm cl}(x) = \frac{\delta W(J)}{\delta J(x)} \tag{12.1}$$

であり，その逆関数は (7.59) で与えたように，

$$\frac{\delta \Gamma(\phi_{\rm cl})}{\delta \phi_{\rm cl}(x)} = -J(x) \tag{12.2}$$

である．

有効作用 $\Gamma(\phi_{\rm cl})$ の有用さはその微分展開を行うとよくわかる．まず，絶対温度ゼロでの相対論的不変な理論を扱う．相対論的不変なら微分展開は次のような形に限定される．

$$\Gamma(\phi_{\rm cl}) = \int d^4x \left[-V_{\rm eff}(\phi_{\rm cl}) - \frac{1}{2} Z(\phi_{\rm cl}) \partial_\mu \phi_{\rm cl} \partial^\mu \phi_{\rm cl} + \cdots \right] \equiv \int d^4x \, \mathcal{L}_{\rm eff}(\phi_{\rm cl}). \tag{12.3}$$

ここに，$\mathcal{L}_{\rm eff}(\phi_{\rm cl})$ を有効ラグランジアン，$V_{\rm eff}(\phi_{\rm cl})$ を有効ポテンシャルという．

12.1 有効ラグランジアン

具体的な模型に対する計算は 12.2 節で行い，ここでは一般論を述べる.

式 (12.2) で $J(x) = 0$ とおけば，方程式

$$\frac{\delta \Gamma(\phi_{\rm cl})}{\delta \phi_{\rm cl}(x)} = 0 \tag{12.4}$$

を得るが，これは量子効果を含むオイラー–ラグランジュ方程式と見なせる. さて，基底状態は平行移動不変性をもつから，期待値

$$\phi_0 = \langle 0|\phi(x)|0\rangle = \lim_{J \to 0} \frac{\delta W(J)}{\delta J(x)} \tag{12.5}$$

は定数である. 期待値 ϕ_0 は量子効果を取り入れた古典的真空といえる. よって，基底状態に対して $\Gamma(\phi_0) = -\int d^4x\, V_{\rm eff}(\phi_0)$ であり，(12.4) から

$$\frac{\delta V_{\rm eff}(\phi_0)}{\delta \phi_0} = 0 \tag{12.6}$$

を得る. すなわち，量子効果を取り入れた有効理論における基底状態は有効ポテンシャルを極小化して求まる.

十分に滑らかな場の配位に対しては，有効ラグランジアンの中で高次の微分項を無視してよいだろう. さらに，有効ポテンシャルを古典的真空 ϕ_0 の周りでテーラー展開し 2 次までとることはよい近似である. このような近似ラグランジアンをギンズブルグ–ランダウ模型という.

この近似では微分項の係数 $Z(\phi_{\rm cl})$ は定数 $Z(\phi_0)$ で置き換えてもよいので，場 $\phi_{\rm cl}(x)$ をスケールし直すことで消去できる. 次の 2 つの可能性があることがわかる.

$\phi_0 = 0$ の場合： $\mathcal{L}_{\rm GL} = -\dfrac{1}{2}[\partial^\mu \phi_{\rm cl}(x)][\partial_\mu \phi_{\rm cl}(x)] - \dfrac{m^2 c^2}{2\hbar^2}\phi_{\rm cl}^2(x),$
$\hspace{24em}(12.7{\rm a})$

$\phi_0 \neq 0$ の場合： $\mathcal{L}_{\rm GL} = -\dfrac{1}{2}[\partial^\mu \phi_{\rm cl}(x)][\partial_\mu \phi_{\rm cl}(x)] - \dfrac{g}{4}\left(\phi_{\rm cl}^2(x) - \phi_0^2\right)^2.$
$\hspace{24em}(12.7{\rm b})$

具体的な例は 12.4 節と 12.3 節で与える. 古典的真空 ϕ_0 は系の秩序パラメーターになっている.

非相対論的複素場にもガリレオ不変性を用いて同様な議論は適用される. 対称性が自発的に破れているなら，$\phi_0 \neq 0$ であり，ギンズブルグ–ランダウ模型として

$$\mathcal{L}_{\mathrm{GL}} = i\hbar \phi^\dagger(x) \frac{\partial}{\partial t}\phi(x) - \frac{\hbar^2}{2M(\phi_0)} \nabla \phi_{\mathrm{cl}}^\dagger(x) \nabla \phi_{\mathrm{cl}}(x) - \frac{g}{4}\left(|\phi_{\mathrm{cl}}(x)|^2 - {\phi_0}^2\right)^2 \tag{12.8}$$

を得る．クーパー対 (5.109) のボース凝縮による BCS 超伝導に対しては 12.5 節で議論する．上記の議論では，$M(\phi_0) > 0$ と仮定している．もしもそうでないなら，より高次の微分項を取り入れる必要がある．項 $\left(\nabla \phi^\dagger(x) \nabla \phi(x)\right)^2$ まで考慮した模型をリフシッツ (Lifshitz) 模型という．

12.2 半古典近似

生成汎関数は汎関数積分法によれば
$$Z(J) = \int \mathcal{D}\phi(x) \exp\left[\frac{i}{\hbar} \int dt \int d^3x\, \mathcal{L}_J(\phi)\right] \tag{12.9}$$
で与えられる．この汎関数を鞍点法を用いて近似する．係数に現れる $\hbar$ が重要な役割をするので，虚数時間形式には (11.1) ではなく，
$$t = -i\tau \tag{12.10}$$
を用いることにする．以下，$\int d^4x \equiv \int d\tau \int d^3x$, $\partial^\mu \partial_\mu \equiv \partial_\tau \partial_\tau + \boldsymbol{\nabla}^2$，などと略記する．生成汎関数は
$$Z(J) = \int \mathcal{D}\phi(x) \exp\left[\frac{1}{\hbar} \int d^4x\, \mathcal{L}_J(\phi)\right] \tag{12.11}$$
である．係数に現れる $\hbar$ 以外に関しては自然単位系を用いる．

外場 $J(x)$ を導入した相対論的スカラー模型
$$\mathcal{L}_J = -\frac{1}{2}(\partial^\mu \phi)(\partial_\mu \phi) - V(\phi) + J\phi \tag{12.12}$$
を用いて有効ラグランジアンを導く．オイラー–ラグランジュ方程式は
$$\partial^\mu \partial_\mu \phi(x) - \frac{\partial V(\phi)}{\partial \phi(x)} + J(x) = 0 \tag{12.13}$$
であるが，これは汎関数積分 (12.11) の停留点条件から導かれる．この方程式の解を $\phi_{\mathrm{cl}}^0(x)$ とする．

場 $\phi(x)$ から古典場 $\phi_{\mathrm{cl}}^0(x)$ の周りの小さな揺らぎ変数 $\eta(x)$ に $\phi = \phi_{\mathrm{cl}}^0 + \sqrt{\hbar}\eta$ によって積分変数の変換する．これを (12.12) に代入して，
$$\mathcal{L}_J(\phi) = \mathcal{L}(\phi_{\mathrm{cl}}^0) + J\phi_{\mathrm{cl}}^0 - \frac{\hbar}{2}(\partial^\mu \eta)(\partial_\mu \eta) - \frac{\hbar}{2} V''(\phi_{\mathrm{cl}}^0)\eta^2 + O(\hbar^{3/2}\eta^3) \tag{12.14}$$
を得る．ここに

$$V''(\phi_{\text{cl}}^0) = \left.\frac{\partial^2 V(\phi)}{\partial \phi^2}\right|_{\phi_{\text{cl}}^0} \tag{12.15}$$

である.変数 η の線形項はオイラー–ラグランジュ方程式 (12.13) によって消去されている.古典近似 ($\hbar \to 0$) で有効ラグランジアン $L_{\text{eff}}(\phi_{\text{cl}})$ は古典的ラグランジアン $L(\phi_{\text{cl}})$ に帰着する.場 $\eta(x)$ の量子揺らぎを計算し,オーダー $\hbar$ までの量子効果を取り入れることを半古典的近似あるいは **WKB** 近似という.

ダイナミカルな変数は場 $\eta(x)$ である.場 $\eta(x)$ の古典的作用を

$$S(\eta) = -\frac{\hbar}{2}\int d^4x\,[(\partial^\mu \eta)(\partial_\mu \eta) + V''(\phi_{\text{cl}}^0)\eta^2] \tag{12.16}$$

として,生成汎関数は

$$Z(J) = \exp\left[\frac{1}{\hbar}\int d^4x\,[\mathcal{L}(\phi_{\text{cl}}^0) + J\phi_{\text{cl}}^0]\right]\int \mathcal{D}\eta \exp\left[\frac{1}{\hbar}S(\eta)\right] \tag{12.17}$$

となる.計算すべき汎関数は,微分演算子

$$M(x) = -\partial^\mu \partial_\mu + V''(\phi_{\text{cl}}^0) \tag{12.18}$$

を用いて

$$Z_\beta^{\text{free}} \equiv \int \mathcal{D}\eta \exp\left[\frac{1}{\hbar}S(\eta)\right] = \int \mathcal{D}\eta \exp\left[-\frac{1}{2}\int d^4x\,\eta(x)M(x)\eta(x)\right] \tag{12.19}$$

である.

この汎関数積分は有限温度 β の場合には 11.3 節で解析した (11.43) に他ならない.その結果は (11.50) で与えられる.本節では絶対温度ゼロの場合を考察する.有限温度での解析は 12.4 節で行う.

有限温度のフーリエ級数と絶対温度ゼロでのフーリエ変換を比較して,(11.12) という対応がある.また,十分大きな空間を考え,対応 (10.6) を用いる.その結果,有限温度での公式 (11.50) から絶対温度ゼロでの汎関数積分の公式

$$\text{Tr}\ln M = \frac{\beta V}{(2\pi)^4}\int dk_0 d^3k\,\ln[k_0^2 + \boldsymbol{k}^2 + V''(\phi_{\text{cl}}^0)] \tag{12.20}$$

が求まる.ただし,$\lim_{\beta\to\infty, V\to\infty}\beta V = \int d^4x$ である.

これを (12.17) に代入し,オーダー $\hbar$ まで正確な

$$W(J) = \int d^4x\left[\mathcal{L}_J(\phi_{\text{cl}}^0) + J\phi_{\text{cl}}^0 - \frac{\hbar}{2}\int \frac{d^4k}{(2\pi)^4}\ln[k^2 + V''(\phi_{\text{cl}}^0)]\right] \tag{12.21}$$

という結果を得る.生成汎関数 $W(J)$ のルジャンドル変換 (7.58) は単に $W(J)$ の中の $J\phi_{\text{cl}}$ を消去するだけである.$\phi = \phi_{\text{cl}}^0 + \hbar^{1/2}\eta$ だから,半古典的近似で

は $\phi_{\rm cl}^0$ を $\phi_{\rm cl}$ に置き換えてよい．したがって，有効作用は
$$S_{\rm eff}(\phi_{\rm cl}) = S(\phi_{\rm cl}) - \frac{\hbar}{2}{\rm Tr}\ln M(\phi_{\rm cl}) + O(\hbar^2) \tag{12.22}$$
と求まる．ポテンシャルへの量子補正は
$$\delta V(\phi_{\rm cl}) \equiv \frac{\hbar}{2}\int \frac{d^4k}{(2\pi)^4}\ln[k^2 + V''(\phi_{\rm cl})] \tag{12.23}$$
である．

我々は $\delta V(\phi_{\rm cl})$ がどのように古典場 $\phi_{\rm cl}$ に依存しているかに関心がある．量子補正 (12.23) に現れる積分は発散している．そこで，$\alpha \equiv V''(\phi_{\rm cl})$ とおき，δV を α に関して何回か微分して，その結果が有限になるようにする．有限になるのは 3 回の微分の後であり，その結果は
$$\frac{\partial^3(\delta V)}{\partial\alpha^3} = \hbar\int\frac{d^4k}{(2\pi)^4}\left(\bm{k}^2+\alpha\right)^{-3} = \hbar\int\frac{2\pi^2 k^3 dk}{(2\pi)^4}\left(\bm{k}^2+\alpha\right)^{-3} = \frac{\hbar}{32\pi^2\alpha} \tag{12.24}$$
である．これを α に関して積分する．3 回積分すれば，A, B, C を積分定数として，
$$\delta V(\phi_{\rm cl}) = \frac{\hbar\alpha^2\ln\alpha}{64\pi^2} + A + B\alpha + C\alpha^2 \tag{12.25}$$
を得る．積分定数は発散している．そこで同じ形の相殺項を加え，相殺後のパラメーター A, B, C を有限な定数と見なす．次に繰り込み条件を課して A, B, C を決める．具体的な手続きは 12.3 節で議論する．

有効ポテンシャル $V_{\rm eff}(\phi_{\rm cl}) = V(\phi_{\rm cl}) + \delta V(\phi_{\rm cl})$ は
$$V_{\rm eff}(\phi_{\rm cl}) = V(\phi_{\rm cl}) + \frac{\hbar\left(V''(\phi_{\rm cl})\right)^2\ln V''(\phi_{\rm cl})}{64\pi^2} + A + BV''(\phi_{\rm cl}) + C\left(V''(\phi_{\rm cl})\right)^2 \tag{12.26}$$
で与えられる．オーダー $\hbar$ の運動エネルギー項への量子補正は無視する．こうして求まった有効ラグランジアンは
$$\mathcal{L}_{\rm eff}(\phi) = -\frac{1}{2}(\partial^\mu\phi_{\rm cl})(\partial_\mu\phi_{\rm cl}) - V_{\rm eff}(\phi_{\rm cl}) \tag{12.27}$$
である．有効ポテンシャルが元のポテンシャルと質的に異なっていれば，量子補正項は新しい現象を引き起こすことになる．具体例は 12.3 節で示す．

研究課題：接触相互作用するスカラー場模型を用いて，古典的作用への量子補正 **(12.23)** をファインマン図形の観点から解釈せよ．

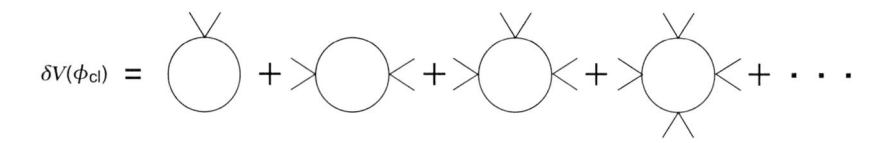

図 12.1 有効ポテンシャルの 1 ループ近似

解説：作用の定数部分には物理的意味がないので，$\text{Tr}\ln M(\phi_0)$ を $\text{Tr}\ln M(\phi_0)/M(0)$ で置き換えてもよい．すなわち，ポテンシャルの補正項として，(12.23) の代わりに

$$\delta V(\phi_{\text{cl}}) = \frac{\hbar}{2}\int\frac{d^4k}{(2\pi)^4}\ln\left[\frac{k^2+V''(\phi_{\text{cl}})}{k^2+V''(0)}\right] \tag{12.28}$$

を解析してもよい．ポテンシャルが $V = m^2\phi^2/2 + \lambda\phi^4/4!$ で与えられる模型では，$V''(0) = m^2$ であるから，

$$\Delta_{\text{F}}^0(k) \equiv -\frac{1}{k^2+V''(0)} = -\frac{1}{k^2+m^2} \tag{12.29}$$

は質量 m のスカラー粒子の伝播関数である．また，

$$\frac{k^2+V''(\phi_{\text{cl}})}{k^2+V''(0)} = 1 + \frac{V''(\phi_{\text{cl}})-V''(0)}{k^2+V''(0)} = 1 - \frac{\lambda}{2}\Delta_{\text{F}}^0(k)\phi_{\text{cl}}^2 \tag{12.30}$$

である．ここで，$\ln(1-x) = x + x^2/2 + x^3/3 + \cdots$ を用いて対数を展開し，

$$\delta V(\phi_{\text{cl}}) = \hbar\sum_{n=1}^{\infty}\frac{1}{2n}\int\frac{d^4k}{(2\pi)^4}\left[\frac{\lambda}{2}\Delta_{\text{F}}^0(k)\phi_{\text{cl}}^2\right]^n \tag{12.31}$$

を得る．これは，図 12.1 に示すように，摂動の 1 ループ展開でのファインマン図形を与える．第 1 項は 1 つの伝播関数と 1 つの頂点からなる．一般に，第 n 項は n 個の伝播関数と n 個の頂点からなる．展開公式 (12.31) に現れる対称化因子 $1/2n$ は n 重の巡回対称性と円周を周回する 2 つの方向の対称性を表す．荷電粒子が伝播するなら線分の方向が区別されるので因子 $1/2$ は現れない．

12.3 コールマン–ワインバーグ模型

次のスカラー模型を具体的に解析する．

$$\mathcal{L}(\phi) = -\frac{1}{2}(\partial^\mu\phi)(\partial_\mu\phi) + \frac{\gamma}{2}\phi^2(x) - \frac{g}{4!}\phi^4(x). \tag{12.32}$$

これは 4.2 節で議論したように，$\gamma > 0$ のとき，対称性の自発的破れを示す最も単純な模型である．有限温度でこの系の対称性が回復するという現象を 12.4

節で議論する．一方，$\gamma = 0$ なら，反発力のある質量ゼロの系を記述しており，特に興味ある系ではないように思われる．しかし，量子補正を取り入れると全く異なった様相を示す．

ポテンシャルの古典場に関する 2 回微分は $V''(\phi_{\rm cl}) = -\gamma + g\phi_{\rm cl}^2/2$ である．これを有効ポテンシャル (12.26) に代入して，

$$V_{\rm eff}(\phi_{\rm cl}) = -\frac{\gamma}{2}\phi_{\rm cl}^2 + \frac{g}{4!}\phi_{\rm cl}^4 + \frac{\hbar\left(-\gamma + g\phi_{\rm cl}^2/2\right)^2 \ln\left(-\gamma + g\phi_{\rm cl}^2/2\right)}{64\pi^2}$$
$$+ A + B\left(-\gamma + g\phi_{\rm cl}^2/2\right) + C\left(-\gamma + g\phi_{\rm cl}^2/2\right)^2 \quad (12.33)$$

を得る．有効ポテンシャルは，繰り込み点で元のラグランジアン (12.32) のポテンシャルと同じ形になるように量子補正項を繰り込む．すなわち，積分定数 A, B, C は繰り込み条件

$$V_{\rm eff}(\phi_{\rm cl})|_{\phi_{\rm cl}=0} = 0, \qquad \left.\frac{\delta^2 V_{\rm eff}(\phi_{\rm cl})}{\delta^2 \phi_{\rm cl}}\right|_{\phi_{\rm cl}=0} = -\gamma,$$

$$\left.\frac{\delta^4 V_{\rm eff}(\phi_{\rm cl})}{\delta \phi_{\rm cl}^4}\right|_{\phi_{\rm cl}=M} = g \quad (12.34)$$

から決定される．最後の式で，$\phi_{\rm cl} = 0$ とおくと発散することに注意せよ．発散するので，$\phi_{\rm cl} = 0$ は繰り込み点にとることはできないので，任意に選んだ繰り込み点 M で条件を付けた．繰り込み条件から決まった積分定数を (12.33) に代入して，

$$V_{\rm eff}(\phi_{\rm cl}) = -\frac{\hbar\gamma^2}{64\pi^2}\ln\left(\frac{-\gamma + g\phi_{\rm cl}^2/2}{-\gamma}\right)$$
$$- \frac{\gamma\phi_{\rm cl}^2}{2}\left[1 + \frac{\hbar g}{64\pi^2}\left(1 - \ln\frac{-\gamma + g\phi_{\rm cl}^2/2}{-\gamma}\right)\right]$$
$$+ \frac{g\phi_{\rm cl}^4}{4!}\left[1 - \frac{9\hbar g}{64\pi^2} - \frac{\hbar g^2(-3\gamma + gM^2)M^2}{16\pi^2(-\gamma + gM^2/2)^2}\right.$$
$$\left. + \frac{3\hbar g}{32\pi^2}\ln\left(\frac{-\gamma + g\phi_{\rm cl}^2/2}{-\gamma + gM^2/2}\right)\right] \quad (12.35)$$

を得る．

量子補正項はオーダー $\hbar$ の項であり，$\gamma \neq 0$ なら，無視してもよい．しかし，元のラグランジアン (12.35) で $\gamma = 0$ とした模型には量子補正項により興味ある現象が実現する．この模型をコールマン–ワインバーグ (Coleman–Weinberg) 模型という．有効ポテンシャル (12.35) は，$\gamma = 0$ だと，

$$V_{\text{eff}}(\phi_{\text{cl}}) = \frac{g}{4!}\phi_{\text{cl}}^4 + \frac{\hbar g^2}{256\pi^2}\phi_{\text{cl}}^4\left(\ln\frac{\phi_{\text{cl}}^2}{M^2} - \frac{25}{6}\right) \tag{12.36}$$

となる．最低次の近似で，古典的真空 $\phi_{\text{cl}} = \phi_0$ は

$$\frac{\delta V_{\text{eff}}(\phi_{\text{cl}})}{\delta \phi_{\text{cl}}} = \frac{g}{3}\phi_{\text{cl}}^3\left[1 + \frac{3\hbar g}{32\pi^2}\ln\frac{\phi_{\text{cl}}^2}{M^2}\right] = 0 \tag{12.37}$$

の解で，有効ポテンシャルを最小化するものであり，

$$\phi_0^2 = M^2 \exp\left[-\frac{32\pi^2}{3\hbar g}\right] \tag{12.38}$$

で与えられる．したがって，基底状態で $\phi_0 \neq 0$ であり，対称性は自発的に破れる．オーダー $\hbar$ の量子補正が基底状態の性質を本質的に変更している．量子補正で自発的破れが実現しているので，これを対称性のダイナミカルな破れという．

> 研究課題：期待値 **(12.38)** が繰り込み点 M の値によらないことを示せ．

解説：期待値 (12.38) は M と g の値に依存しているように見える．しかし，これらは繰り込み条件 (12.34) で関係している．別の繰り込み点 M' で繰り込み条件をつけると，

$$g' = \left.\frac{\delta^4 V_{\text{eff}}(\phi_{\text{cl}})}{\delta \phi_{\text{cl}}^4}\right|_{\phi_{\text{cl}}=M'} = g + \frac{3\hbar g^2}{32\pi^2}\ln\frac{M'^2}{M^2} \tag{12.39}$$

となる．左辺は，有効ポテンシャル (12.36) を用いて計算した結果である．この関係式から

$$\phi_0^2 = M^2 \exp\left[-\frac{32\pi^2}{3\hbar g}\right] = M'^2 \exp\left[-\frac{32\pi^2}{3\hbar g'}\right] \tag{12.40}$$

となる．したがって，期待値 (12.38) は実際には M と g 値に依存していない．

12.4 有限温度での対称性の回復

再びヒッグス・ポテンシャル

$$V(\phi) = -\frac{\gamma}{2}\phi^2(x) + \frac{g}{4!}\phi^4(x) \tag{12.41}$$

をもつスカラー模型を考察する．本節では，$\gamma > 0$ とし，絶対温度ゼロで起こっている対称性の自発的破れが高温でも存在し続けるか，という問題を解析する．有限温度において必要な計算は 11.3 節で実行している．作用への量子補正は

である.ここで,$E_{\boldsymbol{k}}^2 = \boldsymbol{k}^2 + V''(\phi_{\rm cl})$ とおいて (11.50) を代入し,(10.6) を用いて十分大きな体積に移行する.有効ポテンシャルへの量子補正として,

$$\delta S = -\frac{1}{2}\mathrm{Tr}\ln M = -\frac{1}{2\beta V}\int_0^\beta d\beta' \int d^3x\, \mathrm{Tr}\ln M \equiv -\int_0^\beta d\beta' \int d^3x\, \delta V_\beta \tag{12.42}$$

$$\delta V_\beta = \frac{\hbar}{2\beta}\int \frac{d^3k}{(2\pi)^3}\sum_n \ln\left[\left(\frac{2\pi n}{\beta}\right)^2 + \boldsymbol{k}^2 + V''(\phi_{\rm cl})\right] \tag{12.43}$$

という表式を得る.和 $\sum_n$ を実行して,(11.55) より

$$\delta V_\beta = \hbar \int \frac{d^3k}{(2\pi)^3}\left[\frac{1}{2}\sqrt{\boldsymbol{k}^2 + V''(\phi_{\rm cl})} + \frac{1}{\beta}\ln\left(1 - e^{-\beta\sqrt{\boldsymbol{k}^2 + V''(\phi_{\rm cl})}}\right)\right] \tag{12.44}$$

となる.第2項は絶対温度ゼロ ($\beta \to \infty$) でゼロになる.第1項はすでに考察した絶対温度ゼロでの量子補正 (12.23) である.いま,$\gamma \neq 0$ としているので,第1項によるオーダー $\hbar$ の量子補正は無視する.

第2項で積分変数を $k \to k/\beta$ と変換して,

$$\delta V_\beta^{(2)} = \frac{\hbar}{\beta^4}\int \frac{d^3k}{(2\pi)^3}\ln\left(1 - e^{-\sqrt{\boldsymbol{k}^2 + \beta^2 V''(\phi_{\rm cl})}}\right) \tag{12.45}$$

と書き直す.この有効ポテンシャルの高温展開,すなわち,$\beta^2 V''(\phi_{\rm cl}) = 0$ の周りでの展開を行い,

$$\delta V_\beta^{(2)} = \frac{\hbar}{\beta^4}\int \frac{d^3k}{(2\pi)^3}\ln\left(1 - e^{-\sqrt{\boldsymbol{k}^2}}\right) + \frac{\hbar}{24\beta^2}V''(\phi_{\rm cl}) + \cdots \tag{12.46}$$

を得る (直後の研究課題参照).

有効ポテンシャルは (12.41) と (12.46) を加えたものである.オーダー $\hbar$ までの近似では,古典的ポテンシャルとして (12.35) を使ってよい.また,場 $\phi_{\rm cl}$ に依存しない項を無視して,有効ポテンシャルは

$$\begin{aligned}V_{\rm eff}(\phi_{\rm cl}) &= -\frac{\gamma}{2}\phi_{\rm cl}^2 + \frac{g}{4!}\phi_{\rm cl}^4 + \frac{\hbar}{24\beta^2}V''(\phi_{\rm cl}) \\ &= \left(\frac{\hbar g}{48\beta^2} - \frac{\gamma}{2}\right)\phi_{\rm cl}^2 + \frac{g}{4!}\phi_{\rm cl}^4\end{aligned} \tag{12.47}$$

となる.古典的真空 $\phi_{\rm cl} = \phi_0$ は

$$\frac{\delta V_{\rm eff}(\phi_{\rm cl})}{\delta \phi_{\rm cl}} = \left(\frac{\hbar g}{24\beta^2} - \gamma\right)\phi_{\rm cl} + \frac{g}{6}\phi_{\rm cl}^3 = 0 \tag{12.48}$$

の解で,有効ポテンシャルを最小化するものであり,

$\beta^2 > \dfrac{\hbar g}{24\gamma}$ の場合は $\quad \phi_0 = \sqrt{\dfrac{6}{g}\left(\gamma - \dfrac{\hbar g}{24\beta^2}\right)} \neq 0,$ (12.49)

$\beta^2 < \dfrac{\hbar g}{24\gamma}$ の場合は $\quad \phi_0 = 0$ (12.50)

で与えられる．ゆえに，臨界点 $\beta_{\mathrm{cr}} = \sqrt{\hbar g/24\gamma}$ で相転移が起こる．低温側では対称性は自発的に破れるが，高温側では対称性は回復する．高温では熱揺らぎが大きくなり，ボース凝縮が解けた，と解釈できる．

ギンズブルグ–ランダウ模型として
$$\mathcal{L}^{\mathrm{eff}} = -\frac{1}{2}(\partial^\mu \phi_{\mathrm{cl}})(\partial_\mu \phi_{\mathrm{cl}}) + \frac{1}{2}\left(\gamma - \frac{\hbar g}{24\beta^2}\right)\phi_{\mathrm{cl}}^2 - \frac{g}{4!}\phi_{\mathrm{cl}}^4 \quad (12.51)$$
を導いたことになる．基底状態は，臨界温度を $T_c = \sqrt{4\gamma/\hbar g}/k_{\mathrm{B}}$ として，
$$\phi_0 = \langle 0|\phi(x)|0\rangle \begin{cases} \neq 0 & (T < T_c \text{に対して}) \\ = 0 & (T > T_c \text{に対して}) \end{cases} \quad (12.52)$$
で与えられる．

研究課題：展開式 (12.46) を導け．

解説： $x = \beta^2 V''(\phi_{\mathrm{cl}})$ とおいて，関数
$$f(x) = \int \frac{d^3 k}{(2\pi)^3} \ln\left(1 - e^{-\sqrt{\boldsymbol{k}^2 + x}}\right) \quad (12.53)$$
を導入する．高温展開は $x = 0$ でのテーラー展開である．
$$f(x) = f(0) + \left.\frac{\partial f(x)}{\partial x}\right|_{x=0} x + \cdots. \quad (12.54)$$
ここで，
$$\left.\frac{\partial f(x)}{\partial x}\right|_{x=0} = \frac{1}{2}\int \frac{d^3 k}{(2\pi)^3}\frac{1}{|\boldsymbol{k}|}\frac{e^{-|\boldsymbol{k}|}}{1 - e^{-|\boldsymbol{k}|}}$$
$$= \frac{1}{4\pi^2}\int_0^\infty dk\, \frac{k e^{-k}}{1 - e^{-k}} = \frac{1}{4\pi^2}\sum_{n=1}^\infty \frac{1}{n^2} = \frac{1}{24} \quad (12.55)$$
である．ゆえに，展開式として (12.46) を得る．

12.5 BCS 超伝導

5.6 節でギンズブルグ–ランダウ模型に基づき，クーパー対がボース凝縮すれば超伝導が実現することを説明した．本節では，有効作用の方法を用いて微視

的ハミルトニアンからギンズブルグ–ランダウ模型を導出する[*1]．

10.3 節で議論したように，フォノン交換により電子間には引力が発生する．この引力は (10.69) で示したように，フェルミ面近傍の電子のみを考慮して，接触相互作用で近似できる．ゆえに，ハミルトニアンとして (5.108) を採用する．

$$\mathcal{H} = \frac{\hbar^2}{2m}\boldsymbol{\nabla}\psi_\uparrow^\dagger(x)\boldsymbol{\nabla}\psi_\uparrow(x) + \frac{\hbar^2}{2m}\boldsymbol{\nabla}\psi_\downarrow^\dagger(x)\boldsymbol{\nabla}\psi_\downarrow(x) \\ - g\psi_\downarrow^\dagger(x)\psi_\uparrow^\dagger(x)\psi_\uparrow(x)\psi_\downarrow(x). \tag{12.56}$$

引力に対してパラメーターは $g > 0$ である．クーパー対を記述するボース場は

$$\phi(x) = g\psi_\uparrow(x)\psi_\downarrow(x) \tag{12.57}$$

である．ダイナミカルな場を電子場 $\psi_\alpha(\boldsymbol{x})$ からクーパー対場 $\phi(\boldsymbol{x})$ に移行させたい．このために以下の処方を行う．まず，

$$\frac{1}{g}[\phi^\dagger(x) - g\psi_\downarrow^\dagger(x)\psi_\uparrow^\dagger(x)][\phi(x) - g\psi_\uparrow(x)\psi_\downarrow(x)] \tag{12.58}$$

という項をハミルトニアンに加える．この項は (12.57) が成立するならゼロである．新しいハミルトニアンは

$$\mathcal{H} = \frac{\hbar^2}{2m}\boldsymbol{\nabla}\psi_\uparrow^\dagger(x)\boldsymbol{\nabla}\psi_\uparrow(x) + \frac{\hbar^2}{2m}\boldsymbol{\nabla}\psi_\downarrow^\dagger(x)\boldsymbol{\nabla}\psi_\downarrow(x) \\ + \frac{1}{g}\phi^\dagger(x)\phi(x) - \phi^\dagger(x)\psi_\uparrow(x)\psi_\downarrow(x) - \psi_\downarrow^\dagger(x)\psi_\uparrow^\dagger(x)\phi(x) \tag{12.59}$$

となる．$\phi(x)$ に関するオイラー–ラグランジュ方程式を書き下すと，束縛条件 (12.57) が出てくるので，(12.59) は (12.56) に同値である．

汎関数積分法でこのことを確かめる．まず，汎関数積分

$$I \equiv \int D\phi D\phi^* \exp\left(-\frac{1}{g}\int d^4x\,[\phi^\dagger(x) - g\psi_\downarrow^\dagger(x)\psi_\uparrow^\dagger(x)][\phi(x) - g\psi_\uparrow(x)\psi_\downarrow(x)]\right) \tag{12.60}$$

を考察する．これは変数変換 $\phi(x) \to \phi(x) + g\psi_\uparrow(x)\psi_\downarrow(x)$ で $\psi_\uparrow(x)\psi_\downarrow(x)$ が消去されるから定数である．よって，これを生成汎関数の汎関数積分公式にかけても系を変更しない．ゆえに，ハミルトニアン (12.56) と (12.59) は同値である．

さて，クーパー対場 $\phi(x)$ に対して外部応答をみるために外場 $J(x)$ を加える．ハミルトニアン (12.59) に対するラグランジアンを $\mathcal{L}$ として，絶対温度ゼロで

[*1] 超伝導の微視的理論からの導出に関しては以下の参考書に詳しい．丹羽雅昭，超伝導の基礎 [第 2 版]，東京電機大学出版局 (2006)．ただし，本書とは異なる導出が紹介されている．

の生成汎関数は

$$Z(J) = \sum_n \int_{\phi=\phi_n}^{\phi=\phi_n} D\psi D\psi^* D\phi D\phi^*$$
$$\times \exp\left(\int d^4x \left\{\mathcal{L}(x) + J(x)\phi(x) + J^*(x)\phi^*(x)\right\}\right) \quad (12.61)$$

である．ここで，電子場 $\psi(x)$ に対して汎関数積分を行うことにより電子場を消去する．その結果，電子の量子効果を含んだクーパー対場 $\phi(x)$ の有効理論を導くことができる．

古典的作用は整理して，

$$S = \int d^4x \left(\psi_\uparrow^\dagger, \psi_\downarrow\right) M(x) \begin{pmatrix} \psi_\uparrow \\ \psi_\downarrow^\dagger \end{pmatrix} \quad (12.62)$$

とまとめられる．ここに演算子 $M(x)$ は，

$$M = \begin{pmatrix} \partial_\tau - \frac{\hbar^2 \boldsymbol{\nabla}^2}{2m} - \varepsilon_\mathrm{F} & \phi_0 \\ \phi_0^\dagger & \partial_\tau + \frac{\hbar^2 \boldsymbol{\nabla}^2}{2m} + \varepsilon_\mathrm{F} \end{pmatrix} \quad (12.63)$$

である．運動量空間で

$$\tilde{\varepsilon}_{\boldsymbol{k}} = \frac{\hbar^2 \boldsymbol{k}^2}{2m} - \varepsilon_\mathrm{F} \quad (12.64)$$

とおく．エネルギーの原点をフェルミ準位 ε_F にとった．ガウス積分を実行し，

$$\int_{\eta=0}^{\eta=0} D\psi\psi^* \exp\left[-\frac{1}{\hbar}S\right] = \exp\left[\int d^4x \int \frac{d^4k}{(2\pi)^4} \ln\left(k_0^2 + |\phi_0|^2 + \tilde{\varepsilon}_{\boldsymbol{k}}^2\right)\right] \quad (12.65)$$

を得る．したがって，有効ポテンシャルは

$$V(\phi_0) = \frac{1}{g}|\phi_0|^2 + \int \frac{d^4k}{(2\pi)^4} \ln\left(k_0^2 + |\phi_0|^2 + \tilde{\varepsilon}_{\boldsymbol{k}}^2\right) \quad (12.66)$$

である．

この積分はすでに 11.3 節で相対論的模型に対して解析した．しかし，本章では非相対論的模型を扱っているので，別の取り扱いが必要になる．まず，11.3 節ではすべての運動量をもつ粒子がダイナミカルであったが，今の場合，すべての電子がクーパー対をつくるわけではない．絶対温度ゼロではフェルミ面 ($E \equiv \tilde{\varepsilon}_{\boldsymbol{k}} = 0$) 近傍の電子のみが参与する．これを考慮するために，状態密度 $\rho_3(E)$ を導入して，

$$\frac{d^4k}{(2\pi)^4} = \frac{d^3k}{(2\pi)^3}\frac{dk_0}{2\pi} = \rho_3(E)dE\frac{dk_0}{2\pi} \simeq \rho_3(0)dE\frac{dk_0}{2\pi} \quad (12.67)$$

と近似する．有効ポテンシャルは

$$V(\phi_0) = \frac{1}{g}|\phi_0|^2 + \rho_3(0)\int dE \frac{dk_0}{2\pi}\ln\left(k_0^2 + |\phi_0|^2 + E^2\right) \tag{12.68}$$

となる．これは発散量なので，ϕ_0 で微分し，その後に k_0 積分を行い，

$$\begin{aligned}\frac{dV(\phi_0)}{d\phi_0} &= \frac{1}{g}\phi_0^* + \rho_3(0)\int dE\frac{dk_0}{2\pi}\frac{\phi_0^*}{k_0^2 + |\phi_0|^2 + E^2}\\ &= \frac{1}{g}\phi_0^* + \frac{1}{2}\rho_3(0)\int dE\frac{\phi_0^*}{\sqrt{E^2 + |\phi_0|^2}}\end{aligned} \tag{12.69}$$

を得る．

さて，クーパー対はフォノン媒介引力で結合した2つの電子であるが，フォノン振動数には最大値があり，これはデバイ振動数 ω_D で与えられる (式 (10.50) を参照)．したがって，エネルギー積分はデバイ振動数に対応するエネルギー ε_D の範囲内で行う．ゆえに，

$$\begin{aligned}\frac{dV(\phi_0)}{d\phi_0} &= \frac{1}{g}\phi_0^* + \frac{1}{2}\rho_3(0)\int_{-\varepsilon_D}^{\varepsilon_D}dE\frac{\phi_0^*}{\sqrt{E^2 + |\phi_0|^2}}\\ &= \frac{1}{g}\phi_0^* + \rho_3(0)\phi_0^*\sinh^{-1}\frac{\varepsilon_D}{|\phi_0|} \simeq \frac{1}{g}\phi_0^* + \frac{1}{2}\rho_3(0)\phi_0^*\ln\frac{\varepsilon_D^2}{|\phi_0|^2}\end{aligned} \tag{12.70}$$

と近似できる．これを積分し

$$V(\phi_0) = \frac{1}{g}|\phi_0|^2 + \frac{1}{2}\rho_3(0)\left(|\phi_0|^2\ln\frac{|\phi_0|^2}{\varepsilon_D^2} - |\phi_0|^2\right) \tag{12.71}$$

を得る．エネルギーの原点のとり方を決める積分定数はゼロと選んだ．基底状態は

$$\frac{dV(\phi_0)}{d\phi_0} = \frac{\phi_0^*}{g} + \rho_3(0)\phi_0^*\ln\frac{|\phi_0|}{\varepsilon_D} = 0 \tag{12.72}$$

の解で，有効ポテンシャルを最小化するものであり，

$$|\phi_0| = \varepsilon_D \exp\left(-\frac{1}{g\rho_3(0)}\right) \tag{12.73}$$

と求まる．$|\phi_0| \neq 0$ だから，ボース凝縮が起きている．有効ポテンシャルは (12.71) において，ϕ_0 を $\phi_{cl}(x)$ で置き換え，

$$V_{\text{eff}}(\phi_{cl}) = \frac{1}{g}|\phi_{cl}|^2 + \frac{1}{2}\rho_3(0)\left(|\phi_{cl}|^2\ln\frac{|\phi_{cl}|^2}{\varepsilon_D^2} - |\phi_{cl}|^2\right) \tag{12.74}$$

で与えられる．さらに，12.4節で行ったと同様に有限温度での解析を行えば，高温ではボース凝縮がほどけることがわかる．

クーパー対場 $\phi(x)$ の有効ポテンシャルは導けたが，有効ラグランジアンをつ

くるには運動エネルギー項が必要である．一般的な議論は難しいので，(12.62)において古典的真空上の位相配位

$$\phi(x) = \phi_0 e^{2i\theta(x)} \tag{12.75}$$

に対する運動エネルギーを解析する．このとき，古典的作用 (12.62) に現れる演算子として，(12.63) の代わりに

$$M = \begin{pmatrix} \partial_\tau - \frac{\hbar^2 \boldsymbol{\nabla}^2}{2m} - \varepsilon_{\mathrm{F}} & \phi_0 e^{2i\theta(x)} \\ \phi_0^\dagger e^{-2i\theta(x)} & \partial_\tau + \frac{\hbar^2 \boldsymbol{\nabla}^2}{2m} + \varepsilon_{\mathrm{F}} \end{pmatrix} \tag{12.76}$$

をとる必要がある．計算の簡略化のため，ユニタリー行列

$$U = \begin{pmatrix} e^{i\theta(x)} & 0 \\ 0 & e^{-i\theta(x)} \end{pmatrix} \tag{12.77}$$

を考え，

$$S = \int d^4 x \left(\psi_\uparrow^*, \psi_\downarrow\right) U U^{-1} M(x) U U^{-1} \begin{pmatrix} \psi_\uparrow \\ \psi_\downarrow^* \end{pmatrix} \tag{12.78}$$

のように恒等式 $UU^{-1} = 1$ を演算子 $M(x)$ の両側に入れる．ここに，

$$U^{-1} M(x) U$$
$$= \begin{pmatrix} \partial_\tau - i\partial_\tau \theta - \frac{\hbar^2(\boldsymbol{\nabla}+i\boldsymbol{\nabla}\theta)^2}{2m} - \varepsilon_{\mathrm{F}} & \phi_0 \\ \phi_0^* & \partial_\tau + i\partial_\tau \theta + \frac{\hbar^2(\boldsymbol{\nabla}-i\boldsymbol{\nabla}\theta)^2}{2m} + \varepsilon_{\mathrm{F}} \end{pmatrix} \tag{12.79}$$

である．

十分滑らかな配位を考え，微分展開し，$(\boldsymbol{\nabla}\pm i\boldsymbol{\nabla}\theta)^2 \simeq \boldsymbol{\nabla}^2 - (\boldsymbol{\nabla}\theta)^2$ と近似する．このとき，(12.79) は，(12.63) に現れるフェルミ準位を

$$\varepsilon_{\mathrm{F}} \to \varepsilon_{\mathrm{F}} + i\partial_\tau \theta - \frac{\hbar^2 (\boldsymbol{\nabla}\theta)^2}{2m} \tag{12.80}$$

と置き換えたものである．この置き換えで，有効作用は

$$S_{\mathrm{eff}}(\phi_0 e^{2i\theta}) \simeq S_{\mathrm{eff}}(\phi_0) + \int d^4 x \left(i\partial_\tau \theta - \frac{\hbar^2 (\boldsymbol{\nabla}\theta)^2}{2m}\right) \frac{\partial S_{\mathrm{eff}}}{\partial \varepsilon_{\mathrm{F}}} \tag{12.81}$$

と変化する．化学ポテンシャルとフェルミ準位は等しいので，$\rho \equiv -\partial S_{\mathrm{eff}}/\partial \varepsilon_{\mathrm{F}}$ は電子数である．したがって，場の配位 (12.75) に対して，有効ラグランジアンは

$$\mathcal{L}_{\mathrm{eff}}(\phi_0 e^{2i\theta}) \simeq -V_{\mathrm{eff}}(\phi_0) - \rho \left(i\partial_\tau \theta - \frac{\hbar^2 (\boldsymbol{\nabla}\theta)^2}{2m}\right) \tag{12.82}$$

と求まる．考えている配位は，$\phi(x) = \phi_0 e^{2i\theta(x)}$ だから，この式は

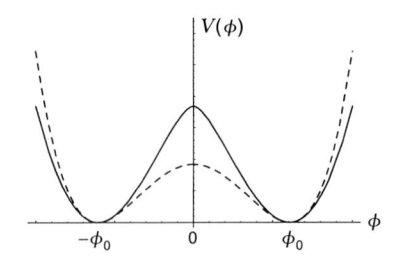

図 12.2 有効ポテンシャル V_eff とギンズブルグ–ランダウのポテンシャル V_GL

$$\mathcal{L}_\mathrm{eff}(\phi) \simeq -\frac{\rho}{2|\phi_0|^2}\phi^*(x)\partial_\tau \phi(x) - \frac{\hbar^2\rho}{2m|\phi_0|^2}\frac{1}{4}\left(\nabla\phi(x)\right)^2 - V_\mathrm{eff}(\phi) \quad (12.83)$$

と書き直せる.クーパー対場 $\phi(x)$ を

$$\Phi(x) = \sqrt{\frac{\rho}{2}}\frac{\phi(x)}{|\phi_0|} = \frac{g}{|\phi_0|}\sqrt{\frac{\rho}{2}}\psi_\uparrow(\boldsymbol{x})\psi_\downarrow(\boldsymbol{x}) \quad (12.84)$$

とスケールすれば,実時間で有効ラグランジアンは

$$\mathcal{L}_\mathrm{eff}(\phi) \simeq i\Phi^*(x)\partial_t \Phi(x) - \frac{\hbar^2}{2M}\left(\nabla\Phi(x)\right)^2 - V_\mathrm{eff}(\phi) \quad (12.85)$$

と求まる.ここに $M = 2m$ であるが,これはクーパー対が電子の 2 倍の質量をもつことを意味する.

> 研究課題:有効ポテンシャル $V_\mathrm{eff}[\Phi(x)]$ をテーラー展開して,**BCS 超伝導**に対するギンズブルグ–ランダウ模型を導け.

解説:古典的真空 ϕ_0 の周りで有効ポテンシャル (12.74) をテーラー展開し,展開の 2 次までとり,

$$V_\mathrm{GL}(\phi_\mathrm{cl}) = \frac{\rho_3(0)}{|\phi_0|^2}\left(|\phi_\mathrm{cl}|^2 - |\phi_0|^2\right)^2 \quad (12.86)$$

を得る.ここに,ϕ_0 は (12.73) で与えられる.図 12.2 でこのヒッグス・ポテンシャルと有効ポテンシャルを比較した.次に,(12.84) によってクーパー対場をスケールし,実時間でギンズブルグ–ランダウ模型

$$\mathcal{L}_\mathrm{GL}(\phi) \simeq i\Phi^*(x)\partial_t \Phi(x) - \frac{\hbar^2}{2M}\left(\nabla\Phi(x)\right)^2 - \lambda\left(|\Phi|^2 - \rho_\mathrm{C}\right)^2 \quad (12.87)$$

が導かれる.ここに,

$$\lambda = \frac{\rho_3(0)}{\rho_\mathrm{C}^2}\varepsilon_\mathrm{D}^2 \exp\left(-\frac{2}{g\rho_3(0)}\right) \quad (12.88)$$

である．また，$\rho_\mathrm{C} = \rho/2$ とおいたが，これはクーパー対密度が電子密度の半分であることを意味する．

A 付　　録

A.1　時間発展演算子

時間発展演算子 $U(t)$ は次式の解として定義される．
$$i\hbar \frac{d}{dt}U(t) = H(t)U(t). \tag{A.1}$$
初期条件は $U(0) = 1$ である．この解を求めよう．

微分方程式は差分方程式
$$\frac{U(t+\Delta t) - U(t)}{\Delta t} = -\frac{i}{\hbar}H(t)U(t) \tag{A.2}$$
で区間 Δt を無限小にした極限として定義されている．この式を変形して，
$$U(t+\Delta t)U^\dagger(t) = 1 - \frac{i}{\hbar}H(t)\Delta t \tag{A.3}$$
を得る．いま，新しい時間発展演算子
$$U(t, t') = U(t)U^\dagger(t') \tag{A.4}$$
を導入すれば，
$$U(t+\Delta t, t) = 1 - \frac{i}{\hbar}H(t)\Delta t = e^{-iH(t)\Delta t/\hbar} \tag{A.5}$$
である．等号はいずれも $\Delta t \to 0$ の極限で成立する．

時刻 $t = t_\mathrm{I}$ から時刻 $t = t_\mathrm{F}$ までの時間発展演算子 $U(t_\mathrm{F}, t_\mathrm{I})$ を構成するために，時間区間を N 等分して，$\Delta t = (t_\mathrm{F} - t_\mathrm{I})/N$ とおく．(A.5) を用いて，
$$\begin{aligned} U(t_\mathrm{F}, t_\mathrm{I}) &= \lim_{N\to\infty} U(t_N, t_{N-1})U(t_{N-1}, t_{N-2})\cdots U(t_1, t_0) \\ &= \lim_{N\to\infty} e^{-iH(t_{N-1})\Delta t/\hbar} e^{-iH(t_{N-2})\Delta t/\hbar} \cdots e^{-iH(t_0)\Delta t/\hbar} \end{aligned} \tag{A.6}$$
となる．ここに，$t_N = t_\mathrm{F}$，$t_0 = t_\mathrm{I}$ である．さて，$t_i \neq t_j$ なら，$H_\mathrm{I}(t_i)$ と $H_\mathrm{I}(t_j)$ は交換しないから指数関数をまとめることはできない．しかし，(A.6) で演算子は時間の順序に並んでいるから，時間順序積の中に入れてもよい．

$$U(t_\text{F}, t_\text{I}) = \lim_{N\to\infty} \mathcal{T}\left[e^{-iH(t_{N-1})\Delta t/\hbar}e^{-iH(t_{N-2})\Delta t/\hbar}\cdots e^{-iH(t_0)\Delta t/\hbar}\right]. \tag{A.7}$$

時間順序積の中では演算子は自由に交換してよいから，指数関数をまとめて，

$$\begin{aligned}U(t_\text{F}, t_\text{I}) &= \lim_{N\to\infty} \mathcal{T}\left[\exp\left(-\frac{i}{\hbar}\sum_{i=0}^{N} H(t_i)\Delta t\right)\right]\\ &= \mathcal{T}\left[\exp\left(-\frac{i}{\hbar}\int_{t_\text{I}}^{t_\text{F}} H(t)dt\right)\right]\end{aligned} \tag{A.8}$$

という結論を得る．

A.2　経路積分公式

量子力学系の時間発展を解析し，経路積分公式を導く．座標演算子 $\hat{q}$ および正準運動量 $\hat{p}$ を対角化した状態を導入する．

$$\hat{q}|q\rangle = q|q\rangle, \qquad \hat{p}|p\rangle = p|p\rangle. \tag{A.9}$$

初期状態 $|q_\text{I}\rangle$ から終状態 $|q_\text{F}\rangle$ への遷移確率 $\{q_\text{F}|q_\text{I}\} \equiv \langle q_\text{F}|U(t_\text{F}, t_\text{I})|q_\text{I}\rangle$ を計算しよう．

時間区間を N 等分した公式 (A.6) を用い，各時刻 t_s で状態 $|q_s\rangle$ の完全系

$$\int dq_s\, |q_s\rangle\langle q_s| = 1 \tag{A.10}$$

を挿入する．ここで，$\{q_{s+1}|q_s\} \equiv \langle q_{s+1}|U(t_{s+1}, t_s)|q_s\rangle$ とおけば，

$$\{q_\text{F}|q_\text{I}\} = \prod_{s=1}^{N-1}\int \frac{dq_s}{\sqrt{2\pi\hbar}}\{q_\text{F}|q_{N-1}\}\{q_{N-1}|q_{N-2}\}\cdots\{q_2|q_1\}\{q_1|q_\text{I}\} \tag{A.11}$$

と分解できる．

ハミルトニアンは座標 $\hat{q}$ と正準運動量 $\hat{p}$ との関数であるが，$\hat{p}$ が $\hat{q}$ の左側に来るように並び替えることは常に可能である．このようにしておけば，

$$\langle p_s|H(\hat{p},\hat{q})|q_s\rangle = \langle p_s|H(p_s, q_s)|q_s\rangle = H(p_s, q_s)\langle p_s|q_s\rangle \tag{A.12}$$

となる．量子論的ハミルトニアン $H(\hat{p}, \hat{q})$ が古典的ハミルトニアン $H(p_s, q_s)$ に代わっている点に留意されたい．したがって，状態 $|p_s\rangle$ の完全系を用い，

$$\{q_{s+1}|q_s\} = \langle q_{s+1}|e^{-iH(t_s)\Delta t/\hbar}|q_s\rangle = \int dp_s\, e^{-iH(p_s, q_s)\Delta t/\hbar}\langle q_{s+1}|p_s\rangle\langle p_s|q_s\rangle \tag{A.13}$$

と変形される．等号は $\Delta t \to 0$ の極限で成立する．

さて，$|p_s\rangle$ は平面波状態であるから，その座標表示は
$$\langle q_s|p_s\rangle = \frac{1}{\sqrt{2\pi\hbar}} e^{iq_s p_s/\hbar} \tag{A.14}$$
である．ここで，$(q_{s+1} - q_s)/\Delta t = \dot{q}_s$，であるから
$$\langle q_{s+1}|p_s\rangle\langle p_s|q_s\rangle = \frac{1}{2\pi\hbar} e^{ip_s(q_{s+1}-q_s)/\hbar} = \frac{1}{2\pi\hbar} e^{ip_s \dot{q}_s \Delta t/\hbar} \tag{A.15}$$
となる．これを (A.13) に代入して，
$$\{q_{s+1}|q_s\} = \int \frac{dp_s}{2\pi\hbar} \exp\left[-\frac{i}{\hbar}(H - p_s\dot{q}_s)\Delta t\right] \tag{A.16}$$
という表式を得る．

運動量 p はハミルトニアンに自乗の項として現れる．質量 M の粒子系なら
$$H = \frac{1}{2M}p^2 + V(x) \tag{A.17}$$
である．後で考察するスカラー場の理論でも，運動量 π の自乗の項がハミルトニアン密度に現れる．
$$\mathcal{H} = \frac{1}{2}\pi^2 + \frac{1}{2}(\boldsymbol{\nabla}\phi)^2 + \frac{m^2c^2}{2\hbar^2}\phi^2 + V(\phi). \tag{A.18}$$
どちらの場合でも，公式 (A.16) で運動量積分が実行できる．質量 M の粒子系なら，ラグランジアン $L(q_s, \dot{q}_s) = p_s\dot{q}_s - H(p_s, q_s)$ を用いて，
$$\{q_{s+1}|q_s\} = \frac{1}{(2\pi i\hbar\Delta t/M)^{1/2}} \exp\left[\frac{i}{\hbar}L(q_s, \dot{q}_s)\Delta t\right] \tag{A.19}$$
と表される．係数 $(2\pi i\hbar\Delta t/M)^{-1/2}$ は下記にみるように積分測度に寄与するが，177 ページの注で説明したように，エネルギーの原点の選び方の自由度に吸収されるから重要ではない．

以上をまとめて，
$$\langle q_\mathrm{F}|U(t_\mathrm{F}, t_\mathrm{I})|q_\mathrm{I}\rangle = \prod_{s=1}^{N-1}\int \frac{dq_s}{(2\pi i\hbar\Delta t/M)^{1/2}} \exp\left[\frac{i}{\hbar}\sum_{s=1}^{N-1} L(q_s, \dot{q}_s)\Delta t\right] \tag{A.20}$$
となる．ここで，$N \to \infty$ の極限を考え，これを
$$\langle q_\mathrm{F}|U(t_\mathrm{F}, t_\mathrm{I})|q_\mathrm{I}\rangle = \int_{q=q_\mathrm{I}}^{q=q_\mathrm{F}} \mathcal{D}q \exp\left[\frac{i}{\hbar}\int_{t_\mathrm{I}}^{t_\mathrm{F}} dt\, L(q, \dot{q})\right] \tag{A.21}$$
と表記し，経路積分公式という．

続いて場の理論で対応する汎関数積分公式を導く．まず，空間点 $\boldsymbol{x}$ を固定して，その点において上記の議論をそのまま適用する．場の演算子 $\hat{\phi}(\boldsymbol{x})$ が座標

$\hat{q}$ の役割を，共役運動量 $\hat{\pi}(\boldsymbol{x})$ が運動量 $\hat{p}$ の役割をする．演算子 $\hat{\phi}(\boldsymbol{x})$ と $\hat{\pi}(\boldsymbol{x})$ を対角化する状態

$$\hat{\phi}(\boldsymbol{x})|\phi(\boldsymbol{x})\rangle = \phi(\boldsymbol{x})|\phi(\boldsymbol{x})\rangle, \qquad \hat{\pi}(\boldsymbol{x})|\pi(\boldsymbol{x})\rangle = \pi(\boldsymbol{x})|\pi(\boldsymbol{x})\rangle \qquad (\text{A.22})$$

を導入する．状態 $|\phi_\text{I}(\boldsymbol{x})\rangle$ から状態 $|\phi_\text{F}(\boldsymbol{x})\rangle$ への遷移確率は，(A.11) に対応して，

$$\{\phi_\text{F}(\boldsymbol{x})|\phi_\text{I}(\boldsymbol{x})\} = \prod_{s=1}^{N-1} \int \frac{d\phi_s(\boldsymbol{x})}{\sqrt{2\pi\hbar}} \{\phi_\text{F}(\boldsymbol{x})|\phi_{N-1}(\boldsymbol{x})\}\{\phi_{N-1}(\boldsymbol{x})|\phi_{N-2}(\boldsymbol{x})\}\cdots$$
$$\times \{\phi_2(\boldsymbol{x})|\phi_1(\boldsymbol{x})\}\{\phi_1(\boldsymbol{x})|\phi_\text{I}(\boldsymbol{x})\} \qquad (\text{A.23})$$

で与えられる．したがって，

$$\{\phi_\text{F}(\boldsymbol{x})|\phi_\text{I}(\boldsymbol{x})\} = \int_{\phi=\phi_\text{I}}^{\phi=\phi_\text{F}} \mathcal{D}\phi(\boldsymbol{x}) \exp\left[\frac{i}{\hbar}\int_{t_\text{I}}^{t_\text{F}} dt\, \mathcal{L}(\phi, \dot{\phi})\right]$$

という経路積分公式を得る．ここまでは空間点 $\boldsymbol{x}$ における場の配位の遷移を扱ってきた．全空間点を考慮すれば

$$\langle\phi_\text{F}|U(t_\text{F}, t_\text{I})|\phi_\text{I}\rangle = \prod_{\boldsymbol{x}} \{\phi_\text{F}(\boldsymbol{x})|\phi_\text{I}(\boldsymbol{x})\}$$
$$= \int_{\phi=\phi_\text{I}}^{\phi=\phi_\text{F}} \mathcal{D}\phi \exp\left[\frac{i}{\hbar}\int_{t_\text{I}}^{t_\text{F}} dt \int d^3x\, \mathcal{L}(\phi, \dot{\phi})\right] \qquad (\text{A.24})$$

となる．これは関数の全体にわたる積分だから，汎関数積分公式ともよぶ．なお，有限温度の理論へは変換

$$t = -i\hbar\tau \qquad (\text{A.25})$$

で移行し，

$$\langle\phi_\text{F}|U(t_\text{F}, t_\text{I})|\phi_\text{I}\rangle = \int_{\phi=\phi_\text{I}}^{\phi=\phi_\text{F}} \mathcal{D}\phi(x) \exp\left[\int_0^\beta d\tau \int d^3x\, \mathcal{L}(\phi, \dot{\phi})\right] \qquad (\text{A.26})$$

という汎関数積分公式を得る．

A.3　ローレンツ変換とディラック方程式

A.3.1　ローレンツ変換

3 次元空間における回転の生成元は角運動量である．角運動量演算子は，運動量演算子 $p_j = -i\hbar\partial_j$ を導入し，$M_{ij} = x_i p_j - x_j p_i$ とおき，$\boldsymbol{L} = (M_{yz}, M_{zx}, M_{xy})$ で定義される．M_{ij} は $x_i x_j$ 平面での回転を生成する．4 次

元時空への拡張は自明である．4元運動量演算子 $p_\mu = -i\hbar\partial_\mu$ を導入し

$$M_{\mu\nu} = x_\mu p_\nu - x_\nu p_\mu \tag{A.27}$$

と定義すれば，$M_{\mu\nu}$ は4次元時空の $\mu\nu$ 平面での回転を生成する．この回転をローレンツ変換という．

簡単に確かめられるように交換関係

$$[M_{\mu\nu}, x_\lambda] = i(g_{\nu\lambda} x_\mu - g_{\mu\lambda} x_\nu), \tag{A.28a}$$

$$[M_{\mu\nu}, M_{\lambda\rho}] = i(-g_{\nu\lambda} M_{\mu\rho} + g_{\mu\lambda} M_{\nu\rho} - g_{\nu\rho} M_{\lambda\mu} + g_{\mu\rho} M_{\lambda\nu}) \tag{A.28b}$$

が成立する．ローレンツ変換は

$$S(\omega) = e^{-\frac{i}{2}\omega^{\mu\nu} M_{\mu\nu}} \tag{A.29}$$

で与えられる．ここに，$\omega^{\mu\nu} = -\omega^{\nu\mu}$ であり，インデックス μ と ν に関しては和をとっている．

交換関係 (A.28a) の意味を無限小変換に対して説明する．無限小の回転角 $\omega^{\mu\nu}$ に対して

$$S(\omega)^{-1} x^\mu S(\omega) \simeq \left(1 + \frac{i}{2}\omega^{\mu\nu} M_{\mu\nu}\right) x^\mu \left(1 - \frac{i}{2}\omega^{\lambda\sigma} M_{\lambda\sigma}\right)$$

$$\simeq x^\mu + \frac{i}{2}\omega_{\alpha\beta}[M_{\alpha\beta}, x^\mu] \tag{A.30}$$

となる．ここに (A.28a) を代入して，

$$S(\omega)^{-1} x^\mu S(\omega) \simeq x^\mu + \omega^{\mu\nu} x_\nu = (\delta^{\mu\nu} + \omega^{\mu\nu}) x_\nu \tag{A.31}$$

を得る．したがって，

$$a^\mu{}_\nu = \delta^\mu{}_\nu + \omega^\mu{}_\nu \qquad (|\omega^\mu{}_\nu| \ll 1 \text{ に対して}) \tag{A.32}$$

とおけば，

$$S(\omega)^{-1} x^\mu S(\omega) = a^\mu{}_\nu x^\nu \tag{A.33}$$

が示されたことになる．これは演算子 $S(\omega)$ が座標に対するローレンツ変換

$$x^\mu \to x'^\mu \equiv S(\omega)^{-1} x^\mu S(\omega) = a^\mu{}_\nu x^\nu \tag{A.34}$$

を生成していることを意味している．連続群に対する一般的性質として，無限小変換 (A.32) に対して関係式 (A.34) が成立するなら，有限の変換 $a^\mu{}_\nu$ に対しても成り立つ．

一方，(A.28b) は角運動量の交換関係を表す．角運動量の交換関係を満たす内部自由度としてスピン $S_i = \sigma_i/2$ があったように，交換関係 (A.28b) を満た

す内部自由度としてディラック・スピンがある．実際，演算子
$$M_{\mu\nu} \equiv \frac{1}{2}\sigma_{\mu\nu} = \frac{i}{4}[\gamma_\mu, \gamma_\nu] \tag{A.35}$$
は交換関係 (A.28b) を満たす．これは具体的計算[*1)]で簡単に示せる．

生成元と 16 個の独立なディラック行列 (6.12) の交換関係は，(A.28b) の他に
$$[M_{\mu\nu}, 1] = [M_{\mu\nu}, \gamma_5] = 0, \tag{A.36a}$$
$$[M_{\mu\nu}, \gamma_\lambda] = i(g_{\nu\lambda}\gamma_\mu - g_{\mu\lambda}\gamma_\nu), \tag{A.36b}$$
$$[M_{\mu\nu}, \gamma_\lambda\gamma_5] = i(g_{\nu\lambda}\gamma_\mu\gamma_5 - g_{\mu\lambda}\gamma_\nu\gamma_5) \tag{A.36c}$$
である．交換関係 (A.36a) は，単位行列 1 と行列 γ_5 がローレンツ変換で不変なことを示している．次に，交換関係 (A.36b) は交換関係 (A.28a) と同じだから，
$$S(\omega)^{-1}\gamma^\mu S(\omega) = a^\mu{}_\nu \gamma^\nu \tag{A.37}$$
が導かれる．これは γ^μ が 4 元ベクトルであることを示している．同様に，$\gamma^\mu\gamma_5$ も 4 元ベクトルである．

A.3.2 ローレンツ共変性

続いて，ディラック場がローレンツ変換 (A.34) と (A.37) のもとでどのように変換するのか説明する．ローレンツ変換 (A.34) を行い，x_μ-座標系から新しい x'_μ-座標系に移ると，
$$\partial_\mu = \frac{\partial}{\partial x^\mu} = \frac{\partial x'^\nu}{\partial x^\mu}\frac{\partial}{\partial x'^\nu} = a^\nu{}_\mu \frac{\partial}{\partial x'^\nu} = a^\nu{}_\mu \partial'_\nu \tag{A.38}$$
となる．ディラック方程式は，(A.34) を用いて，
$$(-i\hbar\gamma^\mu\partial_\mu + mc)\psi(x) = (-i\hbar a^\nu{}_\mu \gamma^\mu \partial'_\nu + mc)\psi(x)$$
$$= (-i\hbar S^{-1}\gamma^\nu S\partial'_\nu + mc)\psi(x) = 0 \tag{A.39}$$
と変換される．ここに，$S^{-1}S = 1$ を代入して
$$(-i\hbar\gamma^\mu\partial_\mu + mc)\psi(x) = S^{-1}(-i\hbar\gamma^\mu\partial'_\mu + mc)S\psi(x) = 0 \tag{A.40}$$
を得る．さて，新しい座標系におけるディラック方程式は
$$(-i\hbar\gamma^\mu\partial'_\mu + mc)\psi'(x') = 0 \tag{A.41}$$

[*1)] この証明には関係式
$$M_{\mu\nu} = \frac{i}{4}(\gamma_\mu\gamma_\nu + \gamma_\nu\gamma_\mu) = \frac{i}{2}\gamma_\mu\gamma_\nu - \frac{i}{2}g_{\mu\nu}$$
を使うとよい．ここで $g_{\mu\nu}$ は交換関係に寄与しない．

である．上の2つの式を比較して，
$$\psi(x) \to \psi'(x') = S\psi(x) \tag{A.42}$$
というディラック場の変換則が導かれる．

最後に，カレントに対する変換則を導く．まず，ローレンツ変換 (A.29) の逆変換は
$$S(\omega)^{-1} = e^{\frac{i}{2}\omega^{\mu\nu}M_{\mu\nu}} = \gamma^0 S^\dagger(\omega)\gamma^0 \tag{A.43}$$
である．これは (6.9) から導かれる $\gamma^0 \sigma^\dagger_{\mu\nu}\gamma^0 = \sigma_{\mu\nu}$ を用いて示せる．次に，ディラック場の変換則 (A.42) から，(A.43) を用いて，ディラック共役場の変換則
$$\bar\psi(x) \to \bar\psi'(x') = \psi'^\dagger(x')\gamma^0 = \psi^\dagger(x) S^\dagger \gamma^0 = \bar\psi(x) S^{-1} \tag{A.44}$$
が導かれる．したがって，$\bar\psi(x)\psi(x)$ と $\bar\psi(x)\gamma_5\psi(x)$ はスカラーであることがわかる．一方，(A.34) を用いて，カレントは
$$j^\mu(x) \to j'^\mu(x') = \bar\psi'(x')\gamma^\mu\psi'(x') = \bar\psi(x)S^{-1}\gamma^\mu S\psi(x) = a^\mu{}_\nu j^\nu(x) \tag{A.45}$$
と変換するから，ベクトルである．同様に，$j_5^\mu = \bar\psi\gamma^\mu\gamma_5\psi$ もベクトルである．また，$\bar\psi\sigma^{\mu\nu}\psi$ がテンソルとして変換することも簡単に導かれる．

$\bar\psi(x)\psi(x)$ と $\bar\psi(x)\gamma_5\psi(x)$ はスカラーであることを示した．では，この2つは何が違うのか？ 上の議論で扱ったローレンツ変換は無限小変換を繰り返して生成できる変換であった．別なタイプのローレンツ変換も存在する．たとえば，空間座標の反転
$$x^\mu = (x^0, x^i) \quad \to \quad x'^\mu = (x^0, -x^i) \tag{A.46}$$
である．対応するディラック行列の変換は
$$S^{-1}\gamma^\mu S = (\gamma^0, -\gamma^i) \tag{A.47}$$
である．この変換を生成するのは，$\gamma^0\gamma^\mu\gamma^0 = (\gamma^0, -\gamma^i)$ だから，
$$S = \gamma^0 \tag{A.48}$$
と選べばよい．さて，簡単にわかるようにこの変換で，$\bar\psi(x)\psi(x)$ に対しては
$$\bar\psi(x)\psi(x) \to \bar\psi'(x')\psi'(x') = \bar\psi(x)S^{-1}S\psi(x) = \bar\psi(x)\psi(x), \tag{A.49a}$$
$\bar\psi(x)\gamma_5\psi(x)$ に対しては
$$\bar\psi(x)\gamma_5\psi(x) \to \bar\psi'(x')\gamma_5\psi'(x') = \bar\psi(x)S^{-1}\gamma_5 S\psi(x) = -\bar\psi(x)\gamma_5\psi(x) \tag{A.49b}$$

を得る．よって，$\bar{\psi}(x)\gamma_5\psi(x)$ はスカラーでない．これを擬スカラーという．同様に，カレントに関しても

$$j^\mu(x) \to j'^\mu(x') = \bar{\psi}(x)\gamma^0\gamma^\mu\gamma^0\psi(x) = \left(j^0, -j^i\right), \tag{A.50a}$$

$$j_5^\mu(x) \to j_5'^\mu(x') = \bar{\psi}(x)\gamma^0\gamma^\mu\gamma_5\gamma^0\psi(x) = \left(-j_5^0, j_5^i\right) \tag{A.50b}$$

を得る．$j^\mu(x)$ の変換は座標の変換 (A.46) と同じだが，$\bar{\psi}(x)\gamma_5\psi(x)$ はそうでない．これを擬ベクトルという．

索　引

ア　行

アインシュタイン公式　27, 86, 107, 124, 129
アンダーソン–ヒッグス機構　64, 77, 80
鞍点法　184

位相演算子　9
位相カレント　59, 82
位相変換　42, 52, 61, 74, 87
1粒子可約図形　113
1粒子既約グリーン関数　⇒ 既約グリーン関数
1粒子既約図形　113, 115
因果グリーン関数　⇒ 伝播関数

ウィック回転　125
運動量切断　125, 151

N体波動関数 (フェルミオン)　21
　――(ボソン)　19
エネルギー運動量テンソル　44
演算子ゲージ変換　77

オイラー定数　127
オイラー–ラグランジュ方程式　24, 28, 183
温度グリーン関数　170, 171
音波　25

カ　行

外線　113, 115, 119, 137
カイラル変換　87, 99
ガウス積分　126, 175
　――(グラスマン数)　14, 179, 193
化学ポテンシャル　55, 166, 195
完全反対称テンソル　24
ガンマ行列　86

偽真空　49
擬スカラー　205
擬ベクトル　205
既約グリーン関数　113, 115, 119
ギャップレス励起　48, 53, 61
共変運動量　24, 75, 96, 98, 103
共変微分　75, 76
共変ベクトル　26
虚数時間　168, 184
ギンズブルグ–ランダウ模型　81, 183, 196

空孔　⇒ ホール
クーパー対　80, 82, 151, 184, 192, 196
グプタ–ブロイラー条件　72
グラスマン数　12, 137, 178–180
グラフェン上のディラック電子　94, 102
繰り込み可能　133
繰り込み条件　129, 131, 140, 188, 189
繰り込み点　131, 133, 143, 188, 189
繰り込み不可能　133
クリフォード代数　86

グリーン関数 (N 点)　108–112, 137, 169
クーロン・ゲージ　65, 66, 73

計量テンソル　26
経路積分公式　168, 199, 200
ゲージ固定　65
ゲージ・パラメーター　71
ゲージ変換　65, 74, 76, 78

交換相互作用　45
コーシーの主値　41, 134
古典近似　173, 185
古典的作用　118, 172, 185, 193
古典的真空　49, 76, 183
コヒーレンス長　51, 77
コヒーレント状態　7, 10, 51, 172
　──(フェルミオン)　11, 177
ゴールドストーン定理　48, 61
ゴールドストーン・ボソン　48, 54, 61, 64
コールマン–ワインバーグ模型　188
コーン関数　158
コンプトン波長　147

サ　行

サイクロトロン運動　104
最小作用の原理　173
作用　⇒ 古典的作用または有効作用
散乱振幅　119, 122

紫外発散　125
時間順序積　4, 32, 38, 108, 198
時間発展演算子　3, 108, 169, 198
磁気回転比 (g 因子)　98, 149
シグマ模型　47, 53–55
次元正則化　125, 128, 145
自己エネルギー　107, 115, 124, 128, 134
　──(光子の)　140, 146, 156
　──(電子の)　139, 144, 159
自然単位系　106
質量殻　124, 129, 133, 134
質量のあるベクトル場　⇒ プロカ場

射影演算子 (ディラック場)　90
周期的境界条件　152, 172, 174
シュレーディンガー描像　2, 3, 108
準粒子　4, 151, 160
状態密度　41, 154, 193
真空泡　110
真空分極　147
進入長　77, 84

スピン剛性　47
スピン密度演算子　95
スペクトル関数　40, 63
スレーター行列式　21

正規順序積　5, 7, 92
正孔　⇒ ホール
正準運動量 (実スカラー場)　28
　──(ディラック場)　91
　──(非相対論的場)　36
　──(複素スカラー場)　34
　──(量子電磁気学)　67, 71
　──(量子力学)　1, 24
正準集団　166
正準量子化 (実スカラー場)　28
　──(ディラック場)　91
　──(電磁場)　66
　──(非相対論的場)　36
　──(フォノン場)　163
　──(複素スカラー場)　34
正振動数成分　29, 30, 51, 72
生成汎関数　110, 117, 137, 169, 174, 178
生成母関数　⇒ 生成汎関数
赤外発散　137, 145
接触相互作用　22, 48, 52, 80, 165, 192
ゼロ点エネルギー　31, 35, 92, 176, 180
遷移確率　168, 172, 173, 201
漸近場　119, 122
先進グリーン関数　33, 122, 154, 171

相関関数　39–41, 166, 169
相互作用表示　⇒ 相互作用描像
相互作用描像　3, 108

相殺項　129–133, 136, 186
　——(量子電磁気学)　140, 142, 144

タ 行

対称性の回復　189
対称性の自発的破れ　48, 54, 62, 187, 189
対称性のダイナミカルな破れ　189
大正準集団　166
大正準ポテンシャル　175, 176, 179
ダイソン表示　107, 129, 134, 139, 159
ダイソン方程式　107, 129, 159
第二量子化　18, 21, 22
WKB近似　185

遅延グリーン関数　33, 122, 154, 171
秩序パラメーター　46, 50, 182
中心座標　104
頂点　113, 115, 137–139
頂点関数　114, 127, 131, 143, 144, 148
超伝導　80–82
超流動　53, 57, 59

ディラック共役　87
ディラック行列　86
ディラック電子 (グラフェン上の)　94, 102
ディラックの海　85, 94, 95, 153
停留点　173, 184
デバイ温度　162
デバイ振動数　162, 194
電子・ホール対生成　157
伝播関数　106, 128, 134, 139, 140
　——(自由場)　32, 69, 73, 93, 112, 136
　——(非相対論)　37, 154, 157, 159
　——(フォノン)　163–165
　——の極　107, 129, 135

透磁率　81
トーマス–フェルミ遮蔽効果　159
トーマス–フェルミ波数　159

ナ 行

内線　113, 115

ニュートリノ　100

ネーター・カレント　43, 59, 61, 76, 87, 92
ネーター定理　42, 43

ハ 行

ハイゼンベルグ描像　2, 108
パウリの排他律　6, 95, 151, 156
パウリのハミルトニアン　98, 104
裸の結合定数　133
裸の電荷　148
裸のラグランジアン　133
汎関数積分　174, 175, 178, 185
汎関数積分公式　173, 178, 200
汎関数微分　110, 137
半古典近似　184, 185
反周期的境界条件　13, 170, 178, 179
反変ベクトル　26
反粒子　35, 42, 52, 85, 101, 137

微細構造定数　146
BCS超伝導　81, 191
ヒッグス機構　⇒　アンダーソン–ヒッグス
　機構
ヒッグス・ポテンシャル　49, 52, 55, 189, 196
ヒッグス粒子 (場)　50, 53, 78
微分展開　182, 195

ファインマン関数　⇒　伝播関数
ファインマン・ゲージ　71
ファインマン図形　113
ファインマン則　115
　——(量子電磁気学)　138
ファインマンのパラメーター公式　127
不安定粒子　133

フェルミオン　4, 6, 11, 21, 36
フェルミ準位　94, 151, 153, 160
フェルミの海　153, 156
フェルミ波数　151, 152, 156
フェルミ面　151, 160, 164, 193
フェルミ粒子　⇒ フェルミオン
フォック空間　5, 92, 104, 108, 120
フォック真空　5, 6, 50, 56, 109, 111
フォノン　150, 161
　　——(音響型)　161
　　——(光学型)　161
　　——(縦波)　162, 163
フォノン媒介引力　80, 151, 165, 194
負振動数成分　29, 30, 51
フックの法則　25
物理的状態 (量子電磁気学)　72
負ノルム　72
プロカ場　78
プロカ方程式　78
分岐点　146
分散関係　29, 37, 53, 57, 160
分配関数 (フェルミオン)　178
　　——(ボソン)　175

平面波展開 (実スカラー場)　29
　　——(ディラック)　91
　　——(非相対論的場)　37
　　——(フォノン)　163
　　——(複素スカラー場)　34
　　——(ワイル場)　101
ヘリシティー　101
偏極ベクトル　67, 69, 72, 79, 80

ボーア磁子　98
ポアソン方程式　66
ボゴリューゴフ変換　56
ボース凝縮　48, 59, 61, 80, 191, 194
ボース粒子　⇒ ボソン
ボソン　4, 21, 36
ホール　85, 94, 103, 153

マ 行

マイスナー効果　84
マックスウェル方程式　65, 75, 81, 96
松原形式　168, 171
松原振動数　170, 171, 175, 179

ミニマル相互作用　75
ミニマル代入　64, 75, 96
ミンコフスキー計量　26

無限小変換　42, 44, 61, 202

ヤ 行

有効作用　118, 119, 182, 186, 195
有効質量　151, 160
有効ポテンシャル　182, 186, 188, 190, 194
有効ラグランジアン　182, 184, 186, 194–196
誘電率　81
　　——(繰り込まれた)　151, 157, 159
ユニタリー非同値　58
ユーリング効果　147

4元運動量　27, 39, 96, 202
4元電流　65, 75, 96

ラ 行

リフシッツ模型　184
粒子数演算子　4, 5, 7, 18
量子異常　42
量子ホール効果　102, 105

ルジャンドル変換　1, 28, 34, 118, 182
ループ積分　115, 125, 139, 157

レーマン–ジマンチック–チンマーマン (LSZ)
　　の簡約公式　122
レーマン表示　40, 166, 171

連結グリーン関数　113, 115–117, 182
連結図形　113
連続的対称性　42, 45

ローレンツ・ゲージ　66, 70, 73, 77
ローレンツ変換　66, 87, 202–204
ローレンツ力　23
ロンドン方程式　83

ワ　行

ワイル場　100
ワイル表示　99
ワイル・フェルミオン　100
ワイル方程式　100, 101
ワード恒等式　142

著者略歴

江澤潤一（えざわじゅんいち）

- 1945年　東京都に生まれる
- 1973年　東京大学大学院理学系研究科
  　　　　博士課程修了
- 現　在　東北大学名誉教授
  　　　　理化学研究所客員研究員
  　　　　理学博士

現代物理学［基礎シリーズ］5

量子場の理論
―素粒子物理から凝縮系物理まで―

定価はカバーに表示

2008年7月5日　初版第1刷
2019年12月25日　　第8刷

著　者	江　澤　潤　一
発行者	朝　倉　誠　造
発行所	株式会社 朝　倉　書　店

東京都新宿区新小川町6-29
郵便番号　１６２-８７０７
電　話　03(3260)0141
ＦＡＸ　03(3260)0180
http:// www.asakura.co.jp

〈検印省略〉

© 2008 〈無断複写・転載を禁ず〉　　中央印刷・渡辺製本

ISBN 978-4-254-13775-0　C 3342　　Printed in Japan

JCOPY ＜出版者著作権管理機構 委託出版物＞

本書の無断複写は著作権法上での例外を除き禁じられています．複写される場合は，そのつど事前に，出版者著作権管理機構（電話 03-5244-5088，FAX 03-5244-5089，e-mail: info@jcopy.or.jp）の許諾を得てください．

好評の事典・辞典・ハンドブック

物理データ事典	日本物理学会 編	B5判 600頁
現代物理学ハンドブック	鈴木増雄ほか 訳	A5判 448頁
物理学大事典	鈴木増雄ほか 編	B5判 896頁
統計物理学ハンドブック	鈴木増雄ほか 訳	A5判 608頁
素粒子物理学ハンドブック	山田作衛ほか 編	A5判 688頁
超伝導ハンドブック	福山秀敏ほか 編	A5判 328頁
化学測定の事典	梅澤喜夫 編	A5判 352頁
炭素の事典	伊与田正彦ほか 編	A5判 660頁
元素大百科事典	渡辺 正 監訳	B5判 712頁
ガラスの百科事典	作花済夫ほか 編	A5判 696頁
セラミックスの事典	山村 博ほか 監修	A5判 496頁
高分子分析ハンドブック	高分子分析研究懇談会 編	B5判 1268頁
エネルギーの事典	日本エネルギー学会 編	B5判 768頁
モータの事典	曽根 悟ほか 編	B5判 520頁
電子物性・材料の事典	森泉豊栄ほか 編	A5判 696頁
電子材料ハンドブック	木村忠正ほか 編	B5判 1012頁
計算力学ハンドブック	矢川元基ほか 編	B5判 680頁
コンクリート工学ハンドブック	小柳 洽ほか 編	B5判 1536頁
測量工学ハンドブック	村井俊治 編	B5判 544頁
建築設備ハンドブック	紀谷文樹ほか 編	B5判 948頁
建築大百科事典	長澤 泰ほか 編	B5判 720頁

価格・概要等は小社ホームページをご覧ください．